全国专业技术人员新职业培训教程

人工智能工程技术人员

人工智能基础知识

人力资源社会保障部专业技术人员管理司　组织编写

中国人事出版社

图书在版编目（CIP）数据

人工智能工程技术人员．人工智能基础知识 / 人力资源社会保障部专业技术人员管理司组织编写．-- 北京：中国人事出版社，2023

全国专业技术人员新职业培训教程

ISBN 978-7-5129-1799-6

Ⅰ.①人… Ⅱ.①人… Ⅲ.①人工智能 - 应用 - 技术培训 - 教材 Ⅳ.①TP18

中国国家版本馆 CIP 数据核字（2023）第 217637 号

中国人事出版社出版发行

（北京市惠新东街 1 号 邮政编码：100029）

*

保定市中画美凯印刷有限公司印刷装订 新华书店经销

787 毫米 ×1092 毫米 16 开本 26 印张 390 千字

2023 年 12 月第 1 版 2025 年 7 月第 2 次印刷

定价：68.00 元

营销中心电话：400-606-6496

出版社网址：http://www.class.com.cn

版权专有 侵权必究

如有印装差错，请与本社联系调换：（010）81211666

我社将与版权执法机关配合，大力打击盗印、销售和使用盗版图书活动，敬请广大读者协助举报，经查实将给予举报者奖励。

举报电话：（010）64954652

本书编委会

指导委员会

主　　任：杨建军

副 主 任：吕卫锋

委　　员：龚怡宏　闵华清　陶建华

编审委员会

总 编 审：孙文龙

副总编审：吴东亚　胡春明

主　　编：杨晴虹　刘祥龙

副 主 编：张　馨　卢瑞炜　原　鑫

编写人员：马宇晴　谭火彬　孙磊磊　王德庆　潘海侠　郝　萌　李四明
　　　　　张　凤　王延吉　陈　巍　赵　敏　牟　晖　韩　晴　李鑫峡
　　　　　杨　军　王　滨　王　淇　王多瑞　徐雪洁　顾睿彤　马艳军
　　　　　于佃海　党青青　杜宇宁　程　军　张　军　马玉健

主审人员：张　震　赵毅强　白浩杰　丛培勇

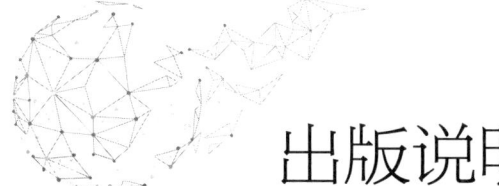

出版说明

当今世界正经历百年未有之大变局,我国正处于实现中华民族伟大复兴关键时期。在全球经济低迷,我国加快形成以国内大循环为主体、国内国际双循环相互促进的新发展格局背景下,数字经济发挥着提振经济的重要作用。党的十九届五中全会提出,要发展战略性新兴产业,推动互联网、大数据、人工智能等同各产业深度融合,推动先进制造业集群发展,构建一批各具特色、优势互补、结构合理的战略性新兴产业增长引擎。"十四五"期间,数字经济将继续快速发展、全面发力,成为我国推动高质量发展的核心动力。

近年来,人工智能、物联网、大数据、云计算、数字化管理、智能制造、工业互联网、虚拟现实、区块链、集成电路等数字技术领域新职业不断涌现,这些新职业从业人员通过不断学习与探索,将推动科技创新、释放巨大能量,推动人们生产生活方式智能化、智慧化、数字化,推动传统产业转型升级,为经济高质量发展注入强劲活力。我国在技术、消费与应用领域具备数字经济创新领先优势,但还存在数字技术人才供给缺口较大、关键核心技术领域自主创新能力不足、数字经济与实体经济融合的深度和广度不够等问题。发展数字经济,推进数字产业化和产业数字化,推动数字经济和实体经济深度融合,急需培育壮大数字技术工程师队伍。

人力资源社会保障部会同有关行业主管部门将陆续制定颁布数字技术领域国家职业标准,坚持以职业活动为导向、以专业能力为核心,遵循人才成长规律,对从业人员的理论知识和专业能力提出综合性引导性培养标准,为加快培育数字技术人才提供基本依据。根据《人力资源社会保障部办公厅关于加强新职业培训工作的通知》(人社厅发〔2021〕28号)要求,为提高新职业培训的针对性、有效性,进一步发挥新职业培训促进更好就业的作用,人力资源社会保障部专业技术人员管理司组织相关领域的专家学者编写了全国专业技术人员新职业培训教程,供相关领域开展新职业培训使用。

本系列教程依据相应国家职业标准和培训大纲编写,划分初级、中级、高级三个等级,有的职业划分若干职业方向。教程紧贴数字技术人员职业活动特点,定位于全国平均水平,且是相关数字技术人员经过继续教育或岗位实践能够达到的水平,突出该职业领域的核心理论知识、主流技术及未来发展要求,为教学活动和培训考核提供规范和引导,将帮助广大有意或正在从事数字技术职业人员改善知识结构、掌握数字技术、提升创新能力。

希望本系列教程的出版,能够在加强数字技术人才队伍建设、推动数字经济快速发展中发挥支持作用。

目 录

第一章　数学基础部分 ································· 001
　第一节　微积分与人工智能 ······················· 003
　第二节　概率统计与人工智能 ··················· 015
　第三节　线性代数与人工智能 ··················· 023

第二章　算法设计与分析 ····························· 029
　第一节　算法导论与基础 ·························· 031
　第二节　分治策略 ······································ 036
　第三节　排序算法 ······································ 044
　第四节　图算法 ·· 055
　第五节　动态规划 ······································ 070

第三章　数据处理知识 ································· 085
　第一节　数据收集 ······································ 087
　第二节　数据预处理 ·································· 091
　第三节　数据标注基础 ······························ 096

第四章　软件工程部分 ································· 101
　第一节　软件工程概述 ······························ 103
　第二节　软件需求 ······································ 109

第三节	软件设计	112
第四节	软件构造	113
第五节	软件测试	114
第六节	软件运行与维护	117
第七节	软件项目管理	118

第五章 计算平台知识 123
第一节	计算平台概述	125
第二节	人工智能计算平台	135
第三节	人工智能计算平台建设	139

第六章 机器学习基本算法 145
第一节	机器学习概论	147
第二节	监督学习	150
第三节	无监督学习	156
第四节	半监督学习	158
第五节	强化学习	161

第七章 深度学习基础算法 165
第一节	深度学习导论	167
第二节	深度神经网络	176
第三节	深度学习调优技巧	190
第四节	卷积神经网络	196
第五节	循环和递归网络	213
第六节	深度生成模型	224

第八章 深度学习框架 233
| 第一节 | 深度学习框架及环境搭建 | 235 |
| 第二节 | 深度学习模型训练方式 | 239 |

第三节　深度学习服务平台和工具组件……………250
　　第四节　深度学习行业实战案例……………………256

第九章　人工智能安全……………………………315
　　第一节　人工智能安全问题…………………………317
　　第二节　人工智能安全的要素………………………325
　　第三节　解决安全问题的策略………………………334

第十章　人工智能相关的法律与政策……………345
　　第一节　人工智能发展的法律和政策支持…………347
　　第二节　人工智能的法律规制………………………351
　　第三节　人工智能的法律应用………………………360

第十一章　人工智能伦理…………………………367
　　第一节　人工智能与伦理概述………………………369
　　第二节　人工智能的主要伦理问题…………………376
　　第三节　人工智能伦理治理…………………………388

参考文献……………………………………………397

后记…………………………………………………401

第一章
数学基础部分

人工智能的基石是数学,没有数学基础科学的支持,人工智能很难行稳致远。在研究人工智能过程中需要数学建模思维,数学基础对于人工智能非常关键。人工智能领域的绝大多数算法模型及应用都依赖以微积分、概率统计和线性代数为代表的数学理论和思想方法。

人工智能工程技术人员需要具备较好的数学基础。本章所归纳的人工智能领域涉及的各类数学基础知识,都是人工智能工程技术人员需要掌握的,熟练掌握和运用这些数学基础知识有助于人工智能工程技术人员提高人工智能技术水平。

- **职业功能:** 人工智能数据的基础知识。
- **工作内容:** 人工智能涉及微积分知识,人工智能涉及概率统计知识,人工智能涉及线性代数知识。
- **专业能力要求:** 熟悉相关的数据知识,理解数学原理,掌握并运用数学知识进行相应的分析与计算,为人工智能领域的数学应用打下基础。
- **相关知识点:** 掌握极限与积分、导数和二阶导数、方向导数和梯度、凸函数和极值、最优方法相关知识;掌握古典概率、常用的概率分布、贝叶斯公式和假设检验相关知识;掌握矩阵和向量、矩阵乘法、矩阵的特征值和特征向量相关知识。

第一节　微积分与人工智能

考核知识点及能力要求：

- 熟悉极限与积分、导数和二阶导数、方向导数和梯度、凸函数和极值、最优方法。
- 掌握微积分的基本概念和理论及计算方法；掌握并运用分析、归纳、推理等方法解决人工智能领域的微积分问题，提高人工智能算法的性能。
- 了解微积分在人工智能领域的应用。

微积分是描述世界、寻求问题答案的有力工具。微积分学在商学、科学和工程学领域有广泛的应用，用来解决那些仅依靠代数学和几何学不能有效解决的问题。微积分知识在人工智能算法中有广泛的应用。求导是微积分的基本概念之一，是很多理工科领域的基础运算。导数是变化率的极限，是用来找到"线性近似"的数学工具，是一种线性变换，体现了无穷、极限、分割的数学思想，主要用来解决极值问题。人工智能算法的目标是获得最优化模型，其最后都可转化为求极大值或极小值的问题。梯度下降法和牛顿法是人工智能的基础算法，主流的求解代价函数最优解的方法都是基于这些算法改造的，如随机梯度法和拟牛顿法，其底层运算就是基础的导数运算。

一、极限与积分

（一）极限

在人工智能算法的运算中，常常需要进行一些非线性的计算，非线性导致这些计算不能使用常规的方法来进行。若将这些计算涉及的函数在其定义区间上细分成 n（n->∞）个区间，在每个细分的区间内，则可以近似用线性的方法来进行计算。

极限是微积分学中的基本概念之一，是微积分学中各种概念和方法建立及应用的基础，本节介绍函数的极限的概念及其性质。

1. 函数的极限定义

（1）当 $x \to \infty$ 时，函数 $f(x)$ 的极限。

若存在常数 A，对于任意给定的 $\varepsilon > 0$，总存在 $M > 0$，当 $|x| > M$ 时，$|f(x) - A| < \varepsilon$ 恒成立，则称常数 A 为 $f(x)$ 在 $x \to \infty$ 时的极限，记为 $\lim\limits_{x \to \infty} f(x) = A$。类似可给出 $\lim\limits_{x \to +\infty} f(x) = A$ 及 $\lim\limits_{x \to -\infty} f(x) = A$ 的定义。

（2）当 $x \to x_0$ 时，函数 $f(x)$ 的极限。

若存在常数 A，对于任意给定的 $\varepsilon > 0$，总存在 $\delta > 0$，当 $0 < |\chi - x_0| < \delta$ 时，$|f(x) - A| < \varepsilon$ 恒成立，则称常数 A 为 $f(x)$ 在 $x \to x_0$ 时的极限，记为 $\lim\limits_{x \to x_0} f(x) = A$。

（3）当 $x \to x_0$ 时，函数 $f(x)$ 的左、右极限。

若存在常数 A，对于任意给定的正数 $\varepsilon > 0$，总存在 $\delta > 0$，当 $0 < x - x_0 < \delta$ 时，$|f(x) - A| < \varepsilon$ 恒成立，则称常数 A 为 $f(x)$ 在 $x \to x_0^+$ 时的右极限，记为 $\lim\limits_{x \to x_0^+} f(x) = A$，或 $f(x_0^+) = A$ 或 $f(x_0 + 0) = A$。

若存在常数 A，对于任意给定的正数 $\varepsilon > 0$，总存在 $\delta > 0$，当 $0 < x_0 - x < \delta$ 时，$|f(x) - A| < \varepsilon$ 恒成立，则称常数 A 为 $f(x)$ 在 $x \to x_0^-$ 时的左极限，记为 $\lim\limits_{x \to x_0^-} f(x) = A$，或 $f(x_0^-) = A$ 或 $f(x_0 - 0) = A$。

案例 1-1：求解极限代数式 $y = \lim\limits_{x \to \infty} \dfrac{x^3 - 2x^2 + x}{6x^3 + x^2}$ 时，将代数式的分子分母同时除以 x^3，得到代数式 $y = \lim\limits_{x \to \infty} \dfrac{1 - \dfrac{2}{x} + \dfrac{1}{x^2}}{6 + \dfrac{1}{x}}$，当 $x \to \infty$ 时，以 x 为分母的分式趋向于 0，则代数式求解

答案为$\dfrac{1}{6}$。

2. 函数极限的性质

函数极限的唯一性：如果 $\lim\limits_{x \to x_0} f(x) = A$，$\lim\limits_{x \to x_0} f(x) = B$，那么 $A=B$。

函数极限的局部有界性：如果 $\lim\limits_{x \to x_0} f(x) = A$，那么 $f(x)$ 在 x_0 的某去心邻域 $\dot{U}(x_0, \delta)$ 内有界，即存在常数 $M>0$ 和 $\delta>0$，使得当 $0<|x-x_0|<\delta$ 时，有 $f(x) \leqslant M$。

函数极限的局部保号性：如果 $\lim\limits_{x \to x_0} f(x) = A$，并且 $A>0$（或 $A<0$），那么存在常数 $\delta>0$，当 $0<|x-x_0|<\delta$ 时，有 $f(x)>0$（或 $f(x)<0$）。如果在 x_0 的某去心邻域内 $f(x) \geqslant 0$（或 $f(x) \leqslant 0$），且 $\lim\limits_{x \to x_0} f(x) = A$，那么 $A \geqslant 0$（或 $A \leqslant 0$）。

【注】上述函数极限的性质对 $x \to x_0^+$，x_0^-，$\pm\infty$ 均成立。

（二）积分

定积分源于对实际问题的应用，比如求曲边图形的面积（几何量）、变速运动的总位移（物理量）等。抛开这些问题的实际意义，抽象出在解决这些实际问题时的一般方法，可得到定积分的定义。

1. 定积分的定义

设函数 $f(x)$ 在 $[a, b]$ 上有界，在 $[a, b]$ 中任意插入 $n-1$ 个分点 $a=x_0<x_1<x_2<\ldots<x_{n-1}<x_n=b$，将 $[a, b]$ 分为 n 个小区间 $[x_{i-1}, x_i]$，$i=1, 2, \cdots, n$，$\Delta x_i = x_i - x_{i-1}$ 表示第 i 个小区间的长度，在每个小区间 $[x_{i-1}, x_i]$ 上任意取一点 ξ_i（$x_{i-1} \leqslant \xi_i \leqslant x_i$）（$i=1, \cdots, n$），记 $\lambda = \max\{\Delta x_1, \Delta x_2, \cdots, \Delta x_n\}$。若极限 $\lim\limits_{\lambda \to 0} \sum\limits_{i=1}^{n} f(\xi_i) \Delta x_i$ 存在，则称此极限为 $f(x)$ 在 $[a, b]$ 上的定积分，记为 $\int_a^b f(x) \mathrm{d}x$，并称 $f(x)$ 在 $[a, b]$ 上可积，即 $\int_a^b f(x) \mathrm{d}x = \lim\limits_{\lambda \to 0} \sum\limits_{i=1}^{n} f(\xi_i) \Delta x_i$。

2. 定积分存在的条件

（1）必要条件：$\int_a^b f(x) \mathrm{d}x$ 存在的必要条件是 $f(x)$ 在 $[a, b]$ 上有界。

（2）充分条件：$\int_a^b f(x) \mathrm{d}x$ 存在的充分条件是 $f(x)$ 在 $[a, b]$ 上连续或仅有有限个间断点且有界。

3. 定积分的性质

（1）当 $a>b$ 时，$\int_a^b f(x) \mathrm{d}x = -\int_b^a f(x) \mathrm{d}x$。

（2）当 $a=b$ 时，$\int_a^b f(x)\mathrm{d}x=0$。

（3）线性：$\int_a^b [f(x)+g(x)]\mathrm{d}x=\int_a^b f(x)\mathrm{d}x+\int_a^b g(x)\mathrm{d}x$；$\int_a^b kf(x)\mathrm{d}x=k\int_a^b f(x)\mathrm{d}x$。

（4）可加性：设 $f(x)$ 在 $[a,b]$ 上可积，$c\in[a,b]$，则 $\int_a^b f(x)\mathrm{d}x=\int_a^c f(x)\mathrm{d}x+\int_c^b f(x)\mathrm{d}x$。

（5）不等式性质：设 $f(x)$，$g(x)$ 在 $[a,b]$ 上可积，①若 $f(x)\geq 0$，$\forall x\in[a,b]$，则 $\int_a^b f(x)\mathrm{d}x\geq 0$；②若 $f(x)\leq g(x)$，$\forall x\in[a,b]$，$a<b$，则 $\int_a^b f(x)\mathrm{d}x\leq \int_a^b g(x)\mathrm{d}x$；③$\left|\int_a^b f(x)\mathrm{d}x\right|\leq \int_a^b |f(x)|\mathrm{d}x$；④设 M 及 m 分别是函数 $f(x)$ 在区间 $[a,b]$ 上的最大值和最小值，则 $m(b-a)\leq \int_a^b f(x)\mathrm{d}x\leq M(b-a)$。

（6）积分中值定理：若 $f(x)$ 在 $[a,b]$ 上连续，则至少存在一点 $\xi\in[a,b]$ 使

$$\int_a^b f(x)\mathrm{d}x=f(\xi)\cdot(b-a) \tag{1-1}$$

（7）牛顿 – 莱布尼茨公式：设 $f(x)$ 在 $[a,b]$ 上连续，$F(x)$ 是 $f(x)$ 在 $[a,b]$ 上的一个原函数，则

$$\int_a^b f(x)\mathrm{d}x=F(x)\big|_a^b=F(b)-F(a) \tag{1-2}$$

二、导数和高阶导数

几乎所有的人工智能问题最后都会归结为一个优化问题的求解，优化问题求解可以转化为求极大值或者极小值的问题，运用导数求导方法求解极值是最常用的方法。导数代表了在自变量变化趋于无穷小的时候，函数的变化与自变量变化的比值。导数可以理解为变化率的极限，是一种体现了无穷、极限、分割思想的数学工具，它在解决极值问题中运用广泛。

（一）导数

1. 导数的定义

设 $f(x)$ 在 $x=x_0$ 的某邻域 $U(x_0)$ 内有定义，并设 $x_0+\Delta x\in U(x_0)$。如果 $\lim\limits_{\Delta x\to 0}\dfrac{f(x_0+\Delta x)-f(x_0)}{\Delta x}$ 存在，则称 $f(x)$ 在 $x=x_0$ 处可导，并称上述极限为 $f(x)$ 在 $x=x_0$

处的导数，记为

$$\lim_{\Delta x \to 0} \frac{f(x_0 + \Delta x) - f(x_0)}{\Delta x} = f'(x_0) = \frac{\mathrm{d}f(x)}{\mathrm{d}x}\bigg|_{x=x_0} \quad (1-3)$$

若记 $y=f(x)$，则在 x_0 点的导数又可记成 $y'(x_0)$，$\dfrac{\mathrm{d}y}{\mathrm{d}x}\bigg|_{x=x_0}$，$\dfrac{\mathrm{d}y(x)}{\mathrm{d}x}\bigg|_{x=x_0}$ 等。

如果 $f(x)$ 在区间 (a, b) 内每一点 x 都可导，则称 $f(x)$ 在 (a, b) 内可导，$f'(x)$ 称为 $f(x)$ 在 (a, b) 内的导函数，简称导数。

在定义式中，若记 $x=x_0+\Delta x$，则该式可改写为

$$\lim_{x \to x_0} \frac{f(x) - f(x_0)}{x - x_0} = f'(x_0) \quad (1-4)$$

2. 导数的性质

可导与连续：函数 $y=f(x)$ 的导数在 x 处存在，则函数 y 在同一点必然连续，反之则不然。

左右导数与可导的关系：函数 y 在某一点可导，意味着函数 y 的左右导数都存在，并且左右导数皆相等。

导数的几何意义：函数 y 在某一点处的导数是指函数曲线在这一点的切线斜率。

可导与可微的关系：函数在某一点可导意味着在某一点可微，在某一点可微同样意味着可导，两者是等价的。

（二）高阶导数

若函数 $f(x)$ 的导函数 $f'(x)$ 在点 x_0 可导，则称函数 $f(x)$ 在点 x_0 二阶可导，并称 $f'(x)$ 在点 x_0 的导数为 $f(x)$ 在点 x_0 的二阶导数，记作 $f''(x_0)$，$\dfrac{\mathrm{d}^2 y}{\mathrm{d}x^2}\bigg|_{x=x_0}$，即：

$$f''(x_0) = \frac{\mathrm{d}^2 y}{\mathrm{d}x^2}\bigg|_{x=x_0} = \lim_{\Delta x \to 0} \frac{f'(x_0 + \Delta x) - f'(x_0)}{\Delta x} = \lim_{x \to x_0} \frac{f'(x) - f'(x_0)}{x - x_0} \quad (1-5)$$

一般来说，若函数 $f(x)$ 的 $n-1$ 阶导函数 $f^{(n-1)}(x)$ 在点 x_0 可导，则称函数 $f(x)$ 在点 x_0 n 阶可导，并称 $f^{(n-1)}(x)$ 在点 x_0 的导数为 $f(x)$ 在点 x_0 的 n 阶导数，记作 $f^{(n)}(x_0)$ 或 $\dfrac{\mathrm{d}^n y}{\mathrm{d}x^n}\bigg|_{x=x_0}$，即：

$$f^{(n)}(x_0) = \frac{d^n y}{dx^n}\bigg|_{x=x_0} = \lim_{\Delta x \to 0} \frac{f^{(n-1)}(x_0+\Delta x) - f^{(n-1)}(x_0)}{\Delta x} = \lim_{x \to x_0} \frac{f^{(n-1)}(x) - f^{(n-1)}(x_0)}{x-x_0} \quad (1\text{-}6)$$

二阶及二阶以上的导数称为高阶导数，前面介绍的导数也可称作一阶导数；若函数 $f(x)$ 在区间 I 上每一点都可导，即 $\forall x_0 \in I$，有 $f(x)$ 在点 x_0 的唯一 n 阶导数与其对应，这样建立了一个函数，称为 $f(x)$ 在 I 上的 n 阶导函数，简称为 $f(x)$ 在 I 上的 n 阶导数，记作 $f^{(n)}(x)$ 或 $\frac{d^n y}{dx^n}$。

三、方向导数和梯度

梯度是人工智能算法的重要概念，模型的更新与优化大多依赖于梯度计算，例如梯度下降算法，其底层运算可以归结为基于梯度、运用导数求导方法求解最小值的问题。

（一）方向导数

方向导数与梯度两者既相互关联又有区别，简单来说方向导数是一个值，而梯度是一个向量。方向导数本质上是研究函数沿任一指定方向的变化率的问题，梯度则反映空间变量变化趋势的最大值和方向。

1. 方向导数的定义

假设函数 $z=f(x,y)$ 在点 $P_0(x_0, y_0)$ 的某个邻域 $U(P_0)$ 内有定义，从点 P_0 引射线 l，射线 l 和 x 轴的正向间的转角为 φ，$P(x_0+\rho\cos\alpha, y_0+\rho\cos\beta) \in U(P_0)$ 为 l 上的另一点，$\rho = |PP_0|$ 为 P 到 P_0 的距离，$\cos\alpha$ 和 $\cos\beta$ 为 l 的方向余弦。若 $\lim\limits_{\rho \to 0^+} \frac{f(x_0+\rho\cos\alpha, y_0+\rho\cos\beta) - f(x_0, y_0)}{\rho}$ 存在，则称此极限值为 $z=f(x,y)$ 在点 P_0 沿方向 l 的方向导数，记作 $\frac{\partial f}{\partial l}\bigg|_{(x_0, y_0)}$。其计算公式为：

$$\frac{\partial f}{\partial l}\bigg|_{(x_0, y_0)} = \lim_{\rho \to 0} \frac{f(x_0+\rho\cos\alpha, y_0+\rho\cos\beta) - f(x_0, y_0)}{\rho} \quad (1\text{-}7)$$

由此定义可知，方向导数 $\frac{\partial f}{\partial l}\bigg|_{(x_0, y_0)}$ 即为函数 $f(x,y)$ 在点 $P_0(x_0, y_0)$ 处沿某一特定方向的变化率。

2. 方向导数的存在性与计算

方向导数的存在性与计算，有如下定理：

如果函数 $f(x, y)$ 在点 $P_0(x_0, y_0)$ 处可微分，那么该函数在 P_0 处沿着任意方向 l 的方向导数存在，并且 $\left.\dfrac{\partial f}{\partial l}\right|_{(x_0, y_0)} = f_x(x_0, y_0)\cos\alpha + f_y(x_0, y_0)\cos\beta$，$\cos\alpha$，$\cos\beta$ 为方向 l 的方向余弦。

（二）梯度

在二元函数的情形下，如果函数 $f(x, y)$ 在平面区域 D 内具有一阶连续偏导数，对于任意一点 $P_0(x_0, y_0) \in D$ 都有这样一个向量：$f_x(x_0, y_0)i + f_y(x_0, y_0)j$，那么这个向量就称为 $f(x, y)$ 在这一点的梯度，记作 $\mathrm{grad}\,f(x_0, y_0)$ 或 $\nabla f(x_0, y_0)$，即 $\mathrm{grad}\,f(x_0, y_0) = \nabla f(x_0, y_0) = f_x(x_0, y_0)i + f_y(x_0, y_0)j$。其中 $\nabla = \dfrac{\partial}{\partial x}i + \dfrac{\partial}{\partial y}j$ 称为 Nabla 算子或向量微分算子，$\nabla f = \dfrac{\partial f}{\partial x}i + \dfrac{\partial f}{\partial y}j$。

如果函数 $f(x, y)$ 在点 $P_0(x_0, y_0)$ 可微分，$e_l = (\cos\alpha, \cos\beta)$ 是与方向 l 同向的单位向量，则

$$\begin{aligned}\left.\dfrac{\partial f}{\partial l}\right|_{(x_0, y_0)} &= f_x(x_0, y_0)\cos\alpha + f_y(x_0, y_0)\cos\beta = \mathrm{grad}\,f(x_0, y_0) \\ &= |\mathrm{grad}\,f(x_0, y_0)|\cos\theta\end{aligned} \qquad (1\text{-}8)$$

其中 $\theta = (\mathrm{grad}\,f(x_0, y_0), e_l)$。

方向导数和梯度的关系如下：

（1）当 $\theta = 0$，即 e_l 与梯度 $\mathrm{grad}\,f(x_0, y_0)$ 方向相同时，函数 $f(x, y)$ 增加得最快。此时，函数在此方向上的方向导数达到最大值，且此最大值记为梯度 $\mathrm{grad}\,f(x_0, y_0)$ 的模，即 $\left.\dfrac{\partial f}{\partial l}\right|_{(x_0, y_0)} = |\mathrm{grad}\,f(x_0, y_0)|$。

（2）当 $\theta = \pi$，即 e_l 与梯度 $\mathrm{grad}\,f(x_0, y_0)$ 方向相反时，函数 $f(x, y)$ 减少得最快。此时，函数在此方向上的方向导数达到最小值，即 $\left.\dfrac{\partial f}{\partial l}\right|_{(x_0, y_0)} = -|\mathrm{grad}\,f(x_0, y_0)|$。

（3）当 $\theta = \dfrac{\pi}{2}$，即 e_l 与梯度 $\mathrm{grad}\,f(x_0, y_0)$ 方向垂直正交时，函数 $f(x, y)$ 的变化率为零，即 $\left.\dfrac{\partial f}{\partial l}\right|_{(x_0, y_0)} = -|\mathrm{grad}\,f(x_0, y_0)|\cos\theta = 0$。

四、凸函数和极值

人工智能神经网络训练时需要考虑损失函数（loss function），损失函数表征了预测值与真实值之间的不一致程度，构建合理的损失函数模型，对于算法整体学习效率有很大帮助。而对于一个损失函数的构建，通常希望它是一个凸函数，这样可以利用梯度下降法，来实现模型参数的不断迭代优化。

（一）凸函数

1. 凸函数的定义

凸性是函数变化的重要性质，通常把函数图像向上凸或向下凸的性质，叫作函数的凸性。通俗理解为图像向下凸的函数叫作凸函数，图像向上凸的函数叫作凹函数。具体定义如下：

设 $f: I \rightarrow R$，若 $\forall x_1, x_2 \in I$，$\forall \lambda \in [0, 1]$，不等式

$$f(\lambda x_1 + (1-\lambda) x_2) \leq \lambda f(x_1) + (1-\lambda) f(x_2) \tag{1}$$

成立，则称 f 为 I 上的凸函数。

若 $\forall \lambda \in (0, 1)$，$x_1 \neq x_2$，不等式

$$f(\lambda x_1 + (1-\lambda) x_2) \leq \lambda f(x_1) + (1-\lambda) f(x_2) \tag{2}$$

成立，则称 f 为 I 上的严格凸函数。

若（1）与（2）式中的不等式符号反向，则分别称 f 为 I 上的凹函数与严格凹函数。因此，只要研究凸函数的性质与判别法，就不难得到凹函数的相应的判别法。

2. 凸函数的性质

性质1：定义在某个开区间 C 内的凸函数 f 在 C 内连续，且在除可数个点之外的所有点之外的所有点可微。如果 C 是闭区间，那么 f 有可能在 C 的端点不连续。

性质2：一元可微函数在某个区间上是凸的，当且仅当它的导数在该区间上单调不减。

性质3：设函数 $f(x)$，$g(x)$ 在区间 (a, b) 为递增的非负凸函数，则 $f(x) g(x)$ 在区间 (a, b) 也为凸函数。

性质4：设函数 $f(x)$ 在区间 (a, b) 为凸函数，设函数 $g(x)$ 在区间 (c, d)

为单调增加凸函数，且$f(x)$的值域$A=\{f(x)|x\in(a,b)\}\subset(c,d)$，则$g[f(x)]$在$(a,b)$为凸函数。

（二）极值

1. 一元函数极值的定义

定义1　一般来说，设函数$f(x)$在点x_0附近有定义，如果对x_0附近的所有的点，都有$f(x)\leqslant f(x_0)$，就说$f(x_0)$是函数$f(x)$的一个极大值，记作$y_{\max}=f(x_0)$，x_0是极大值点。

定义2　一般来说，设函数$f(x)$在点x_0附近有定义，如果对x_0附近的所有的点，都有$f(x)\geqslant f(x_0)$，就说$f(x_0)$是函数$f(x)$的一个极小值，记作$y_{\min}=f(x_0)$，x_0是极小值点。

极大值与极小值统称为极值。

2. 一元函数极值的判定

定理1（必要条件）：设函数$y=f(x_0)$在点x_0处可导，且在x_0处取得极值，则函数$f(x)$在点x_0的导数$f'(x_0)=0$。使导数为零的点，叫作$f(x)$的驻点。

定理2（第一判别法）：设函数$y=f(x_0)$在点x_0的附近可导且$f'(x_0)=0$

（1）如果当$x<x_0$时，$f'(x)>0$，当$x>x_0$时，$f'(x)<0$，则$f(x)$在点x_0取得极大值。

（2）如果当$x<x_0$时，$f'(x)<0$，当$x>x_0$时，$f'(x)>0$，则$f(x)$在点x_0取得极小值。

五、最优化方法

近年来，随着计算机的发展，优化问题受到越来越多的关注，其中最具有代表性的是：①牛顿法；②拟牛顿法；③共轭梯度法。

（一）牛顿法

牛顿法用二次曲线来近似原有的目标函数，用二次曲线的极小值点来近似原目标函数的极小值点。牛顿法是一种可以让目标函数收敛很快的方法。

1. 牛顿法定义

一维目标函数$f(x)$在$x^{(k)}$点逼近用的二次曲线（即泰勒二次多项式）为

$$\varphi(x^{(k)}) = f(x^{(k)}) + f'(x^{(k)})(x-x^{(k)}) + \frac{1}{2}f''(x^{(k)})(x-x^{(k)})^2 \quad (1-9)$$

此二次函数的极小值点在 $\varphi'(x^{(k)})=0$ 处求得。

对于 n 维问题，n 维的目标函数 $f(X)$ 在 $X^{(k)}$ 点逼近用的二次曲线为：

$$\begin{aligned}\varphi(X^{(k)}) = & f(x^{(k)}) + [\nabla f(X^{(k)})] \cdot [X-X^{(k)}] + \\ & \frac{1}{2}[X-X^{(k)}]^T \cdot \nabla^2 f(X^{(k)}) \cdot [X-X^{(k)}]\end{aligned} \quad (1-10)$$

令式中的 Hessian 矩阵 $\nabla^2 f(X^{(k)}) = H(X^{(k)})$，则上式可改写为：

$$\begin{aligned}\varphi(X^{(k)}) = & f(x^{(k)}) + [\nabla f(X^{(k)})] \cdot [X-X^{(k)}] + \frac{1}{2}[X-X^{(k)}]^T \cdot \\ & H(X^{(k)}) \cdot [X-X^{(k)}] \approx f(X)\end{aligned} \quad (1-11)$$

当 $\nabla \varphi(X)=0$ 时，可以得到 $\varphi(X)$ 的极值点。当该点处的 Hessian 矩阵正定时，该二次曲线存在极小值点。即：

$$\nabla \varphi(X) = \nabla f(X^{(k)}) + H(X^{(k)})[X-X^{(k)}] \quad (1-12)$$

令 $\nabla \varphi(X)=0$，则 $\nabla f(X^{(k)}) + H(X^{(k)})[X-X^{(k)}]=0$

若 $H(X^{(k)})$ 为可逆矩阵，将上式等号两边左乘 $[H(X^{(k)})]^{-1}$，可得

$$[H(X^{(k)})]^{-1} \nabla f(X^{(k)}) + I_n[X-X^{(k)}] = 0 \quad (1-13)$$

即：

$$X = X^{(k)} - [H(X^{(k)})]^{-1} \nabla f(X^{(k)}) \quad (1-14)$$

如果目标函数 $f(X)$ 为二次函数时，$H(X^{(k)})$ 就是常数矩阵，式（1-11）将变成精确表达式，而利用式（1-14）作一次计算，求出的值 X 就是最优点值，设为 X^*。一般情况下，$f(X)$ 不一定是二次函数，也就不能一步求出极小值，极小值点不在 $-[H(X^{(k)})]^{-1}\nabla f(X^{(k)})$ 方向上，但由于在 $X^{(k)}$ 点附近函数 $\varphi(X)$ 与 $f(X)$ 是近似的，所以这个方向也可以作为近似方向，故可以用式（1-14）求出点 X 作为一个逼近点 $X^{(k+1)}$。此时，式（1-14）可改成牛顿法的一般迭代公式：

$$X^{(k+1)} = X^{(k)} - [H(X^{(k)})]^{-1} \nabla f(X^{(k)})$$

式中 $-[H(X^{(k)})]^{-1} \nabla f(X^{(k)})$ 称为牛顿方向。通过这种迭代，逐步向极小值点 X^* 逼近。

2. 牛顿法原理

牛顿法是基于多元函数的泰勒展开式得来，它将 $-[H(X^{(k)})]^{-1}\nabla f(X^{(k)})$ 作为探索方向，因此它的迭代公式为：$X^{(k+1)}=X^{(k)}-[H(X^{(k)})]^{-1}\nabla f(X^{(k)})$。

3. 牛顿法步骤

（1）给定初始点 $x^{(0)}$，及精度 $\varepsilon>0$，令 $k=0$；

（2）若 $\|\nabla f(X^{(k)})\|\leqslant\varepsilon$，停止，极小点为 $x^{(k)}$，否则转步骤（3）；

（3）计算 $[\nabla^2 f(X^{(k)})]^{-1}$，令 $s^{(k)}=-[H(X^{(k)})]^{-1}\nabla f(X^{(k)})$；

（4）令 $x^{(k+1)}=x^{(k)}+s^{(k)}$，$k=k+1$，转步骤（2）。

（二）拟牛顿法

虽然牛顿法的收敛速度更快，但它要求 Hessian 矩阵是可逆的。计算二阶导数和逆矩阵，会使计算量增加。为了提高牛顿法的计算速度，同时又保持较快的收敛性，产生了拟牛顿法。拟牛顿法是在牛顿法基础上的推广。通过在试探点附近的二次逼近引入牛顿条件以确定直线搜索的方向。它有两种主要形式：①Davidon-Fletcher-Powell（缩写为 DFP）；②Broyden-Fletcher-Goldfarb-Shanno（缩写为 BFGS）。拟牛顿法的一般步骤为：

（1）给定初始点 $x^{(0)}$，初始对称正定矩阵 H_0，$g_0=g(x^{(0)})$ 及精度 $\varepsilon>0$；

（2）计算搜索方向 $p^{(k)}=-H_k g_k$；

（3）作直线搜索 $x^{(k+1)}=F(x^{(k)},p^{(k)})$，计算 $f_{k+1}=f(x^{(k+1)})$，$g_{k+1}=g(x^{(k+1)})$，$s_k=x^{(k+1)}-x^{(k)}$，$y_k=g_{k+1}-g_k$；

（4）判断终止准则是否满足；

（5）令 $H_{k+1}=H_k+E_k$，$k=k+1$，转步骤（2）。

不同的拟牛顿法对应不同的 E_k。

1. DFP 法

DFP 算法中的校正公式为：

$$H_{k+1}=H_k+\frac{s_k s_k^T}{s_k^T y_k}-\frac{H_k y_k y_k^T H_k}{y_k^T H_k y_k} \tag{1-15}$$

为了保证 H_k 的正定性，在下面的算法迭代一定次数后，重置初始点和迭代矩阵再次进行迭代。

2. BFGS 法

BFGS 算法中的校正公式为

$$H_{k+1} = H_k + \frac{s^{(k)}(s^{(k)})^T}{(s^{(k)})^T y^{(k)}}\left[1 + \frac{(y^{(k)})^T H_k y^{(k)}}{(s^{(k)})^T y^{(k)}}\right] - \frac{1}{(s^{(k)})^T y^{(k)}}\left[s^{(k)}(y^{(k)})^T H_k + H_k y^{(k)}(s^{(k)})^T\right] \quad (1-16)$$

为了保证 H_k 的正定性,在下面算法步骤迭代一定次数后,重置初始点和迭代矩阵再次进行迭代。

(三)共轭梯度法

定理 1:设 A 是 n 阶对称正定矩阵,$d^1, d^2, d^3, \cdots, d^k$ 是 k 个 A 共轭的非零向量,则这个向量组线性无关。

定理 2:设有函数 $f(x) = \frac{1}{2}x^T A x + b^T x + c$,其中 A 是 n 阶对称正定矩阵。$d^{(1)}$,$d^{(2)}, \cdots, d^{(k)}$ 是一组 A 共轭向量。以任意的 $x^{(1)} \in R^{(n)}$ 为初始点,依次沿 d^1,$d^2, d^3, \cdots, d^k$ 进行搜索,得到点 $x^{(2)}, x^{(3)}, \cdots, x^{(k+1)}$,则 $x^{(k+1)}$ 是函数 $f(x)$ 在 $x^{(1)} + B_k$ 上的极小点,其中

$$B_k = \{x | x = \sum_{i=1}^{k} \lambda_i d^{(i)}, \lambda_i \in R\} \quad (1-17)$$

是由 $d^{(1)}, d^{(2)}, \cdots, d^{(k)}$ 生成的子空间。特别地,当 $k=n$ 时,$x^{(n+1)}$ 是 $f(x)$ 在 R_n 上唯一的极小点。

推论:在上述定理条件下,必有

$$\nabla f(x^{(k+1)})^T d^i = 0, \quad i=1, 2, \cdots, k \quad (1-18)$$

定理 3:对于正定二次型函数 $f(x) = \frac{1}{2}x^T A x + b^T x + c$,FR 算法在 $m \leq n$ 次一维搜索后即终止,并且对所有的 i($1 \leq i \leq m$),下列关系成立:

(1) $d^{(i)T} A d^{(j)} = 0, j=1, 2, \cdots, i-1$。

(2) $g_i^T g_j = 0, j=1, 2, \cdots, i-1$。

(3) $g_i^T d^{(i)} = -g_i^T g_i$。

第二节　概率统计与人工智能

考核知识点及能力要求：

● 熟悉古典概率、常用概率分布、贝叶斯公式、假设检验相关内容；

● 掌握概率统计的基本概念和理论，并能运用概率统计方法分析、解决人工智能领域概率统计问题；

● 了解人工智能领域蕴涵的随机数学模式、处理随机现象的基本思想和方法，了解概率统计在人工智能领域的应用。

人工智能需要解决一些答案不确定的问题，如趋势预测、图像解读、自然语言理解等，这需要一些能够提供不确定推理的数学知识作为研究基础。由概率论、随机过程、数理统计等方法构成的实现不确定推理的概率理论，可以为人工智能处理不确定性问题奠定数学基础。

概率论是人工智能系统推理的逻辑基础，人工智能做出的推测、推断和预测都伴着行为结果的不确定性。人工智能技术作为一种工具，能够辅助甚至替代人判断和解决问题，在本质上离不开通过对不同事件发生的概率进行判断和预测，通过时间推断的概率可以无限逼近100%，最终做出判断完成任务，接近甚至超越人类的思维和判断能力。

一、古典概率

古典概率（classical models of probability）又叫传统概率、等可能概率，是法国数学家拉普拉斯（Pierre-Simon Laplace，1749—1827）提出的一种基础又重要的概率类型。古典概率模型需要满足以下两个条件：

（1）试验中只有有限种基本事件（情形）；

（2）试验中每种基本事件（情形）出现的可能性相等。

基本事件也叫样本点或简单事件，一个基本事件也要满足以下两个条件：

（1）任意两个基本事件之间是互斥的；

（2）基本事件可以组成任何事件（除不可能事件）。

若随机事件 S 包含的基本事件数（也称有利于事件 S 的基本事件数）为 b，试验中所有的基本事件总数为 a，那么古典概率的概率公式可以表示为：

$$P(S) = \frac{事件 S 包含的基本事件数}{试验中基本事件总数}$$

即：
$$P(S) = \frac{b}{a} \tag{1-19}$$

由上述公式计算出的事件 S 的概率就是 S 的古典概率。

进而我们可以得到计算事件 S 古典概率的一般步骤：

（1）明确试验中的基本事件，计算所有可能出现的基本事件数目；

（2）明确目标事件 S 的基本事件，计算 S 的所有基本事件数目；

（3）代入公式 $P(S) = \frac{b}{a}$，求出 $P(S)$。

古典概型在一定条件下可以转化为几何概型，这个问题留给读者思考（提示：从古典概率的两个条件入手）。

二、常用概率分布

很多机器学习和深度学习的算法是基于概率统计理论基础推导而得出的，例如：逻辑回归算法基于数理统计中的最大似然估计理论，深度学习网络的数据初始化基于标准正态分布理论，输入网络前数据的归一化基于正态分布理论等。

（一）离散型

若随机变量 A 只可能取可列个或有限个值，那么称 A 为离散型随机变量，称

$$p_i = P\{A = x_i\}, \quad i = 1, 2, \cdots \quad (1\text{--}20)$$

为 A 的概率分布或分布列，也可以表示为

$$A \sim \begin{bmatrix} a_1 & a_2 \cdots \\ p_1 & p_2 \cdots \end{bmatrix} \quad (1\text{--}21)$$

其中 $p_i \geqslant 0$（$i=1, 2, \cdots$），且 $\sum_i p_i = 1$。

离散型常用概率分布类型如下：

（1）伯努利分布，又叫 0-1 分布，记作 $B(1, p)$。

如果 A 的概率分布为 $A \sim \begin{pmatrix} 1 & 0 \\ p & 1-p \end{pmatrix}$，则称 A 服从参数为 p 的伯努利分布，记为 $A \sim B(1, p)$（$0<p<1$）。

（2）二项分布 $B(n, p)$。

如果 A 的概率分布为 $P\{A=k\} = C_n^k p^k (1-p)^{n-k}$（$k=1, 2, \cdots, n$；$0<p<1$），则称 A 服从参数为 (n, p) 的二项分布，记为 $A \sim B(n, p)$。

（3）泊松分布 $P(\lambda)$。

如果变量 A 的概率分布为 $P\{A=k\} = \dfrac{\lambda^k}{k!} e^{-\lambda}$（$k=0, 1, \cdots$；$\lambda > 0$），则称变量 A 服从参数为 λ 的泊松分布，记为 $X \sim P(\lambda)$。

（4）几何分布 $G(p)$。

如果变量 A 的概率分布为 $P\{A=k\} = (1-p)^{k-1} p$（$k=1, 2, \cdots$；$0<p<1$），则称变量 A 服从参数为 p 的几何分布，记为 $A \sim G(p)$。

（5）超几何分布 $H(n, N, M)$。

如果变量 A 的概率分布为 $P\{A=k\} = \dfrac{C_M^k C_{N-M}^{n-k}}{C_N^n}$（$\max(0, n-N+M) \leqslant k \leqslant \min(M, n)$），$M, N, n$ 为正整数且 $M \leqslant N$，$n \leqslant N$，k 为正整数，则称 A 服从参数为 (n, N, M) 的超几何分布，记为 $A \sim H(n, N, M)$。

（二）连续型

若随机变量 A 的分布函数可以表示为 $F(a) = \int_{-\infty}^{a} f(a) \, da$（$a \in \mathbb{R}$），其中 $f(a)$

是非负可积函数，则称 A 为连续型随机变量，$f(a)$ 为 A 的概率密度函数，记为 $A \sim f(a)$，其中 $f(a) \geq 0$，且 $\int_{-\infty}^{+\infty} f(a) \mathrm{d}a = 1$。

连续型常用概率分布类型如下：

（1）均匀分布 $U(m, n)$。

如果随机变量 A 的分布和概率密度函数分别为：

$$F(a) = \begin{cases} 0, & x < m \\ \dfrac{a-m}{m-n}, & m \leq a < n \\ 1, & a \geq n \end{cases} \quad f(a) = \begin{cases} \dfrac{1}{n-m}, & m \leq a < n \\ 0, & a < m \cup a \geq n \end{cases} \quad (1-22)$$

则称 A 在区间 (m, n) 上服从均匀分布，记为 $A \sim U(m, n)$。

（2）指数分布 $E(\lambda)$。

如果随机变量 A 的分布函数和概率密度函数分别为：

$$F(a) = \begin{cases} 1 - \mathrm{e}^{-\lambda a}, & a \geq 0 \\ 0, & a < 0 \end{cases} (\lambda > 0) \quad f(a) = \begin{cases} \lambda \mathrm{e}^{-\lambda a}, & a > 0 \\ 0, & a \leq 0 \end{cases} \quad (1-23)$$

则称 A 服从参数为 λ 的指数分布，记为 $A \sim E(\lambda)$。

（3）正态分布 $N(\mu, \sigma^2)$。

如果 A 的概率密度：

$$F(a) = \frac{1}{\sqrt{2\pi}\sigma} \mathrm{e}^{-\frac{1}{2}\left(\frac{a-\mu}{\sigma}\right)^2} \quad (-\infty < a < +\infty) \quad (1-24)$$

其中 $-\infty < \mu < +\infty$，$\sigma > 0$，则称 A 服从参数为 (μ, σ^2) 的正态分布，记为 $A \sim N(\mu, \sigma^2)$，此时 $f(a)$ 的图像关于 $a = \mu$ 对称，在 $a = \mu$ 处取得唯一最大值 $f(\mu) = \dfrac{1}{\sqrt{2\pi}\sigma}$。

一维正态分布在取不同参数时的曲线形状如图 1-1 所示。

当 $\mu = 0$，$\sigma = 1$ 时的正态分布 $N(0, 1)$ 称为标准正态分布，将标准正态分布的概率密度记为 $\varphi(a) = \dfrac{1}{\sqrt{2\pi}} \mathrm{e}^{-\frac{1}{2}a^2}$，分布函数为 $\varphi(a) = \dfrac{1}{\sqrt{2\pi}} \int_{-\infty}^{a} \mathrm{e}^{-\frac{1}{2}t^2} \mathrm{d}t$，特别地，$\varphi(0) = \dfrac{1}{2}$，$\varphi(-a) = 1 - \varphi(a)$。

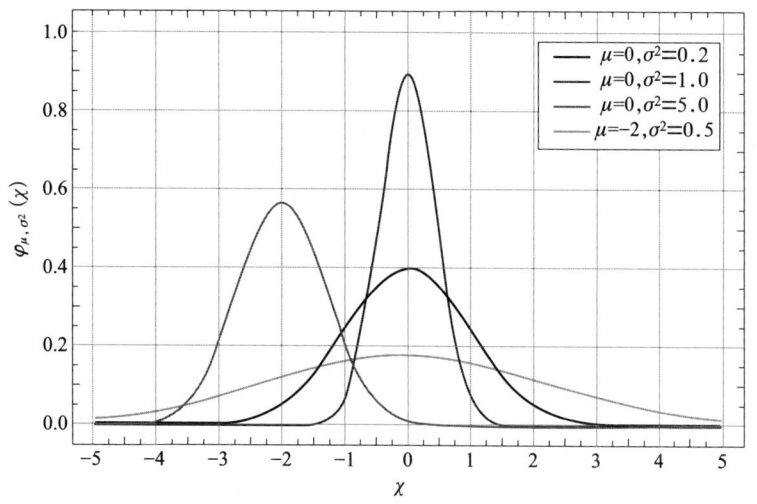

图1-1 一维正态分布在取不同参数时的曲线形状

正态分布是统计学、机器学习领域非常重要的分布。在实际应用中,我们会用截断正态分布(truncated normal distribution)去初始化神经网络的参数,高斯核函数在支持向量机(support vector machine)中起到了重要作用,高斯混合模型(Gaussian mixture model,GMM)还是应用于语音识别领域的重要模型等。

三、贝叶斯公式

基于贝叶斯理论的学习和推理是人工智能的重要分支,贝叶斯理论主张用似然函数和先验概率推导后验概率。而基于贝叶斯理论提出的马尔可夫链(Markov chain)算法,就是根据当前状态推导后续状态,是很多深度学习网络依赖的数学运算基础。

贝叶斯公式描述了随机事件 B 的概率会随着随机事件 A 的发生而改变。也就是说随着某个事实的发生,概率会发生改变。频率学派认为抽样是无限的,这样可以无限接近模型的分布;而贝叶斯学派认为世界是在不断改变过程中,根据事实的发生对已有概率进行修正。

概率分布用于学习不确定性和未观测状态。贝叶斯模型被广泛应用于概率图模型、语音识别、自然语言处理等领域。贝叶斯公式表达式为:

$$P(A_i|B) = \frac{P(A_i)P(B|A_i)}{\sum_{j=1}^{n}P(A_j)P(B|A_j)} \quad (1-25)$$

$A_1, \cdots, A_n$ 为完备事件组，即 $\sum_{i=1}^{n}P(A_i)=1$，$A_i \cup A_j = \varphi$，$P(A_i) > 0$。

其中 $P(A)$ 是随机事件 A 发生的先验概率或边缘概率。

$P(A|B)$ 表示在 B 发生的情况下 A 的条件概率，称作 A 的后验概率。

$P(B|A)$ 表示在 A 发生的情况下 B 的条件概率，称作 B 的后验概率。

对于两个以上的变量的情况：

$$P(A|B,C) = P(B|A)P(A) \times \frac{P(C|A,B)}{P(B)P(C|B)} \quad (1-26)$$

多个变量的贝叶斯公式可由两个变量的贝叶斯公式导出。

四、假设检验

（一）基本思想

在自然科学和社会科学中，常常需要对某些重要问题做出判断，例如：在基于深度学习的图像目标检测任务中，需要回答识别出的对象是不是目标类别等。假设检验是对感兴趣的问题进行试验或观察并获得相关数据，再根据这些数据判断是或否的过程。

对于要做出判断的某一问题，若总体分布类型已知，可以对分布的一个或几个未知参数作出"假设"，或者对总体分布函数的类型或某些特征提出某种假设，这种"假设"称为原假设或零假设，通常用 H_0 表示。在对某个问题提出原假设 H_0 时，实际上也是确立了其对立"假设"，称为备择假设或对立假设，通常用 H_1 表示。假设检验实质上就是要在 H_0 和 H_1 之间做出选择或判断。

（二）基本步骤

一般情况下的假设检验步骤如下：

（1）根据实际问题提出假设检验的原假设 H_0，备择假设 H_1；

（2）根据 H_0 选择合适的统计量，并确定其分布；

(3) 根据实际问题需要确定一个显著性水平 α；

(4) 在显著性水平 α 下，根据统计量的分布将样本空间划分为两个不相交的区域，其中拒绝 H_0 的样本值全体组成拒绝域 W；

(5) 统计量的值由样本观测值计算出；

(6) 由统计量的观测值是否落入拒绝域得出推论，如果统计量观测值落入拒绝域 W 中，则拒绝 H_0，否则接受 H_0。

(三) 种类

假设检验问题可以分为两类：参数假设检验和分布假设检验。

1. 参数假设检验

参数假设检验是一种基本的统计推断形式，当总体 X 分布已知，但总体分布的参数 θ 未知时，可以由样本数据对总体分布的统计参数进行推测。

对于参数假设检验问题，对总体分布的参数 θ 做出假设 H_0，其中 $H_0: \theta \in \Theta_0$，Θ_0 称为参数空间，选取合适的统计量，可以由测得的样本数据计算检验统计量，若计算的统计量值落入约定的显著性水平 α 时的拒绝域中，说明参数 θ 在显著性水平 α 下有显著性差异；反之则表示没有显著性差异，表明参数 θ 可以作为总体的参数估计值。

2. 分布假设检验

当总体的分布未知时，可以根据测得的样本值对总体的分布进行推断，这类问题成为总体的分布假设检验问题。常见的总体分布假设检验有 Z 检验、卡方检验、T 检验和 F 检验。

(1) Z 检验。Z 检验又称为 u 检验，是用标准正态分布的理论来推断样本平均值的差异发生的概率，从而比较样本的平均值差异是否显著。Z 检验通常适用于大样本。

Z 检验的一般形式：设 $x_1, x_2, \cdots, x_n$ 是正态总体 $N(u, \sigma^2)$ 的简单样本，需检验样本平均数 u_0 与已知的总体均值 u 的差异是否显著，考虑检验问题：

$$H_0: u = u_0,$$

$$H_1: u \neq u_0。$$

选择检验统计量 Z：

$$Z=\frac{\overline{X}-u}{S/\sqrt{n}} \quad (1-27)$$

拒绝域 $W=\{|Z|>Z_{\frac{\alpha}{2}}\}$。

上述形式的假设检验问题可以称为显著性水平 α 下的 Z 检验。

（2）卡方检验。卡方检验是以卡方分布为基础的一种常用假设检验方法，主要用来比较两个及两个以上样本率（构成比）以及两个分类变量的关联性分析。

卡方分布：设样本 $X_1, X_2, \cdots, X_n$ 独立同分布，$X_i \sim N(0, 1^2)(i=1, 2, \cdots, n)$，则称随机变量 $\chi^2=X_1^2+X_2^2+\cdots+X_n^2$ 的分布为自由度为 n 的 χ^2 分布，记为 $\chi^2 \sim \chi^2(n)$。

（3）T 检验。T 检验主要应用于小样本。比较两个平均值的差异程度是通过利用 t 分布理论来推论差异发生的概率得出的。

T 分布：设 $X \sim N(0, 1)$，$Y \sim \chi^2(n)$，并且 X 和 Y 相互独立，则称随机变量 $T=\dfrac{X}{\sqrt{Y/n}}$ 的分布为自由度为 n 的 t 分布，记为 $T \sim t(n)$。

（4）F 检验。F 检验也称为联合假设检验，它是一种在原假设 H_0 下统计值服从 F-分布的检验。F 检验通常适用于具有多个参数的统计模型，用来判断该模型中的全部或一部分参数是否适合用来估计总体。

F 分布：设 $U \sim \chi^2(m)$，$V \sim \chi^2(n)$，并且 U 和 V 相互独立，则称随机变量 $F=\dfrac{U/m}{V/n}$ 的分布为自由度为 (m, n) 的 F 分布，记为 $F \sim F(m, n)$。

第三节 线性代数与人工智能

考核知识点及能力要求：
- 熟悉向量和矩阵、矩阵乘法、矩阵的特征值和特征向量相关内容；
- 掌握向量空间、矩阵的基本概念和理论，线性代数的运算规则和技巧，并运用分析、归纳、推理等方法解决人工智能领域的线性代数问题；
- 了解线性代数在人工智能领域的应用。

人类可以识图认字、听说读写，通过不同的信息处理方式感知变化的大千世界，而计算机所能处理的是离散的二进制数据。人工智能算法基于计算机等工具进行推理时，需要将真实世界的信息转换为二进制数据，在定义域和值域上实现数字化，才能够实现对数据的存储与处理。线性代数中的向量和矩阵是模拟现实世界的关键工具。

线性代数广泛应用于人工智能领域，也是移动机器人、智能语音、计算机视觉、大数据等范畴的理论基础。理解线性代数对于理解问题本质有很大的帮助，比如 SVD 分解时如何实现降维，图像处理及信号处理中如何使用矩阵实现卷积操作。人工智能模型训练中的神经网络的所有参数都被存储在矩阵中；线性代数使矩阵运算变得更加快捷简便，尤其是在 GPU 上训练模型时，GPU 可以并行地以向量和矩阵运算。

一、向量

向量是人工智能领域的关键数据结构。人工智能领域将向量理解为 n 维空间上的点。例如，一个数据集也可以很方便地表示为一个 n 维向量。

1. 定义

n 个数 a_1, a_2, $\cdots$, a_n 所构成的一个有序数组称为 n 维向量,记成 $(a_1, a_2, \cdots, a_n)$ 或 $(a_1, a_2, \cdots, a_n)^T$,分别称为 n 维行向量或 n 维列向量。数 a_i 称为向量的第 i 个分量。

零向量:所有分量都是 0 的向量称为零向量,记为 0。

n 维向量相等:如果 $\alpha=(a_1, a_2, \cdots, a_n)^T$ 和 $\beta=(b_1, b_2, \cdots, b_n)^T$ 相等,则 $\alpha=\beta <=> a_1=b_1$, $a_2=b_2$, $\cdots$, $a_n=b_n$。

2. n 维向量的运算

如果 $\alpha=(a_1, a_2, \cdots, a_n)^T$, $\beta=(b_1, b_2, \cdots, b_n)^T$,则

(1)加法。

$$\alpha+\beta=(a_1+b_1, a_2+b_2, \cdots, a_n+b_n)^T \tag{1-28}$$

(2)数乘。

$$\alpha=(ka_1, ka_2, \cdots, ka_n)^T \tag{1-29}$$

(3)内积。

$$(\alpha, \beta)=a_1b_1+a_2b_2+\cdots+a_nb_n=\alpha^T\beta=\beta^T\alpha \tag{1-30}$$

特别地,如果 $(\alpha, \beta)=0$,则称向量 α 与 β 正交。

又 $(\alpha, \alpha)=\alpha^T\alpha=a_1^2+a_2^2+\cdots+a_n^2$,则称 $\sqrt{a_1^2+a_2^2+\cdots+a_n^2}$ 为向量 α 的长度。

二、矩阵

矩阵可以看作向量的组合。在计算机视觉领域,矩阵可用来表示图像。图像由固定行列数的像素组成,如果每个像素用数字表示,那么图像就可表示为一个矩阵。

1. 定义

$m \times n$ 个数排列成 m 行 n 列的一个表格

$$\begin{bmatrix} a_{11} & a_{12} & \cdots & a_{1n} \\ a_{21} & a_{22} & \cdots & a_{2n} \\ \vdots & \vdots & & \vdots \\ a_{m1} & a_{m2} & \cdots & a_{mn} \end{bmatrix} \tag{1-31}$$

称为一个 $m \times n$ 矩阵，当 $m=n$ 时，矩阵 A 称为 n 阶矩阵或叫 n 阶方阵。

如果一个矩阵的所有元素都是 0，即

$$\begin{bmatrix} 0 & 0 & \cdots & 0 \\ 0 & 0 & \cdots & 0 \\ \vdots & \vdots & & \vdots \\ 0 & 0 & \cdots & 0 \end{bmatrix} \quad (1\text{-}32)$$

则称这个矩阵是零矩阵，可简记为 0。

两个矩阵 $A=[a_{ij}]_{m \times n}$，$B=[b_{ij}]_{s \times t}$，如果 $m=s$，$n=t$，则称 A 与 B 是同型矩阵。

两个同型矩阵 $A=[a_{ij}]_{m \times n}$，$B=[b_{ij}]_{m \times n}$，如果对应的元素都相等，即 $a_{ij}=b_{ij}$（$i=1$，2，$\cdots$，m；$j=1$，2，$\cdots$，n），则称矩阵 A 与 B 相等，记作 $A=B$。

n 阶方阵 $A=[a_{ij}]_{n \times n}$ 的元素所构成的行列式

$$\begin{vmatrix} a_{11} & a_{12} & \cdots & a_{1n} \\ a_{21} & a_{22} & \cdots & a_{2n} \\ \vdots & \vdots & & \vdots \\ a_{n1} & a_{n2} & \cdots & a_{nn} \end{vmatrix} \quad (1\text{-}33)$$

称为 n 阶矩阵 A 的行列式，记作 $|A|$ 或 $\det A$。

【注】矩阵 A 是一个表格，而行列式 $|A|$ 是一个数，这里的概念和符号不要混淆。

2. 矩阵的运算

矩阵加法：两个同型矩阵可以相加，且

$$A+B=[a_{ij}]_{m \times n}+[b_{ij}]_{s \times t}=[a_{ij}+b_{ij}]_{m \times n} \quad (1\text{-}34)$$

数乘：设 k 是常数，$A=[a_{ij}]_{m \times n}$ 是矩阵，则定义数与矩阵的乘法为

$$kA=k[a_{ij}]_{m \times n}=[ka_{ij}]_{m \times n} \quad (1\text{-}35)$$

矩阵乘法：设 A 是一个 $m \times s$ 矩阵，B 是一个 $s \times n$ 矩阵（A 的列数 $=B$ 的行数），则 A、B 可乘，且乘积 AB 是一个 $m \times n$ 矩阵，记成 $C=AB=[c_{ij}]_{m \times n}$，其中 C 的元素 c_{ij} 是 A 的第 i 行的第 k 个元素和 B 的第 j 列的第 k 个对应元素两两乘积之和，即

$$c_{ij}=\sum_{k=1}^{s} a_{ik}b_{kj}=a_{i1}b_{1j}+a_{i2}b_{2j}+\cdots+a_{is}b_{sj} \quad (1\text{-}36)$$

矩阵的运算规则如下：

（1）加法。

A、B、C 是同型矩阵，则

$A+B=B+A$（交换律）

$(A+B)+C=A+(B+C)$（结合律）

$A+\mathbf{0}=A$，其中 $\mathbf{0}$ 是元素全为零的矩阵

$A+(-A)=\mathbf{0}$

（2）数乘矩阵。

$k(mA)=(km)A=m(kA)$

$(k+m)A=kA+mA$

$k(A+B)=kA+kB$

$1A=A$，$0A=\mathbf{0}$

（3）乘法。

A、B、C 满足可乘条件，则

$(AB)C=A(BC)$

$A(B+C)=AB+CA$

$(B+C)A=BA+CA$

【注】一般情况下，$AB \neq BA$。

人工智能算法在处理图像时会涉及许多对矩阵的操作，矩阵乘法是其中比较基础的部分。比如，对图像数据进行翻转、扭曲、仿射变换等数据增强的操作时，都会涉及矩阵乘法。

三、特征值和特征向量

1. 矩阵的特征值的定义

定义 1：A 是 n 阶矩阵，如果对于数 λ，存在非零向量 α，使得 $A\alpha=\lambda\alpha$（$\alpha \neq 0$）成立，则称 λ 是 A 的特征值，α 是 A 的对应于 λ 的特征向量。

设 A 是 n 阶方阵，如果 λ_0 是 A 的特征值，α 是 A 的属于 λ_0 的特征向量，则 $A\alpha=\lambda_0\alpha \Longrightarrow \lambda_0\alpha-A\alpha=0 \Longrightarrow (\lambda_0 E-A)\alpha=0$（$\alpha \neq 0$）。因为 α 是非零向量，这说明

α 是齐次线性方程组（$\lambda_0 E-A$）$X=0$ 的非零解，而齐次线性方程组有非零解的充要条件是其系数矩阵 $\lambda_0 E-A$ 的行列式等于零，即

$$|\lambda_0 E-A|=0 \tag{1-37}$$

而属于 λ_0 的特征向量就是齐次线性方程组（$\lambda_0 E-A$）$X=0$ 的非零解。

定理1：设 A 是 n 阶矩阵，则 λ_0 是 A 的特征值，α 是 A 的属于 λ_0 的特征向量的充分必要条件是 λ_0 是 $|\lambda_0 E-A|=0$ 的根，α 是齐次线性方程组（$\lambda_0 E-A$）$X=0$ 的非零解。

定义2：由定义1得，（$\lambda E-A$）α $=0$，因 α $\neq 0$，故

$$|\lambda E-A|=\begin{vmatrix} \lambda-a_{11} & -a_{12} & \cdots & -a_{1n} \\ -a_{21} & \lambda-a_{22} & \cdots & -a_{2n} \\ \vdots & \vdots & & \vdots \\ -a_{n1} & -a_{n2} & \cdots & \lambda-a_{nn} \end{vmatrix}=0 \tag{1-38}$$

称上式为 A 的特征方程，它是未知元素 λ 的 n 次方程，在复数域内有 n 个根，其根为矩阵 A 的特征值，它的行列式 $|\lambda E-A||\lambda E-A|$ 称为 A 的特征多项式，矩阵（$\lambda E-A$）称为 A 的特征矩阵。

2. 特征值、特征向量的基本性质

（1）设 $A=(a_{ij})_{n \times n}$，则：

$$\lambda_1+\lambda_2+\cdots+\lambda_n=a_{11}+a_{22}+\cdots a_{nn} \tag{1-39}$$

$$\lambda_1\lambda_2\cdots\lambda_n=|A| \tag{1-40}$$

（2）设 λ 是 A 的特征值，且 α 是 A 属于 λ 的特征向量，则：

1）$a\lambda$ 是 aA 的特征值，并有（aA）α $=$（$a\lambda$）α。

2）λ^k 是 A^k 的特征值，$A^k\alpha=\lambda^k\alpha$。

3）若 A 可逆，则 $\lambda \neq 0$，且 $\dfrac{1}{\lambda}$ 是 A^{-1} 的特征值，$A^{-1}\alpha=\dfrac{1}{\lambda}\alpha$。

思考题

1. 设 $f(x, y)=x+y-\sqrt{x^2+y^2}$，求 $f'_x(5, 6)$，$f'_y(0, 4)$。

2. 求函数 $u=\dfrac{y}{\sqrt{x^2+y^2+z^2}}$，沿曲线 $x=t$，$y=2t^2$，$z=-2t^4$ 在点 $M(3,4,-4)$ 的切线方向的方向导数。

3. 利用矩阵的初等变换，求下列方阵的逆阵：

（1）$\begin{bmatrix} 3 & 2 & 3 \\ 3 & 1 & 5 \\ 3 & 2 & 1 \end{bmatrix}$ （2）$\begin{bmatrix} 0 & 1 & 2 & 1 \\ 1 & -2 & -3 & -2 \\ 0 & 2 & 2 & 1 \\ 3 & -2 & 0 & -1 \end{bmatrix}$

4.（1）设 $A=\begin{bmatrix} 3 & 1 & -1 \\ 2 & 2 & 1 \\ 4 & 1 & -2 \end{bmatrix}$，$B=\begin{bmatrix} 3 & -1 \\ 2 & 2 \\ 1 & -3 \end{bmatrix}$，求 X 使 $AX=B$。

（2）设 $A=\begin{bmatrix} -3 & 3 & -4 \\ 2 & -1 & 3 \\ 0 & 2 & 1 \end{bmatrix}$，$B=\begin{pmatrix} 2 & -3 & 1 \\ 1 & 2 & 3 \end{pmatrix}$，求 X 使 $XA=B$。

5. 全年级 200 名学生中，有男生（以事件 A 表示）120 人，女生 80 人；来自上海的（以事件 B 表示）有 40 人，其中男生 25 人，女生 15 人；免修英语的（用事件 C 表示）80 人中有 22 名男生，58 名女生。请写出 $P(A)$、$P(B)$、$P(B|A)$、$P(A|B)$、$P(AB)$、$P(C)$、$P(C|A)$、$P(\overline{A}|\overline{B})$、$P(AC)$。

6. 某种疾病的患病率为 0.5%，某项医学检查的误诊率为 2%，即非患病者中有 2% 的人检查结果为阳性，患者中有 2% 的人化验结果为阴性。现已知某人的医学化验结果为阳性，求其确实患有该种疾病的概率。

第二章
算法设计与分析

人工智能利用各类算法来解决实际问题，推动社会发展，没有算法的支持，人工智能难以成熟落地。人工智能工程技术人才需要了解并掌握传统算法基础及理论知识，将算法应用于实践工程中。本章将介绍人工智能中涉及的传统算法理论知识，是人工智能工程技术人员必须掌握的基础知识，对这些算法知识的运用是学习人工智能工程技术必须具备的能力。

- **职业功能：** 人工智能算法的基础知识。
- **工作内容：** 人工智能涉及算法复杂度算法不同分类下的实现原理和算法应用等。
- **专业能力要求：** 掌握相应的算法知识，结合算法实例加深对算法理论的理解，为后面人工智能的应用实践打下基础。
- **相关知识要求：** 算法基础部分介绍算法相关概念和渐进记号，递归式求解；分治策略、排序算法、动态规划部分分别介绍具体的算法；图算法部分介绍图的相关概念和图的基础算法，如搜索算法、最小生成树、最短路径等。

第一节 算法导论与基础

考核知识点及能力要求：

- 了解算法的基础知识及相关概念；
- 熟悉渐进记号和递归式相关知识；
- 掌握对不同的算法进行时间复杂度分析。

一、算法基础

（一）定义与概念

算法可以看成求解具体计算问题的工具，它描述了期望输入—输出关联的具体计算过程。例如，已知一个序列，目标是输出非递减的序列，该排序问题的形式化定义如下：

输入：n 个元素组成的序列 $<a_1, \cdots, a_n>$

输出：输入序列的一个排列 $<a'_1, \cdots, a'_n>$，满足 $a'_1 \leqslant \cdots \leqslant a'_n$。

给定具体序列如 $<12, 20, -13, 28>$，排序算法将会返回 $<-13, 12, 20, 28>$ 作为输出。上述的输入序列称为排序问题中的一个实例。问题实例由计算该问题解所必需的输入组成。对于每个输入实例，算法都能输出正确的结果，则称该算法是正确的。

在本章中，主要利用"伪代码"的形式来说明算法。"伪代码"与真码的区别主要有两个地方：一是在"伪代码"中通常使用最简洁、最清晰的方法来对算法进行说明；二是"伪代码"通常不关心软件工程的问题，会忽视模块性、错误处理等问题。下面我们对"伪代码"进行一些说明：

（1）缩进表示块结构，如后续使用的 for 循环体、while 循环体等。

（2）符号"//"之后是该行的注释部分。

（3）若无特殊说明，变量是为局部过程设置的，使用全局变量时会提前声明。

（4）数组元素通过"数组名［下标］"的形式来访问，如 $A[i]$ 表示数组 A 中的第 i 个元素，记号"…"表示数组中值的一个范围，如 $A[1\cdots j]$ 表示一个子数组，其中包含 $A[1]$，…，$A[j]$ 共 j 个元素。

（5）return 语句将返回到调用过程的调用点，在"伪代码"中，可以允许单一的 return 语句返回多个值。

（二）分析算法

分析算法的目的是预测算法需要的计算资源，主要是得到算法的计算时间，帮助我们在多个可行的候选算法中进行对比分析，从而获得最有效的算法。一般而言，算法需要的计算时间随着输入规模的增加而增加。因此，通常情况下，我们将程序的运行时间描述为输入规模的函数。这里，给出"输入规模"与"运行时间"的定义，方便后续的分析算法过程：

（1）输入规模：输入规模的具体意义依赖于研究的内容，如在排序算法中是待排序的项数，输入为图时输入规模为图中顶点数和边数。

（2）运行时间：算法在特定输入上的运行时间是指执行的基本操作数或者步数。我们假设执行每行"伪代码"需要常量时间，算法的运行时间为对每条执行语句运行时间的求和。

由于同一算法面对不同输入数据时运行时间情况有差别，因此算法的运行时间往往存在最佳情况、最坏情况和平均情况三种。在接下来的算法分析中，我们往往只研究最坏情况下的运行时间，原因有三点：

1）算法的最坏情况运行时间往往给出了任何输入的运行时间上界，保证我们不需要再进行其他复杂的假设来对运行时间进行约束。

2）最坏情况对比于平均情况更容易计算，只需要关注最坏情况下的执行时间，而无需考虑所有可能输入。平均情况需要考虑所有可能输入情况的平均执行时间，这种统计分析可能非常困难且耗时。

3）最坏情况复杂度可以作为算法之间性能比较指标。通过比较给定问题上最坏时间复杂度来选择性能最好的算法。

二、渐进记号与递归式

（一）渐进记号

当输入规模 n 变得足够大时，虽然有时候能精准地确定算法的精确运行时间，但通常这并不值得花费大量精力。我们关心在输入规模无限增长时（即在极限中）算法的运行时间如何随输入规模的变大而增加。本书采用渐近记号来刻画算法的运行时间，同时渐近记号也可以适用于刻画算法的其他方面，甚至可适用于与算法无关的函数。根据对算法不同方面性能的研究，我们给出几类渐近记号来刻画算法运行时间。

（1）渐近上界：渐近上界记号为 O，对于给定的函数 $g(n)$，用 $O(g(n))$ 表示以下的函数集合：$O(g(n)) = \{f(n):$ 存在正常量 c 和 n_0，使得对所有 $n \geq n_0$，有 $0 \leq f(n) \leq cg(n)\}$，$O(g(n))$ 在坐标系中的表示如图 2-1 所示。

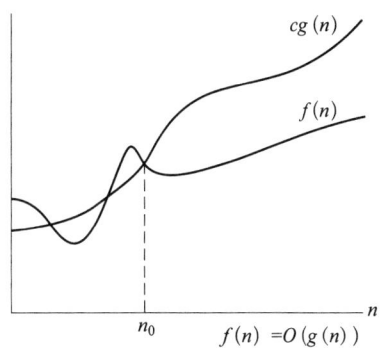

图 2-1 O 记号的图例

使用 O 记号，我们常常可以仅通过检查算法的总体结构来描述算法的运行时间。当我们说"运行时间为 $O(n^2)$"时，意味着存在一个 $O(n^2)$ 的函数 $f(n)$，使得对 n 的任意值，当选择的输入规模为 n 时，运行时间上界都是 $f(n)$。

（2）渐近下界：渐近下界记号为 Ω。对于给定的函数 $g(n)$，用 $\Omega(g(n))$ 来表示以下函数的集合：$\Omega(g(n)) = \{f(n):$ 存在正常量 c 和 n_0，使得对所有 $n \geq n_0$，有 $0 \leq cg(n) \leq f(n)\}$，$\Omega(g(n))$ 在坐标系中的表示如图 2-2 所示。

当一个算法的运行时间为 $\Omega(g(n))$ 时，则意指对于输入规模 n，只要 n 足够大，则输入的运行时间至少为 $g(n)$ 的常数倍，即对算法的最好情况运行时间给出一个下界。

（3）渐近紧确界：Θ 记号提供了渐近上下界。对于给定的函数 $g(n)$，用 $\Theta(g(n))$ 来表示以下的函数的集合：$\Theta(g(n)) = \{f(n):$ 存在正常量 c_1，c_2 和 n_0，使得对所有 $n \geq n_0$，有 $0 \leq c_1 g(n) \leq f(n) \leq c_2 g(n)\}$，$\Theta(g(m))$ 在坐标系中的表示如图 2-3 所示。

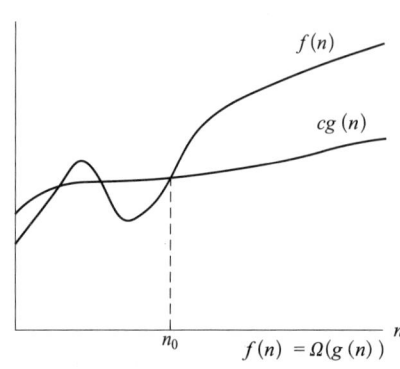

图 2-2 Ω 记号的图例

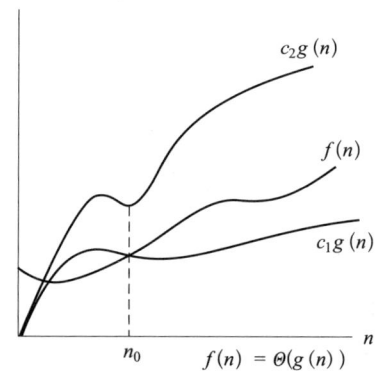

图 2-3 Θ 记号的图例

下面给出渐近函数的一些性质：

（1）传递性。

$f(n)=\Theta(g(n))$ 且 $g(n)=\Theta(h(n))$，则蕴涵 $f(n)=\Theta(h(n))$；

$f(n)=O(g(n))$ 且 $g(n)=O(h(n))$，则蕴涵 $f(n)=O(h(n))$；

$f(n)=\Omega(g(n))$ 且 $g(n)=\Omega(h(n))$，则蕴涵 $f(n)=\Omega(h(n))$。

（2）自反性。

$f(n)=\Theta(f(n))$，$f(n)=O(f(n))$，$f(n)=\Omega(f(n))$。

（3）对称性。

$f(n)=\Theta(g(n))$ 当且仅当 $g(n)=\Theta(f(n))$。

（4）转置对称性。

$f(n)=O(g(n))$ 当且仅当 $g(n)=\Omega(f(n))$。

（二）递归式

1. 代入法

代入法求解递归式可分为两步：

步骤一：猜测解的形式。

步骤二：用数学归纳法求出解中的常数，并证明解是对的。

我们首先需要将解的形式猜出来，将归纳假设应用于较小的值。然后，利用数学归纳法证明解在边界条件下也成立。代入法虽然很强大，但做出好的猜测并不容易，因为目前并没有通用的方法来猜测递归式的正确解。下面给出利用代入法求解递归式的示例。首先给出具体递归式：

$$T(n) = \begin{cases} T\left(\dfrac{n}{3}\right) + T\left(\dfrac{2n}{3}\right) + n, & n > 2 \\ 1, & n = 1, 2 \end{cases} \tag{2-1}$$

我们猜测解的形式为 $T(n) = O(n\log n)$，代入法要求证明，给定选择的常数 $c > 0$，有 $T(n) \leq cn\log n$。

（1）当 $n = 2$ 时，只要 $c \geq 1/2$ 则有 $T(n) \leq cn\log n$。

（2）当 $n > 2$ 时，

$$\begin{aligned} T(n) &= T\left(\dfrac{n}{3}\right) + T\left(\dfrac{2n}{3}\right) + n \leq c\left(\dfrac{n}{3}\right)\log\left(\dfrac{n}{3}\right) + c\left(\dfrac{2n}{3}\right)\log\left(\dfrac{2n}{3}\right) + n \\ &= cn\log n - cn\left(\log 3 - \dfrac{2}{3}\right) + n \end{aligned} \tag{2-2}$$

当 $c \geq \dfrac{1}{\left(\log 3 - \dfrac{2}{3}\right)}$ 时，$T(n) \leq cn\log n$ 成立。

2. 递归树法

递归树法将递归式转化为一棵树，其节点表示不同层次的递归调用产生的代价，然后通过确定边界和计算单个节点代价来求解递归式。在递归树中，每个节点表示一个单一子问题的代价，子问题则对应某次递归函数调用。通过对某一层代价求和得到该层总代价，我们将所有层代价求和得到整棵递归树的代价总和。下面我们通过一个具体例子来描述利用递归树法求解递归式的过程。

首先给出具体的递归式：

$$T(n) = \begin{cases} 2T\left(\dfrac{n}{2}\right) + n, & n > 1 \\ 1, & n = 1 \end{cases} \tag{2-3}$$

然后，自顶向下进行递归，根节点中的 n 代表递归调用顶层的代价，根节点的两棵子树代表规模为 $\dfrac{n}{2}$ 的子问题所产生的代价。接着，对子问题分别进一步进行递归调用，直至到达边界条件，即子问题不可再分为止，在该递归式中满足条件 $n = 1$。此时，递归树构建完成，共有 $\log n$ 层，接下来确定树的每层总代价。由于每层节点数量都是上一层的2倍,因此深度为j的节点数目为2^j。因为每层子问题的规模都是上一层的2倍,所以对深度为j的每一个节点而言,代价为$\frac{n}{2^j}$,则第j层的节点总代价为$2^j \times \frac{n}{2^j} = n$。最后,我们将所有层级的节点代价进行相加,从而确定整棵树的代价,即$T(n) = \log n \times n = n \log n$。图2-4展示了根据该递归式构建的整棵递归树。

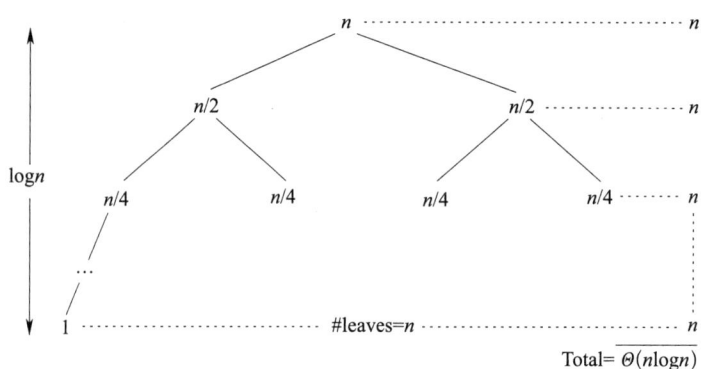

图2-4 递归树求解递归式示例图

第二节 分治策略

考核知识点及能力要求:

- 了解分治算法相关知识;
- 熟悉分治算法的时间复杂度分析;
- 熟练利用分治策略解决适用的算法问题。

一、分治算法的介绍

分治策略是对于一个规模为n的问题,若该问题可以容易地解决时(比如在规模

n 较小的情况下）则直接解决，否则将其分解为 k 个规模较小的子问题，这些子问题互相独立且与原问题形式相同。递归地解决所有子问题，然后将各子问题的解合并即可得到原问题的解。

二、最大子数组

（一）问题定义

最大子数组（max continuous subarray，MCS）问题可以定义为给定数组 $A[1,\cdots,n]$，含 n 个实数，寻找 i,j 满足 $(1\leq i\leq j\leq n)$ 使得子数组和 $V(i,j)=\sum_{x=i}^{j}A(x)$ 最大，求出最大值 $V(i,j)$。

（二）暴力求解法

遍历所有的 i,j $(1\leq i\leq j\leq n)$，并计算 $V(i,j)$，返回最大值，伪代码见下。暴力算法的时间复杂度为 $O(n^3)$。

```
1    VMAX ← A[1];
2    for i ← 1 to n do
3        for j ← i to n do
4            V ← 0;
5            for x ← i to j do
6                V ← V+A[x];
7            end
8            if V > VMAX then
9                VMAX ← V;
10           end
11       end
12   end
13   return VMAX;
```

(三)数据重用算法

我们注意到在计算 $V(i,j)$ 的过程中,可以利用公式 $V(i,j)=\sum_{x=i}^{j}A[x]=V(i,j-1)+A[j]$,这样可以有效地降低蛮力算法的时间复杂度。数据重用算法的时间复杂度为 $O(n^2)$,下面给出数据重用算法的伪代码:

```
1   VMAX ← A[1];
2   for i ← 1 to n do
3       V ← 0;
4       for j ← i to n do
5           V ← V+A[j];
6           if V > VMAX then
7               VMAX ← V;
8           end
9       end
10  end
11  return VMAX;
```

(四)分治策略方法

如果将数组 $A[1,\cdots,n]$ 分解为 $A[1,\cdots,m]$ 和 $A[m+1,\cdots,n]$,则 MCS 的值 $S=\max\{S_1,S_2,A\}$ 必为以下三者之一:

(1)S_1:$A[1\cdots m]$ 的 MCS;

(2)S_2:$A[m+1\cdots n]$ 的 MCS;

(3)A:包含 $A[m+1]$ 和 $A[m]$ 的 MCS。

设 $m=[(n+1)/2]$,计算 A 可以分别计算 A_1(以 $A[m]$ 结尾的 MCS)和 A_2(以 $A[m+1]$ 为起始的 MCS),$A=A_1+A_2$。计算 A_1 的伪代码如下:

```
1   MAX ← A[m];
2   SUM ← A[m];
```

```
3    for i ← m — 1 downto 1 do
4        SUM ← SUM+A[i];
5        if SUM > MAX then
6            MAX ← SUM;
7        end
8    end
9    A_1 = VMAX;
```

计算逆序数的分治算法的伪代码如下：

```
MCS(A, s, t)
Input: A[s...t] with s ≤ t
Output: MCS of A[s...t]
1    if s == t then return A[s];  //O(1)
2    else
3        m ← ⌈(s+t)/2⌉;
4        Find MCS(A, s, m);       //T(⌈n/2⌉)
5        Find MCS(A, m+1, t);     //T(⌈n/2⌉)
6        Find MCS that contains both A[m] and A[m+1];  //O(n)
7        return maximun of the three sequences found;  //O(1)
8    end
```

可得时间复杂度递推关系为：$T(n) = \begin{cases} 2T(n/2)+n, & n>1 \\ 1, & n=1 \end{cases}$。由此可以画出递归树，如图 2-5 所示，分治算法的时间复杂度为 $O(n\log(n))$。

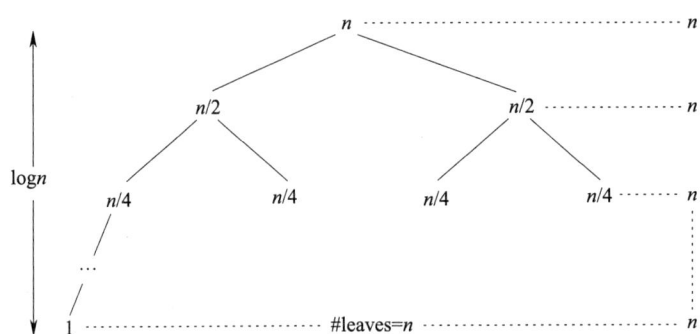

图 2-5 最大子数组的递归树

（五）实例分析

图 2-6 展示了利用分治策略寻找数组 $A=[-2,-3,4,-1,-1,2,4,-1]$ 最大子数组的过程。步骤一是对数组 A 进行分割，拆分为多个子数组。步骤二是寻找子数组的 MCS，并将子数组合并，确定合并子数组的 MCS。在图 2-6 中，当我们找到子数组 $A_1=[-2,-3,4,-1]$ 和 $A_2=[-1,2,4,-1]$ 的 MCS 后，A 数组的 MCS 为 A_1 的 MCS，A_2 的 MCS 和包含 $A[4]$ 和 $A[5]$ 的 MCS 三者的最大值。

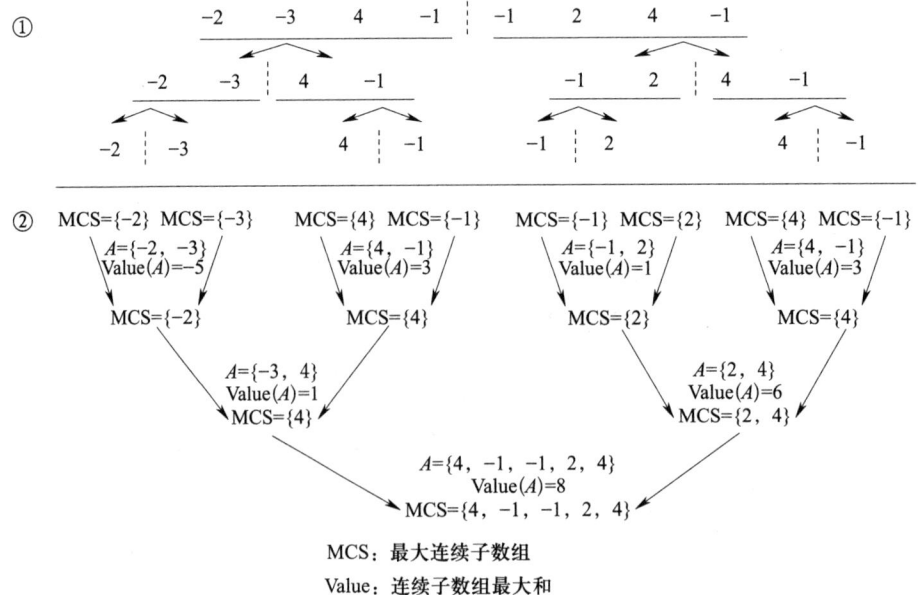

图 2-6 分治法找最大子数组示例图

三、统计逆序数

(一)问题定义

给定数组 $L[1,\cdots,n]$,求出所有 i,j 满足 ($1\leq i\leq j\leq n$) 且 $L[i]<L[j]$ 的组数。

(二)暴力求解

遍历所有的满足 ($1\leq i\leq j\leq n$) 的 i,j 对,统计满足条件的 i,j 对数目。暴力算法的时间复杂度为 $O(n^2)$。

```
Input: L
Output: r
1    r ← 0;
2    for i ← 1 to L.length do
3        for j ← i+1 to L.length do
4            if L[i]>L[j] then
5                r ← r+1;
6            end
7        end
8    end
9    return r
```

(三)分治策略方法

如果将数组 L 分为 A 和 B 两部分,并假设 A 和 B 都是有序的,则按照如下的步骤计算逆序组 (a,b),并合并 A 和 B 为 C,C 为有序数组,其中 $a\in A$,$b\in B$。

步骤一:从左到右扫描序列 A 和 B;

步骤二:比较 a_i 和 b_j,如果 $a_i<b_j$,a_i 与 B 中的任意元素都不存在逆序,如果 $a_i>b_j$,b_j 与所有 a_i 右侧的元素存在逆序;

步骤三:将 a_i 和 b_j 中较小的元素放到数组 C。

合并及排序的伪代码如下：

```
Merge-and-Count(A, B)
Input: A, B
Output: r, L
1    r ← 0, L ← ∅ ;
2    while both A and B are not empty do
3        // Let a and b represent the first element of A and B, repectively
4        if a < b then
5            Move a to the back of L;//A.length is decreased by 1;
6        end
7        else
8            Increase r by A.length;
9            Move b to the back of L;
10       end
11   end
12   if A is not empty then
13       Move A to the back of L;
14   end
15   else
16       Move B to the back of L;
17   end
18   return r, L;
```

统计 L 的逆序数的伪代码如下：

```
Sort-and-Count(L)
```

```
Input: L
Output: r_L, L
1    if L is empty then
2        return 0, L;
3    end
4    Divide L into two halves A and B;
5    (r_a, A) ← Sort-and-Count(A);   //T(⌈n/2⌉)
6    (r_b, B) ← Sort-and-Count(B);   //T(⌈n/2⌉)
7    (r_L, L) ← Merge-and-Count(A, B);  //O(n)
8    return  r_A+r_B+r_L, L;
```

时间复杂度递推关系为：$T(n)=\begin{cases}2T\left(\dfrac{n}{2}\right)+n, & if\ n>1 \\ 1, & if\ n=1\end{cases}$，算法的时间复杂度为 $O(n\log n)$。

（四）实例分析

图 2-7 展示了利用分治法统计数组 $A=[14, 7, 18, 3, 10, 19, 11, 23, 2, 25, 16, 17]$ 逆序数的过程。首先，对数组 A 进行分割，拆分为多个子数组。接着，从子数组出发，统计两个子数组的逆序数，并合并为有序子数组；最后，给出数组 A 的逆序数。对图 2-7 中的数组 A，步骤 1 展示了拆分过程，先拆分为数组 $A_1=[14, 7, 18, 3, 10, 19]$ 和数组 $A_2=[11, 23, 2, 25, 16, 17]$，接着对 A_1，A_2 子数组进行拆分，直到子数组不可拆分。步骤 2 是将子数组进行合并与逆序数的统计的过程。如当统计完子数组 A_1 和 A_2 的逆序数后，需要将 A_1 与 A_2 子数组进行合并，合并过程中产生的逆序数为 13，因此数组 A 的总逆序数是 6+6+13=25。

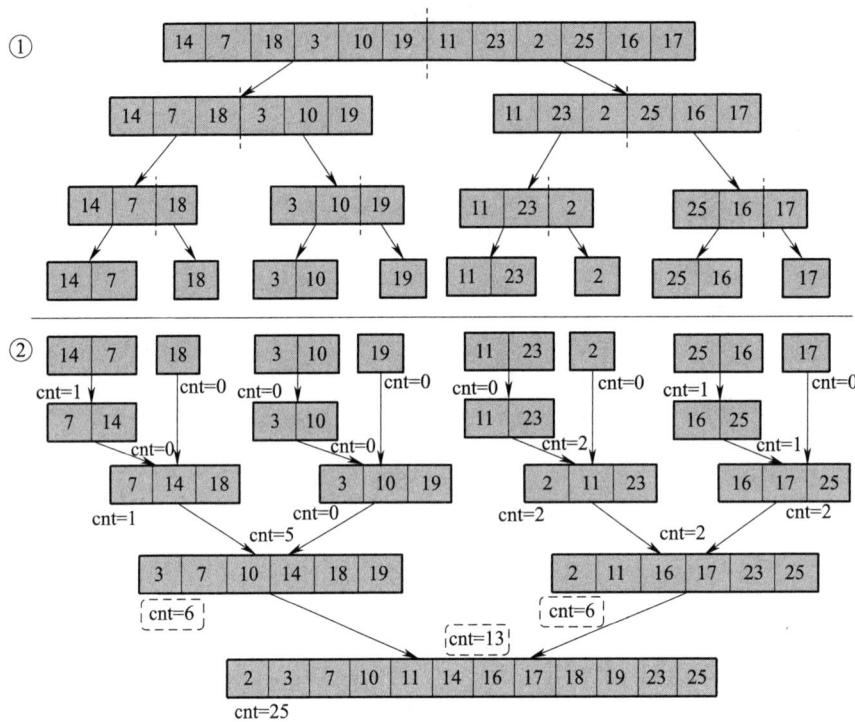

图 2-7 分治法统计逆序数示例图

第三节 排序算法

考核知识点及能力要求：

- 了解排序算法的相关知识；
- 掌握排序算法的时间复杂度；
- 熟练根据排序应用场景选择适用的排序算法。

一、排序

（一）排序问题

排序问题的定义如下：

输入：一个 n 个数的序列 $<a_1, a_2, \cdots, a_n>$。

输出：输入序列的一个重排 $<a_1', a_2', \cdots, a_n'>$，使得 $a_1' \leqslant a_2' \leqslant a_3' \leqslant \cdots \leqslant a_n'$。

被排序的对象由一组记录组成，记录包含若干个数据项，其中有一项可用来标识一个记录，称为关键字项，该数据项的值称为关键字。

（二）排序算法

本节介绍一些常见的排序算法，其性能见表 2-1。

表 2-1　　一些常见的排序算法

排序方法	平均时间复杂度	最坏情况复杂度	额外空间复杂度	稳定性
选择排序	$O(N^2)$	$O(N^2)$	$O(1)$	不稳定
冒泡排序	$O(N^2)$	$O(N^2)$	$O(1)$	稳定
插入排序	$O(N^2)$	$O(N^2)$	$O(1)$	稳定
归并排序	$O(N \log N)$	$O(N \log N)$	$O(N)$	稳定
快速排序	$O(N \log N)$	$O(N^2)$	$O(\log N)$	不稳定
堆排序	$O(N \log N)$	$O(N \log N)$	$O(1)$	不稳定
基数排序	$O(P(N+B))$	$O(P(N+B))$	$O(N+B)$	稳定

二、快速排序

（一）算法思想

快速排序使用了分治的思想，平均性能非常好，在实际应用中是一个较好的选择，期望时间复杂度为 $\Theta(n \log n)$。利用分治法可将快速排序的基本思想描述为以下三步：

分解（divide）：在数组 $A[p, \cdots, r]$ 中选择 $A[q]$ 作为基准（pivot），划分为两个子数组 $A[p, \cdots, q-1]$ 和 $A[q+1, \cdots, r]$，使得 $A[p, \cdots, q-1]$ 中的每个元素都小于或等于 $A[q]$，且 $A[q+1, \cdots, r]$ 中的每个元素都大于 $A[q]$。

求解（conquer）：通过递归调用快速排序，对子数组 $A[p,\cdots,q-1]$ 和 $A[q+1,\cdots,r]$ 分别排序。

合并（combine）：当求解步骤中的两个递归调用结束时，两个子数组都是有序的，因此直接合并即可。

基于上述思路，我们给出快速排序的伪代码：

```
QUICKSORT(A, p, r)
//A 为需要排序的数组
1    if p < r then
2        q=PARTITION(A, p, r);
3        QUICKSORT(A, p, q-1);
4        QUICKSORT(A, p+1, r);
5    end
```

快速排序算法的关键部分 PARTITION 具体思路如下所示：

```
PARTITION(A, p, r)
1    x=A[r];
2    i=p-1;
3    for j ← p to r-1 do
4        if A[j] ≤ x then
5            i=i+1;
6            exchange A[i] with A[j];
7        end
8    end
9    exchange A[i+1] with A[r];
10   return i+1;
```

PARTITION 函数总是选择一个 $x=A[r]$ 作为主元，并利用它来划分子数组 $A[p,$

…, r]。在程序的执行过程中，数组被划分为 4 个（可能为空）区域。

第 3~8 行的循环中，对于任意数组下标 k 有：

（1）如果 $p \leq k \leq i$，则 $A[k] \leq x$；

（2）如果 $i+1 \leq k \leq j-1$ 则 $A[k] > x$；

（3）如果 $k=r$，则 $A[k]=x$。

但上述三种情况没有提到 $A[j, …, r-1]$ 中的元素，这些元素会在接下来的循环中进行分配，根据第 4 行条件判断的不同结果，需要考虑两种分配情况：

（1）当 $A[j]>x$ 时，唯一操作是 j 加 1，当 j 加 1 后，这个待分配元素就被分配到大于 x 的区域中，如图 2-8 所示。

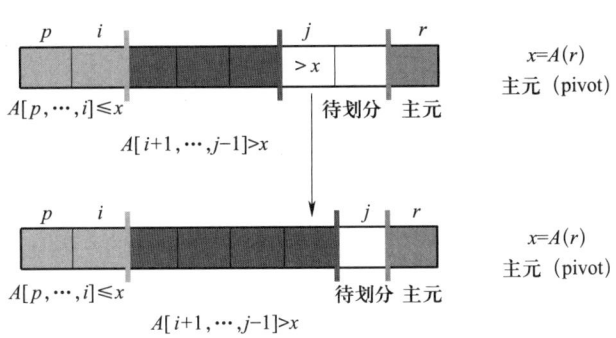

图 2-8　$A[j]>x$ 的分配情况图示

（2）当 $A[j] \leq x$ 时，i 加 1，交换 $A[i]$ 和 $A[j]$，j 加 1，此时 $A[i]$ 依然属于大于 x 的区域，待分配的元素被分配到小于或等于 x 的区域中，如图 2-9 所示。

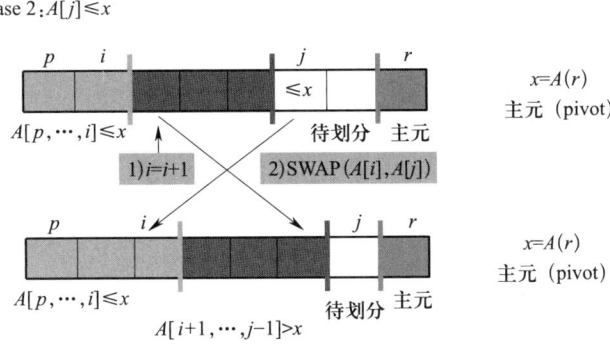

图 2-9　$A[j] \leq x$ 的分配情况图示

分配完成后的元素依然满足上述三种情况。当循环进行到 $j=r$ 时，循环结束，数组中所有元素都满足上述三种情况。最终将主元与 $A[i+1]$ 交换，主元左边的元素都小于主元，右边的元素都大于主元。图 2-10 给出快速排序的整体流程。

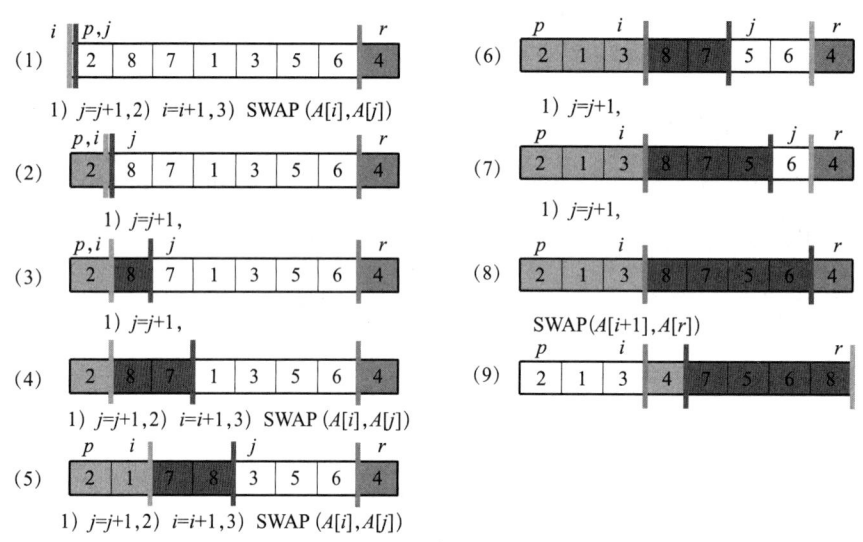

图 2-10 快速排序流程图

（二）性能分析

快速排序在一般情况下是效率很高的排序方法，但其运行时间依赖于划分是否平衡。

在最坏情况下，输入数组已经排好序，并且主元选择了最大值或最小值。这种情况下，每一次划分产生的两个子问题都分别包含了 $n–1$ 个元素和 0 个元素，划分操作的复杂度为 $\Theta(n)$。算法运行时间的递归式可以表示为：

$$T(n) = \Theta(0) + T(n-1) + \Theta(n) = \Theta(1) + T(n-1) + \Theta(n) \\ = T(n-1) + \Theta(n) = \Theta(n^2)$$
（2-4）

在最好情况下，每一次划分所产生的两个子问题的规模都不大于 $\dfrac{n}{2}$，算法运行时间的递归式可以表示为：

$$T(n) = 2T(n/2) + \Theta(n) = \Theta(n \log n)$$
（2-5）

快速排序的平均运行时间更接近于最好情况，而非最坏情况。假设划分算法总是产生 1∶9 的划分，算法运行时间的递归式可以表示为：

$$T(n) = T\left(\frac{1}{10}n\right) + T\left(\frac{9}{10}n\right) + \Theta(n) \qquad (2-6)$$

其实，在这种情况的算法运行时间依然是 $\Theta(n\lg n)$。任何一种常数比例的划分都会产生 $\Theta(\lg n)$ 的递归树，每一层代价都是 $O(n)$，运行时间总是 $\Theta(n\lg n)$。

三、堆排序

（一）优先队列

假设有 3 项任务已经提交给打印机，任务 A：100 页文件打印；任务 B：10 页文件打印；任务 C：1 页文件打印。考虑打印机的任务集合与执行任务情况，给出如下两种完成任务集合方案的平均完成时间：

（1）按提交时间优先：（100+110+111）/3=107 时间单位。

（2）按执行时间较短的任务优先：（1+10+100）/3=37 时间单位。

本例中打印任务集合看作一个队列，队列中的元素就是｛打印任务｝，每项任务都有自己的优先级｛顺序｝或｛页码｝。从第二种平均完成时间的计算可以看到任务是按照｛页码｝优先级处理任务，这就涉及了优先队列的该概念。

优先队列，即数组中的元素被赋予优先级。当访问元素时，具有最高优先级的元素最先删除。因此，优先队列具有 FISO（first in, smallest out）的行为特征。本例中页码越少优先级越高，执行页码最少的任务，相当于从队列中选择最小的元素进行操作；此时的优先队列需要支持两个操作，分别是插入元素（insert）和提取最小元素（extract-min）。

涉及在队列中插入和查找数据，就要考虑到不同存储结构下插入和查找算法的选择，本例对如下三种情况分析两种操作的时间复杂度：

（1）未排序的链表/数组：两项操作时间复杂度分别为 $O(1)$ 和 $O(n)$。

（2）已排序的链表/数组：两项操作时间复杂度分别为 $O(n)$ 和 $O(1)$。

（3）已排序的双向链表/数组：两项操作时间复杂度分别为 $O(n)$ 和 $O(1)$。

有没有数据结构使得优先队列的插入 insert 和 extract-min 操作时间复杂度都是 $O(\log n)$ 呢？就是用堆来实现优先队列，请参考下面堆排序实现过程。

（二）堆

堆是计算机科学中一类特殊的数据结构的统称，是一种满足堆中的每一个节点值都大于等于（或小于等于）子树中所有节点的值的树。本书中堆指可以被看作一棵完全二叉树的数组对象，也被称为"二叉堆"。

1. 堆的分类

最小堆：除了根节点以外，所有节点 i 都有 $A[\text{parent}(i)] \leq A[i]$。即堆中的每一个节点的值都小于或等于子树中所有节点的值，如图2-11左侧所示。

最大堆：除了根节点以外，所有节点 i 都有 $A[\text{parent}(i)] \geq A[i]$。即堆中的每一个节点的值都大于或等于子树中所有节点的值，如图2-11右侧所示。

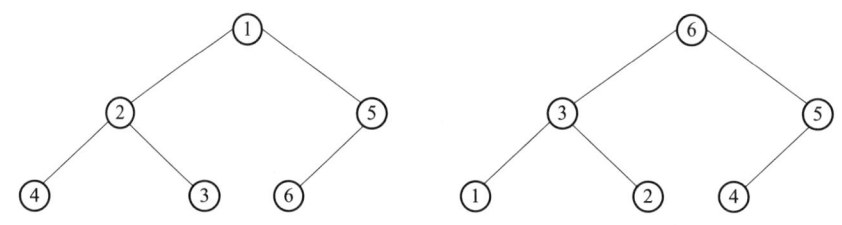

图2-11 最小堆（左）和最大堆（右）

2. 堆的性质

（1）利用数组存储二叉堆，以二叉树和数组形式表示，如图2-12所示。

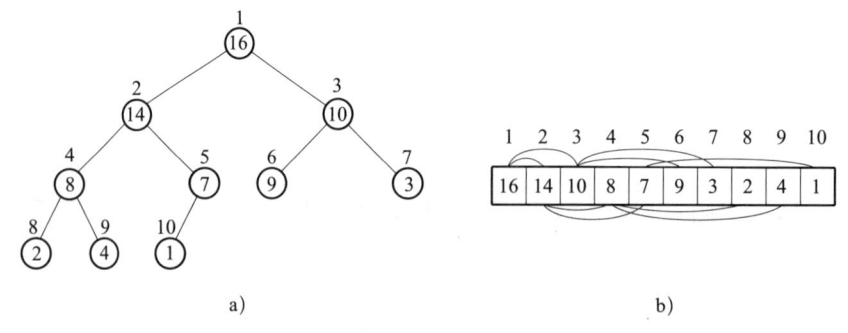

图2-12 二叉堆的数组存储

（2）对于包含 n 个元素的最小堆/最大堆，可以高效地执行插入和查找操作。

3. 堆的操作

（1）插入操作（insert）。

1）以最小堆为例，将新的元素添加到最后面的位置；

2）如果不符合最小堆的性质，则进行交换调整。调整到根节点之后，得到一个新的最小堆，过程如图 2-13 所示，算法复杂度为 $O(\log n)$。

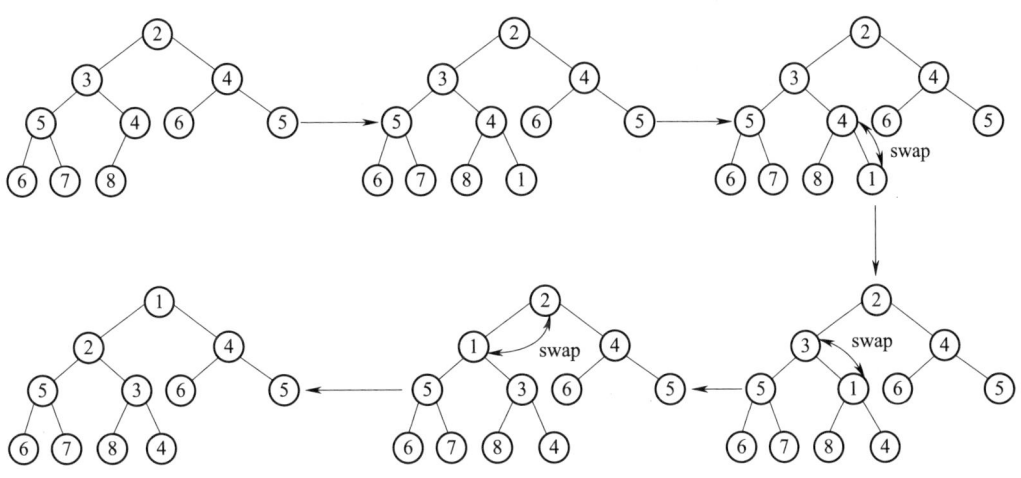

图 2-13　最小堆的插入操作

（2）提取最小值（删除堆顶）操作。

1）弹出根节点，然后把最小堆的最后一个节点放在根节点；

2）如果不符合最小堆的性质，则进行交换调整。调整之后，得到一个新的最小堆。提取最小值过程如图 2-14 所示，算法复杂度为 $O(\text{height}) = O(\log n)$。

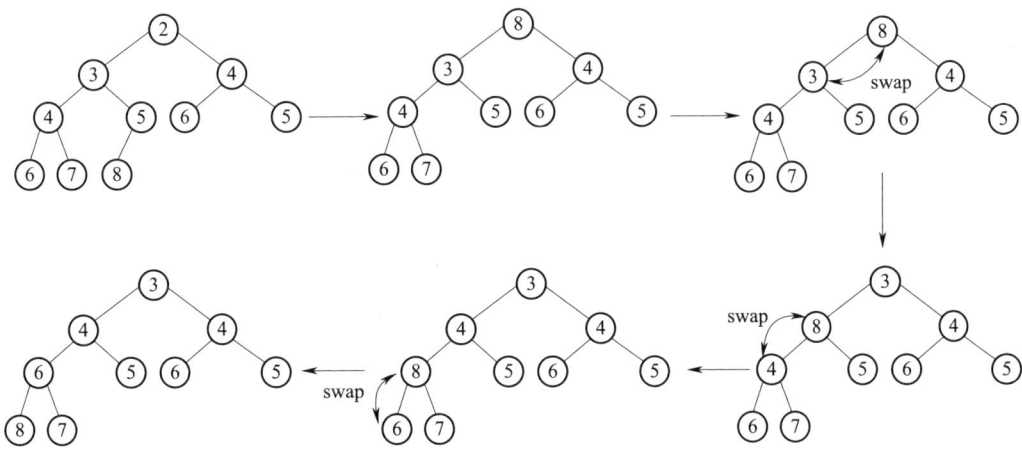

图 2-14　最小堆的删除操作

(三)堆排序

基本思想是将待排序序列构造成一个最大(小)堆,此时,整个序列的最大(小)值就是堆顶的根节点。将其与末尾元素进行交换,此时末尾就为最大(小)值。然后将剩余 n-1 个元素重新构造成一个最大(小)堆,这样会得到 n 个元素的次大(小)值。如此反复执行,便能得到一个有序序列。下面以构建最小堆降序排序为例来展示堆排序的步骤。

1. 执行堆的插入操作构建初始最小堆

选择待排序列表第一个元素作为树的根,依次对后面的元素执行堆的插入操作,直到构建出初始堆,本例构造为最小堆。时间复杂度为 $O(n \log n)$,初始堆构建的插入若干过程如图 2-15 所示。

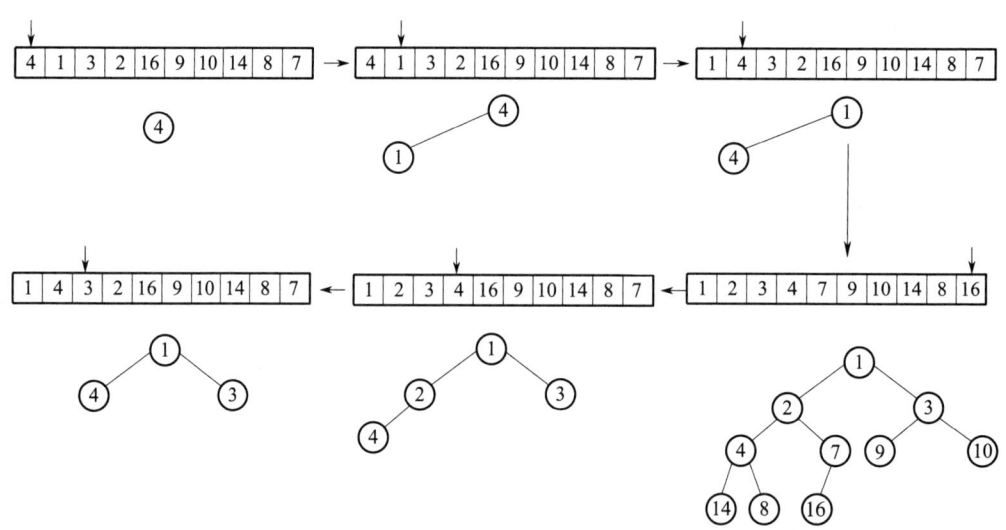

图 2-15 构造初始最小堆过程图示

2. 执行堆的提取最小值(删除堆顶)操作进行排序

将堆顶元素与末尾元素进行交换,使末尾元素最小。除末尾元素外的其他元素再次调整为最小堆,再将堆顶元素与末尾元素交换,得到次小元素。如此反复进行交换、调整、交换,直到最后一个元素放入数组中使整个数组变为有序序列。时间复杂度为 $O(n \log n)$,堆的删除堆顶排序操作若干过程如图 2-16 所示。

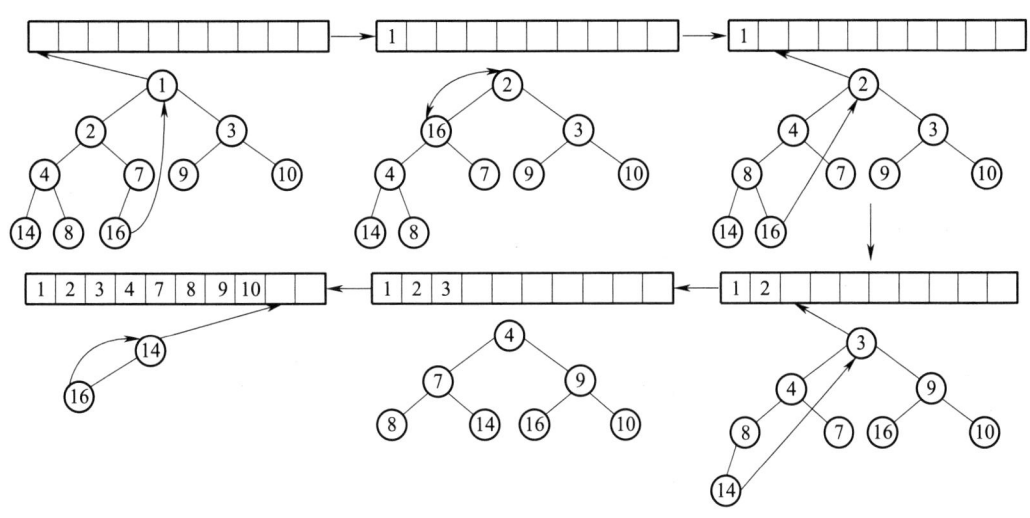

图 2-16 提取最小值(删除堆顶)操作过程图示

四、线性时间排序

(一)计数排序

计数排序假设 n 个元素中的每一个都是 0 到 k 区间内的一个整数。当 $k=O(n)$ 时,算法复杂度为 $\Theta(n)$。

计数排序基本思想:首先,对每个元素都统计比该元素小的元素的数量;然后,直接把该元素放在它在输出数组中的位置上。例如,对于元素 x,如果有 17 个元素比 x 小,直接把 x 放在第 18 个输出位置上。计数排序伪代码如下:

```
1    let C[1...k] be a new array;
2    for i ← 1 to k do
3        C[i] ← 0;
4    end
5    for j ← 1 to n do
6        C[A[j]] ← C[A[j]]+1;//C[i]=|{key=i}|
7    end
8    for i ← 2 to k do
```

```
9      C[i] ← C[i]+C[i-1]; //C[i]=|{key ≤ i}|
10    end
11    for j ← n to 1 do
12        B[C[A[j]]] ← A[j];
13        C[A[j]] ← C[A[j]]-1;
14    end
15    return B;
```

分析上述伪代码第 2~3 行 for 循环所花时间为 $O(k)$，第 5~6 行 for 循环所花时间为 $O(n)$，第 8~9 行 for 循环所花时间为 $O(k)$，第 11~13 行 for 循环所花时间为 $O(n)$，综上可知计数排序总的时间代价就是 $O(n+k)$。如果 $k=O(n)$，计数排序的算法复杂度为 $O(n)$。计数排序一个重要性质就是它是稳定的，即数组中相同元素的相对位置在排序后的数组中相对位置顺序不发生改变。

（二）基数排序

基数排序思想：将所有待比较数值统一为同样的数位长度，数位较短的数前面补零。然后，从最低位开始，依次进行一次排序。这样从最低位排序一直到最高位排序完成以后，数列就变成一个有序序列。为了保证基数排序的正确性，每一位的数排序算法必须是稳定的。

假设有 n 个 d 位的元素存放在数组 A 中，其中第 1 位是最低位，第 d 位是最高位，伪代码如下。

```
1    for i ← 1 to d do
2        Use a stable sort to sort array A on digit i;
```

以数字数组为例，基数排序过程如图 2-17 所示。给定 n 个 d 位数，其中每一个数位有 k 个可能的取值。如果基数排序使用的稳定排序方法（如计数排序）耗时 $\Theta(n+k)$，则基数的算法复杂度为 $\Theta(d(n+k))$。

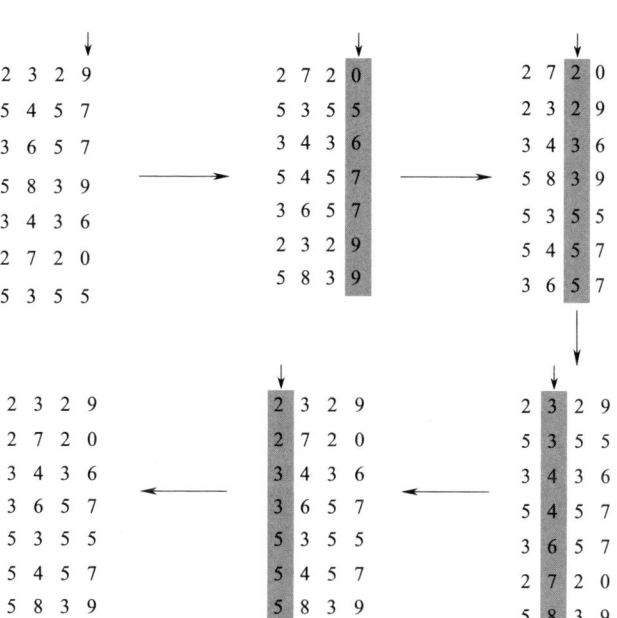

图 2-17 基数排序过程图例

第四节 图 算 法

考核知识点及能力要求：

- 了解图的相关知识；
- 掌握图上基础算法相关知识；
- 掌握最小生成树和最短路径的相关知识；
- 熟练针对算法场景选择合适的图算法。

一、图的概念与表示

（一）图的概念

1. 图的定义

通常情况下，图可以表示为 $G=(V, E)$，其中 V 是一系列节点组成的集合，边是关于 V 中节点 (u, v) 的点对，E 是一系列边组成的集合。无向图如图2-18所示。

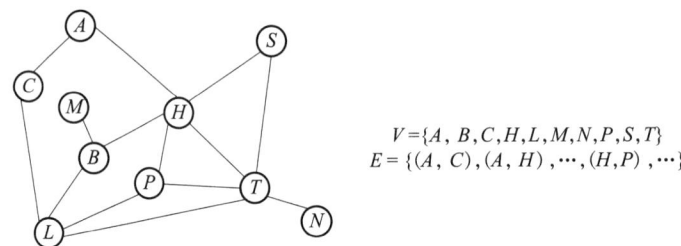

图 2-18　无向图示例

对于有向图，(u, v) 和 (v, u) 代表不同的边；对于无向图，(u, v) 和 (v, u) 代表同一条边。每条边都有两个端点，一条边连结两个端点。如果两个节点（如节点 H、B）间存在一条边，那么这两个节点是邻接的（即 H 是 B 的邻居节点），如果节点 v 是边 e 的端点，那么可以说节点 v 与边 e 是关联的。

2. 节点的度

节点 v 的度（degree(v)）定义为与节点直接相连的边的数量。

图2-18中节点 H 的度为5，节点 N 的度为1。易证，图中节点的度与边的数量存在以下关系：

$$\sum_{v \in V} \text{degree}(v) = 2|E| \tag{2-7}$$

3. 图的路径与连通

如果节点的序列 $<v_0, v_1, v_2, \cdots, v_k>$ 满足条件 $(v_{i-1}, v_i) \in E$，$i=1, 2, \cdots, k$，则该序列是图中的一条路径（path），上述序列定义了从 v_0 到 v_k 的路径。序列长度（length）= 路径中边的数量。路径包含节点 $v_0, v_1, \cdots, v_k$ 和边 (v_0, v_1)，(v_1, v_2)，$\cdots$，(v_{k-1}, v_k)，对于任意 i, j，$0 \leq i \leq j \leq k$，$<v_i, v_{i+1}, \cdots, v_j>$ 是一条子路径

(subpath)。如果从 u 到 v 存在一条路径，则可以说 v 是从 u 可达的（reachable）。路径不包含重复节点，则可以称为简单路径。

如果一条路径 $<v_0, v_1, v_2, \cdots, v_k>$ 首尾相接，即 $v_0=v_k$，且路径上所有的边都不重复，那么该路径形成了一个环（cycle）。如果所有的节点 $v_1, v_2, \cdots, v_k$ 均不重复，则称为简单圆环。不包含任何圆环的图称为无环图（acyclic graph）。

如果两个节点之间存在一条路径，则这两个节点连通。如果一个图中的任意两个节点都是连通的，那么该图称为连通图；否则，称为非连通图。连通分支是节点的集合（子集），集合中所有的节点均是相互可达的。

连通、无环且无向的图称之为树，树的集合为森林。

（二）图的表示

1. 邻接链表

设 V 为节点的集合，E 为边的集合。对于邻接链表中的 $Adj[u]$ 项，如果 $(u, v) \in E$，则链表 $Adj[u]$ 包括节点 v。

图 2-19 中 0 号节点邻接链表项 $Adj[0]=\{1, 3, 9\}$，1 号节点邻接链表项 $Adj[1]=\{0, 9, 2\}$。

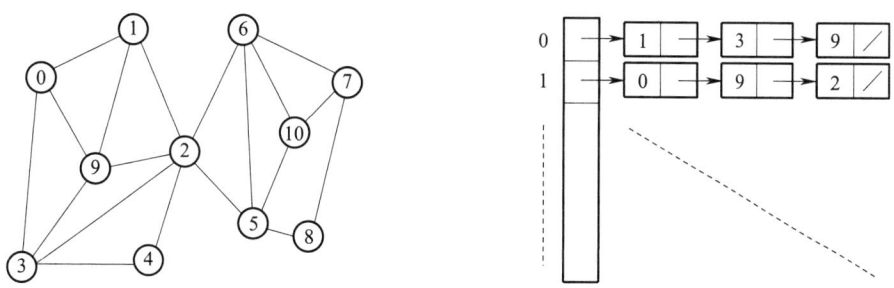

图 2-19 图的邻接链表表示

2. 邻接矩阵

图的邻接矩阵可表示为：

$$A=[a_{ij}], a_{ij}=\begin{cases} 1, & if(v_i, v_j) \in E \\ 0, & if(v_i, v_j) \notin E \end{cases} \tag{2-8}$$

对于无向图，邻接矩阵是对称的，图 2-19 的邻接矩阵表示为：

	0	1	2	3	4	5	6	7	8	9	10
0	0	1	0	1	0	0	0	0	0	1	0
1	1	0	1	0	0	0	0	0	0	1	0
2	0	1	0	1	1	1	1	0	0	1	0
3	1	0	1	0	1	0	0	0	0	1	0
4	0	0	1	1	0	0	0	0	0	0	0
5	0	0	1	0	0	0	1	0	1	0	1
6	0	0	1	0	0	1	0	1	0	0	1
7	0	0	0	0	0	0	1	0	1	0	1
8	0	0	0	0	0	1	0	1	0	0	0
9	1	1	1	1	0	0	0	0	0	0	0
10	0	0	0	0	0	1	1	1	0	0	0

二、图的基础算法

（一）图的搜索算法

1. 广度优先搜索（BFS）

广度优先算法的核心思想是：从初始节点开始，优先访问第一层所有节点；再将与第一层所有节点邻接的节点记为第二层节点，逐一访问第二层节点；如此依次访问，直到遍历图中所有节点为止。对应算法如下：

BFS 算法中，对于任意节点 u，都需要 $T_u = O(1+\mathrm{degree}(u))$，那么整体算法运行时间则为 $T = \sum_{u \in V} T_u = \sum_{u \in V} O(1 + \mathrm{degree}(u)) \leq O(V + E)$，因此，BFS 算法的时间复杂度为节点和边的数量之和，即 $O(V+E)$。BFS 算法伪代码如下：

```
BFS(G)
1    Initialize;
2    for u in V do
3        color[u] ← WHITE; //undiscovered
```

```
4      pred[u] ← NULL; //no predecessor
5    end
6    for u in V do //start a new tree
7      if color[u] is equal to WHITE then
8        BFSVisit(u);
9      end
10   end
```

```
BFSVisit(s)
1    color[s] ← GRAY, d[s] ← 0;
2    Q ← ∅, Enqueue(Q, s);
3    while Q ≠ ∅ do
4      u ← Dequeue(Q);
5      for v ∈ Adj[u] do
6        if color[v] ← WHITE then
7          color[v] ← GRAY;
8          d[v] ← d[u]+1;
9          pred[v] ← u;
10         Enqueue(Q, v);
11       end
12     end
13     color[u] ← BLACK;
14   end
```

2. 深度优先搜索（DFS）

深度优先搜索算法，从一个源节点开始搜索，当访问一个节点时，采用递归方式访问其所有邻居节点，直到遍历完图中节点。DFS算法伪代码如下：

```
DFS(G)
1    time ← 0;
2    for u in V do
3        color[u] ← WHITE; //undiscovered
4        pred[u] ← NULL; //no predecessor
5    end
6    for u in V do //start a new tree
7        if color[u] is equal to WHITE then
8            DFSVisit(u);
9        end
10   end
```

```
DFSVisit(u)
1    color[u] ← GRAY; //u is discovered
2    d[u] ← ++time; //u is discovery time
3    for v ∈ Adj[u] do
4        if color[v] ← WHITE then
5            pred[v] ← u;
6            DFSVisit(v);
7        end
8    end
9    f[u] ← ++time; //u is finish time
10   color[u] ← BLACK;
11   end
```

对于任意节点 $u \in V$，DFSVisit（）都会被调用一次。对于白色节点，操作过程中会把白色节点改为灰色节点，因此，对每个节点，DFSVisit（）仅运行一次。对于节

点 u，DFSVisit( ) 中的 for 循环会遍历 u 的所有邻居，共计运行 $|Adj(u)|=\text{degree}(u)$ 次。对于每个节点，运行时间为 $T_u=O(1+\text{degree}(u))$，因此，总运行时间为 $T = \sum_{u \in V} T_u = \sum_{u \in V} O(1 + \text{degree}(u)) = O(V + E)$。

（二）图的表示算法

1. 拓扑排序

对于一个有向无环图（directed acyclic graph，DAG），拓扑排序是 G 中所有节点的一种线性次序。如果图 G 包含边 (u, v)，则节点 u 在拓扑排序中必须出现在节点 v 的前面。算法伪代码如下所示：

```
Topological-Sort(G)
1    Initialize Q to be an empty queue;
2    for u ∈ V do
3        if u.in_degree is equal to 0 then
4            Enqueue(Q, u); //Find all starting vertices
5        end
6    end
7    while Q is not empty do
8        u ← Dequeue(Q);
9        Output u;
10       for v ∈ Adj(u) do
11           v.in_degree ← v.in_degree -1;
12           if v.in_degree is equal to 0 then
13               Enqueue(Q, u);
14           end
15       end
16   end
```

2. 强连通分量问题求解

对于一个有向图 $G=(V, E)$,强连通分量(strongly connected components,SCG)是满足如下条件的节点的子集 S,$S\in V$:对于任意两个节点 u,$v\in S$,都有从 u 出发到 v 的路径与从 v 出发到 u 的路径。

强连通分量问题即为给定一个有向图,$G=(V, E)$,将所有节点 V 划分成不相交的子集,使得每个子集都是强连通分量。算法伪代码如下所示:

```
Scg(G)
1    R ← {}; //set of SCCs
2    G^R ← reverse graph of G;
3    L^R ← DFS (G^R); //Perform DFS
4    L ← reverse order of L^R;
5    for u ∈ L do
6        if color[u] is equal to WHITE then
7            Lscc ← DFSVisit(G, u); //Perform DFS starting at u
8            R ← R ∪ Set(Lscc);
9        end
10   end
11   return R;
```

三、最小生成树

(一) 生成树与最小生成树

1. 生成树与最小生成树概念

加权无向图的每条边都有一个权重,对于 $G=(V, E, W)$,任意一条边 $e_{ij}\in E$,都被赋予一个权重 $w_{ij}\in W$,w_{ij} 为实数。

无向图 G 的子图中包含所有连通的所有边又不产生回路的树为该图的生成树。图 2-20 中生成树 1、2、3 都是原图的生成树。

对于一个加权无向连通图，最小生成树（minimum spanning trees，MST）是其生成树中边的权重之和最小的那个。

最小生成树问题广泛存在于网络设计（电话线、电子电路设计、有线电视、路网设计、计算机网络）、NP难问题的近似求解（多旅行商规划、斯坦纳树）、图片分割、图片特征、聚类分析（层次聚类）等问题中，解决最小生成树问题具有较大的实际意义。

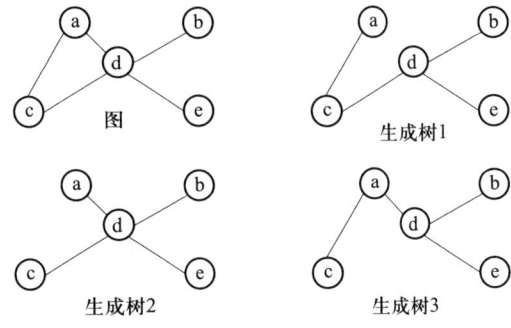

图 2-20　生成树示例

2. 安全边定理

（1）分割（cut）：$(S, V-S)$ 是图 $G(V, E)$ 的一个划分，划分之后，一部分节点 $\in S$，其他节点 $\in \{V-S\}$。

（2）横跨（cross）：如果边 $(u, v) \in E$ 的一个端点在集合 S 中，另一端点在集合 $(V-S)$ 中，则称边 (u, v) 是分割横跨边。

（3）尊重（respect）：如果集合 A 中不存在横跨该分割的边，则称该分割尊重集合 A。

（4）轻边（light edge）：在横跨一个分割的所有边中，权重最小的边称为轻边。

对于边的集合 $A \subseteq T$，其中 T 是一棵 MST。如果集合 $A \cup \{(u, v)\}$ 同样属于 T，则 (u, v) 是集合 A 的安全边。如果我们每一步都向集合中增加一条安全边，就可以找到图 G 最小生成树。对于加权无向连通图 $G(V, E, W)$，寻找安全边的步骤如下：

（1）假设边的集合 A 为一颗 MST 的子集。

（2）$(S, V-S)$ 为任意尊重集合 A 的分割。

（3）(u, v) 是横跨分割 $(S, V-S)$ 的轻边。

那么，边 (u, v) 是 A 的一条安全边。

定理的证明：

假设 $A \subseteq T$，其中 T 是一棵最小生成树。如果 (u, v) 是 A 的安全边（如定理所言），那么我们就可以将 (u, v) 加入 A 继续寻找安全边，直至最终的 MST；

如果(u, v)不是A的安全边,则与定理矛盾,我们需要证明这种情况是不对的,需要证明不存在这种情况。

情况1:(u, v)∈T,则有$A \cup \{(u, v)\} \subseteq T$,因此,($u$, v)是A的安全边。

情况2:(u, v)∉T,那么在T中存在一条从u到v的路径P,由于节点u和v分别处于分割(S, $V-S$)的两端,如果要将两端连通,至少有一条边横跨该切割,假设(x, y)是一条这样的横跨边。由于分割(S, $V-S$)尊重A,边(x, y)不在集合A中。由于边(x, y)位于从u到v的唯一简单路径上,删除该边会导致T分解成两个分量。将(u, v)添加进去,形成一棵新的树$T^*=T-\{(x, y)\} + \{(u, v)\}$。

由于边(u, v)是横跨分割(S, $V-S$)的轻边,(x, y)也是横跨该分割的边,因此有$w(u, v) \leq w(x, y)$。所以,会有$w(T^*)=w(T)-w(x, y)+w(u, v) \leq w(T)$,即$T^*$是一棵最小生成树。由于$T^{\wedge}$是一棵最小生成树,因此,边($u$, v)是集合A的安全边。

考虑两种情况:$w(u, v)=w(x, y)$,则有$w(T^*)=w(T)$。$w(u, v)<w(x, y)$,则有$w(T^*)<w(T)$,导出矛盾。

(二)最小生成树算法

1. Prim算法

算法流程如下:

(1)任选一个节点r,得到集合$S=\{r\}$和$A=\emptyset$。

(2)找到横跨分割(S, $V-S$)轻边,将其加入到A,并将其($V-S$)中的顶点加入到集合S。

(3)如果($V-S$)=$\emptyset$,则输出MST(S, A),否则,继续回到(2)继续执行。

算法伪代码如下所示:

```
Prim(G, w, r)
1    Let color[1 ... |V|], key[1 ... |V|], pred[1 ... |V|] be new arrays;
2    for u ∈ V do
3        color[u] ← WHITE, key[u] ← +∞; // Initialize
```

```
4    end
5    key[r] ← 0, pred[r] ← NULL;  // Start at root vertex
6    Q ← new PriQueue(V);  //put vertices in Q
7    While Q is nonempty do
8        u ← Q.Extract-Min();   // lightest edge
9        for v ∈ adj[u] do
10           if (color[v] ← WHITE)&&(w[u, v]<key[v]) then
11               key[v] ← w[u, v]; // new lightest edge
12               Q.Decrease-Key(v, key[v]);
13               pred[v] ← u;
14           end
15       end
16       color[u] ← BLACK;
17   end
```

Prim 算法主要包括优先队列的两种操作：一是 Extract-Min（），每次操作复杂度为 $O(\log V)$，总复杂度为 $O(V \log V)$。二是 Decrease-Key（），每次操作复杂度为 $O(\log V)$，总复杂度为 $O(E \log V)$。Prim 算法复杂度为 $O(V \log V + E \log V) = O(E \log V)$。

2. Kruskal 算法

不同于 Prim 算法（基于树的 MST 生成），Kruskal 算法是基于森林（树的集合）的 MST 生成算法。在初始状态下，森林中的每棵树仅包括一个节点；每一次迭代，都选择权重最小且不会生成圆环的边加入，直至所有的树融合成一棵树。Kruskal 算法的算法流程如下：

（1）设 $A=\emptyset$，$F=E$（即所有边的集合）。

（2）从森林 F 中选择权重最小的边 e 加入 A 中，并判断是否形成环：

1）如果不形成环，则把 e 从中森林 F 删除，加入到集合 A 中；

2）如果形成环，直接把 e 从中森林 F 删除。

（3）如果 $F \neq \emptyset$，则输出 MST（V, A），否则，继续回到（1）继续执行。

算法伪代码如下所示：

```
MST-KRUSKAL(G, w)
1    A=∅
2    for each vertex v∈G.V
3        MAKE-SET(v)
4    end
5    sort the edges of G.E into nondecreasing order by weight w
6    for each edge(u, v)∈G.E, taken in nondecreasing order by weight
7        if FIND-SET(u) ≠ FIND-SET(v)
8            A = A∪{(u,v)}
9            UNION(u, v)
10   return A
```

Kruskal 算法需要将所有边按照权值从小到大排序，这一步时间复杂度为 $O(E \log E)$；然后通常使用并查集，来快速判断两个顶点是否属于同一个集合，最坏的情况可能是枚举完所有边，此时要循环 E 次，这一步的时间复杂度为 $O(E)$；Kruskal 比较适用于稀疏图，一般 $O(E)$ 可以看为常数，所以总复杂度为 $O(E \log E)$。

四、最短路径问题

（一）问题定义

设一个带权有向图 $G(V, E, W)$，其中的每条边 $e=(u, v)$ 的权重为一个非负实数，记为 $w(u, v)$，表示从顶点 u 到顶点 v 的距离。

在定义问题之前，我们先给出一些相关定义：

（1）路径的长度：路径 $P=\langle v_0, v_1, \cdots, v_k \rangle$ 的长度定义为 $\text{length}(P) = \sum_{i=1}^{k} w(v_{i-1}, v_i)$。

（2）节点之间的距离：若节点 u 和 v 之间存在至少一条路径，则节点 u 和 v 之间

的距离 $\delta(u, v)$ 为最短路径长度；否则，$\delta(u, v)=\infty$。

如图 2–21 所示是一个无负权边的带权有向图，在该图中，节点 a 与 e 之间的最短路径为 <a, b, c, e>，距离 length(<a, b, c, e>)=6。

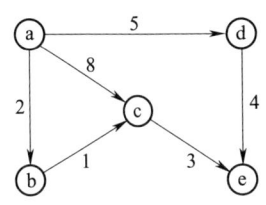

图 2–21 带权有向图示例

由此，该问题被定义为：对于加权有向图 $G(V, E, W)$ 和指定的节点 $s \in V$，找到节点 s 到图中每一个节点的最短路径。

（二）Dijkstra 算法

Dijkstra 算法的求解思路主要在于维护一个距离数组 $d[u]$ 和一个节点集合 S，$d[u]$ 是源点 s 到节点 u 的最短路径长度 $\delta(s, u)$ 的上界，$S \subseteq V$ 是已经确定最短路径的节点的集合。在初始化时，$S=\emptyset$，$d[s]=0$，$d[u]=\infty$，在每次迭代时，从 (V–S) 中选一个节点放入 S，并更新 $d[u]$。

这其中包含两个关键问题：

（1）问题 1：如何从 (V–S) 中选择一个合适的节点？

（2）问题 2：如何更新 $d[u]$？

针对问题 1，Dijkstra 算法采取贪心策略，由于对于 (V–S) 中的每个节点我们都更新距离上限 $d[u]$，所以在每次选择时都选择 (V–S) 中 $d[u]$ 值最小的节点加入 S，然后不断迭代，直至遍历所有节点。

针对问题 2，假设当前节点 v 的距离上限为 $d[v]$，节点 s 和 v 之间有最短路径 $\langle s, \cdots, w, v \rangle$。当有新的节点 u 加入 S，且 (u, v) 的权重为 $w(u, v)$ 时，对于新的路径 $\langle s, \cdots, u, v \rangle$，如果 $d[u]+w(u, v)<d[v]$，则更新 $d[v]=d[u]+w(u, v)$。

在解决这两个关键问题后，我们来看一个 Dijkstra 算法的例子。

图 2–22 是一个有 5 个节点的带权有向图。在此，我们采用优先队列 Q 存储 (V–S) 中的节点，节点 v 的 key 值为 $d[v]$。

首先对所有节点初始化，$S=\emptyset$，$Q=\{1, 2, 3, 4, 5\}$，$d[s]=0$，$d[u]=\infty$。然后以 1 为源点，令 $S=\{1\}$，$d[1]=0$，计算所有与 1 相连的节点与源点 1 的距离，此时 $d[1]+2<d[2]$、$d[1]+7<d[3]$，故更新 $d[2]=2$、$d[3]=7$。节点 1 访问

结束后，我们从队列 $Q=\{2, 3, 4, 5\}$ 中取出具有最短路径的节点 2，计算所有与 2 相连的节点与源点 1 的距离，此时 $d[2]+3<d[3]$、$d[2]+8<d[4]$、$d[2]+5<d[5]$，故更新 $d[3]$、$d[4]$、$d[5]$。在随后不断循环的过程中，我们从 Q 中依次取出具有最短路径的节点 3、4、5，并以相同的方式对数组 d 进行更新，最终得到每一个点到源点 1 的最短路径。

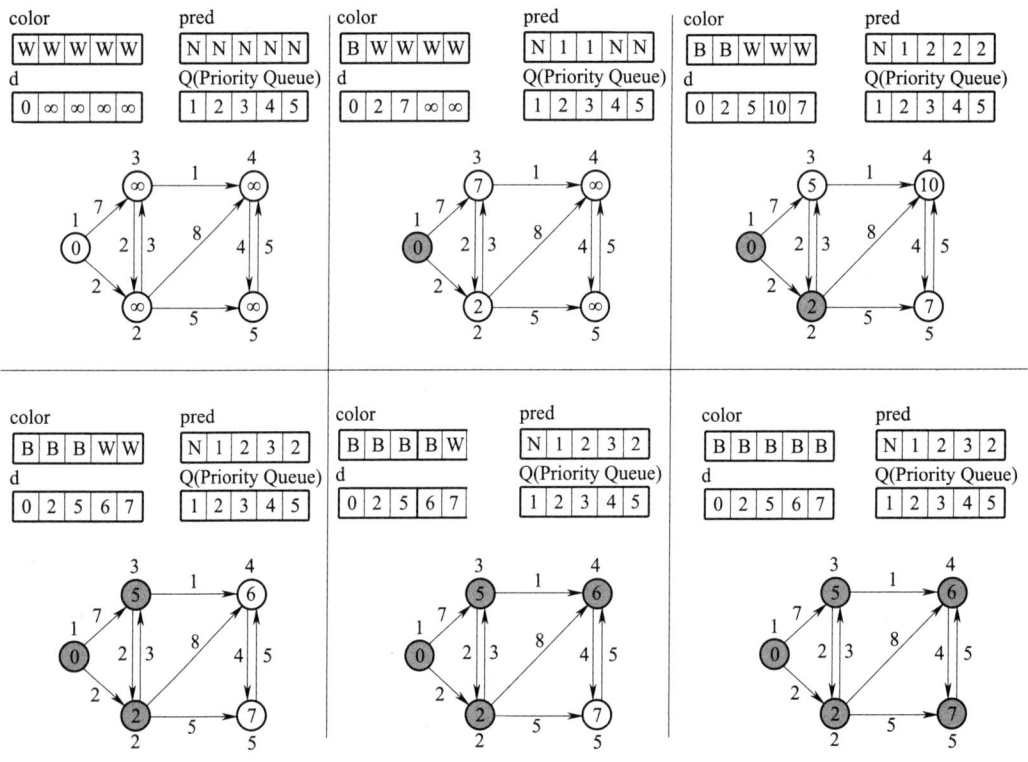

图 2-22 Dijkstra 算法示例流程图

Dijkstra 算法的伪代码如下所示：

```
Dijkstra(G, w, s)
1      // 输入：带权有向图 G，权重矩阵 w，源点 s
2      for u ∈ V do
3          d[u] ← ∞, color[u] ← WHITE;
```

```
4           end
5       d[s] ← 0;
6       pred[s] ← NULL;
7       Q ← queue with all vertices;
8       While Non-Empty(Q) do // Process all vertices
9           u ← Extract-Min(Q); // Find new vertex
10          for v ∈ Adj [u] do
11              if d[u]+w(u, v)<d[v]then // If estimate improves
12                  d[v] ← d[u]+w(u, v);// relax
13                  Decrease-Key(Q, v, d [v]);
14                  pred[v] ← u;
15              end
16          end
17          color[u] ← BLACK;
18      end
```

(三)复杂度分析

Dijkstra 算法的总运行时间依赖于最小优先队列的实现,在算法中执行优先队列操作来维护优先队列,包括 Insert( )、Non-Empty( )、Extract-Min( )、Decrease-Key( )等。其中,Insert( ) 被隐含在初始化中,对每个节点调用一次,共需要 $O(|V|)$ 时间。每个节点在 While 循环中被处理一次,Non-Empty( ) 和 Extract-Min( ) 都会被调用 $(|V|)$ 次,共计 $O(|V|)$ 时间。内循环 for(each v ∈ $Adj[u]$)对于每条边都要调用一次,每次调用内循环需要进行 $O(1)$ 加法和一次 Decrease-Key( ) 操作,针对优先队列的 Decrease-Key( ) 操作需要 $O(\log|Q|) = O(\log|V|)$ 时间。

因此,总共需要 $O(|V|) + |E| \cdot O(1+\log|V|) = O(|E|\log|V|)$。

第五节 动态规划

考核知识点及能力要求：

- 了解动态规划的相关知识；
- 掌握动态规划的时间复杂度计算方法；
- 熟练用动态规划解决实际问题。

一、0-1 背包

（一）问题定义

给定一个容量为 W 的背包和 n 件物品，其中第 i 件物品的质量为 w_i，价值为 v_i。我们的目标是在不超过背包容量的情况下，选取出价值最高的物品集合。

0-1 背包问题是算法设计中的一个经典问题，这个问题实际上是一个带约束的集合元素选取问题，即如何从 n 个物品的集合 $\{1, 2, \cdots, n\}$ 中选出质量和小于 W 的若干物品，使得这些物品的价值尽可能大。集合中的每件物品都是不可分割的，只能选择是否装入背包中，因此被叫作 0-1 背包问题。

（二）搜索法

对于该问题，最直观的解法为枚举所有质量和小于 W 的物品组合，从中选取出价值最大的组合。令 $V[i, w]$ 表示物品集合 $\{1, 2, \cdots, i\}$ 在总重量为 w 的约束下能取到的最大价值，则求解的目标为 $V[n, W]$。不难发现，$V[i, w]$ 满足条件如下：

$$V[i, w] = \max(v_i + V[i-1, w-w_i], V[i-1, w]) \qquad (2-9)$$

即对于前 i 个物品的选取，最优结果要么包含第 i 个物品，要么不包含第 i 个物品，因此可以使用递归搜索的方式，每次判断是否选取第 i 个物品，来得到最优解。伪代码如下：

```
Knapsack(i, w)
1    if w<0 then
2       return –∞ ;
3    end
4    if i=0 then
5       return 0;
6    end
7    V₁ ← Knapsack(i–1, w–wᵢ) + vᵢ ;
8    V₂ ← Knapsack(i–1, w);
9    return max{V₁, V₂};
```

下面用一个例子来分析下函数调用的过程：假设 n 件物品质量都为 1，用 $V(n, W)$ 表示调用函数 Knapsack (i, w)，该算法的递归树如图 2-23 所示。

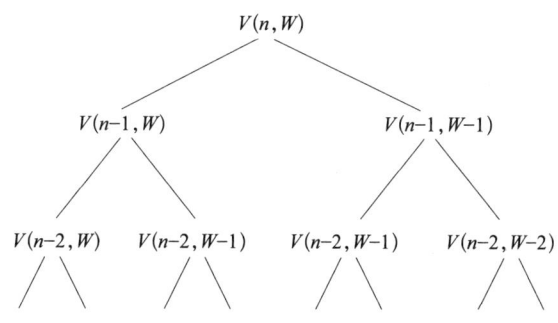

图 2-23 0-1 背包问题搜索法的递归树

（三）动态规划方法

从上述例子看出，搜索法虽然直观易懂，但是需要穷举所有可能，时间复杂度高达 $O(2^n)$，而且从递归树中我们可以发现存在重复调用过程（如 $V(n-2, W-1)$）。

实际上对于容量为 W 的背包和 n 件物品只有 $n \times W$ 种不同的状态,并且根据搜索法中的分析我们发现最优解 $V[i,w]$ 满足最优性原理,即原问题依赖于子问题的最优解。

基于以上分析,可以使用动态规划的方法来进行求解。如图 2-24 所示,可以用一个二维的表格表示该问题所有子问题的最优解(第一行边界条件被初始化为全 0),并且根据递归式 $V[i,w]=\max(v_i+V[i-1,w-w_i],V[i-1,w])$,可以按从左到右、从上到下的顺序依次求解,该解法时间复杂度为 $O(nW)$。

$V[i,w]$	$w=0$	1	2	3	…	…	W
$i=0$	0	0	0	0	…	…	0
1							
2							
…							
n							

图 2-24　0-1 背包问题的最优解求解示意图

0-1 背包的动态规划过程伪代码如下:

```
Knapsack(u, w, n, W)
1       Initialize array V [0 ··· n,0 ··· W];
2       for w=0 to W do
3           V [0, w]=0;
4       end
5       for i=1 to n do
6           for w=0 to W do
7               if w[i] ≤ w then
8                   V[i, w]=max{V[i-1, w], V[i-1, w-w[i]]+v[i]};
9               end
10              else
11                  V [i, w]=V [i-1, w];
12          end
```

```
13        end
14    end
15    return V [n, W];
```

在上述动态规划解法虽然可以输出最优解，但是无法确定最优解的物品集合。可以通过维护一个 keep[i, w] 数组来记录最优解 $V[i, w]$ 是否选取了物品 w，则可求解出最优物品集合。维护 keep 数组只需要令其初始化为全 0，并在算法 2～10 行中判断 $V[i-1, w]$ 是否小于 $V[i-1, w-w[i]]+v[i]$，若小于则令 keep[i, w]=1。通过 keep 数组输出结果的伪代码如下：

```
GetResult(W, V)
1    K ← W;
2    for i ← n to 1 do
3        if keep [i, K]=1 then
4            output i;
5            K=K−w [i];
6        end
7    end
```

二、钢条分割

（一）问题定义

给定一根长度为 n 的钢条，长度为 i 的钢条售价为 p_i，问如何切割钢条可以使得切割后的钢条总售价最大。图 2-25 给出钢条分割的一个具体示意。

令 r_n 表示长度为 n 的钢条在给定价目表下的最优售价。考虑第一刀切割位置，根据切割位置不同，可能的最优解为 p_n, r_1+r_{n-1}, ⋯, $r_{n-1}+r_1$，最优解 r_n 为其中的最大值，即 $r_n=\max(p_n, r_1+r_{n-1}, \cdots, r_{n-1}+r_1)$。与 0-1 背包问题类似，问题的最优解依赖子问题的最优解。

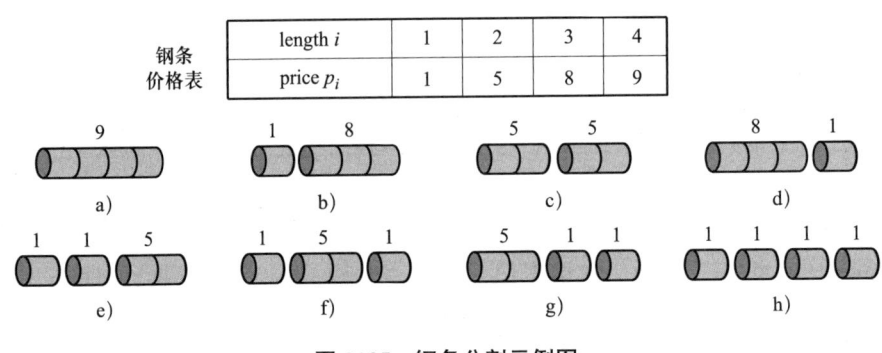

图 2-25 钢条分割示例图

(二)搜索法

此问题同样可以通过搜索来枚举所有可能情况。具体来说,对于每段钢条考虑如何将其切割成不同的两段子钢条(子钢条长度可能为 0),迭代多次,直到钢条分割完成。伪代码如下:

```
Cut-Rod(p, n)
1    if n=0 then
2        return 0;
3    end
4    q ← -∞ ;
6    for q ← 1 to n do
7        q=max(q, p[i]+Cut-Rod(p, n-i));
8    end
9    return q;
```

(三)动态规划方法

不难发现,钢条切割的迭代解法同样有重复的搜索情况。由于枚举了所有切割情况,时间复杂度同样高达 $O(2^n)$。实际上本问题的状态只有 n 种,且同样满足最优性原理。可以使用一个 1 行 n 列的表格来记录所有子问题的最优解,并按照从左到右的顺序依次求解。对于结果的输出,可以维护一个数组 $s[i]$ 来表示长度为 i 的钢条最

优切割方案中第一刀的切割位置,最后使用类似 0-1 背包输出的方式来输出最优切割方案。伪代码如下:

```
Bottom-Up-Cut-Rod (p, n)
1    let r[0, ⋯, 1] 和 s[0, ⋯, n] be two new arrays;
2    r[0] ← 0;
3    for j ← 1 to n do
4        q ← −∞;
5        for i ← 1 to j do
6            if q<r[j−i]+p[j] then
7                q=r[j−i]+p[j];
8                s[j]=i;
9        end
10   end
11 end
12   r[j] ← q;
13 while n > 0
14     Output s[n];
15     n ← n−s[n];
16 end
```

三、矩阵链乘法

(一)问题定义

将矩阵 $A=[a[i, j]]$ 表示为一个二维数组

$$A = \begin{bmatrix} a[1,1] & a[1,2] & \cdots & a[1,m-1] & a[1,m] \\ a[2,1] & a[2,2] & \cdots & a[2,m-1] & a[2,m] \\ \vdots & \vdots & & \vdots & \vdots \\ a[n,1] & a[n,2] & \cdots & a[n,m-1] & a[n,m] \end{bmatrix} \quad (2-10)$$

矩阵乘法是将一个 $p \times q$ 矩阵 A 和另一个 $q \times r$ 矩阵 B 进行相乘的操作，得到 $C=AB$，C 是一个 $p \times r$ 矩阵，计算方法如下：

$$c[i,j] = \sum_{k=1}^{q} a[i,k] b[k,j], \text{ for } 1 \leq i \leq p \text{ and } 1 \leq j \leq r \quad (2-11)$$

该计算过程的算法复杂度为 $\Theta(pqr)$。

给定一个矩阵求解问题 $S=A_1A_2\cdots A_n$，矩阵 A_i 的维度为 $p_{i-1} \times p_i$，矩阵链乘法旨在通过改变矩阵乘法的求解顺序得到最优的计算效率。

（二）动态规划方法

下面给出利用动态规划算法求解矩阵链乘法的思路。

1. 分析最优解的性质，刻画其结构特征

假设 $1 \leq i \leq j \leq n$，$A_{i,j}=A_i A_{i+1}\cdots A_j$ 为原问题 $A_{1\cdots n}$ 的一个子问题，其中 $A_{i,j}$ 为一个 $p_{i-1} \times p_j$ 矩阵，则对于任意子问题，$A_{i,j}$ 都可以拆分成 $A_{i,k}$ 和 $A_{k+1,j}$ 两个子问题，即

$$A_{i,j} = (A_i \cdots A_k)(A_{k+1} \cdots A_j) = A_{i\cdots k} A_{k+1 \cdots j} \quad (2-12)$$

2. 递归地定义最优解的值

对于 $1 \leq i \leq j \leq n$，我们用 $m[i,j]$ 表示矩阵链 $A_{i,j}$ 所需要的最低计算次数；而后我们对原问题进行二划分，即 $A_{i,j}=A_{i,k} A_{k+1\cdots j}$。通过遍历所有二划分，即可寻找到最优二划分：

$$m[i,j] = \begin{cases} 0, & i=j \\ \min_{i \leq k < j}(m[i,k]+m[k+1,j]+p_{i-1}p_k p_j), & i<j \end{cases} \quad (2-13)$$

3. 自底向上计算最优解的值

依据递归式 $m[i,j] = \min_{i \leq k < j}(m[i,k]+m[k+1,j]+p_{i-1}p_k p_j)$ 进行计算，由于计算 $m[i,j]$ 时，$m[i,k]$ 和 $m[k+1,j]$ 都应已被计算并存储好，因此我们采用自底向上的计算方法来得到最优解。

4. 构造问题的最优解

在计算过程（见图2-26）中，增加一个数组 $s[1\cdots n, 1\cdots n]$，$s[i,j]$ 记录最优二划分所对应的 k 值。

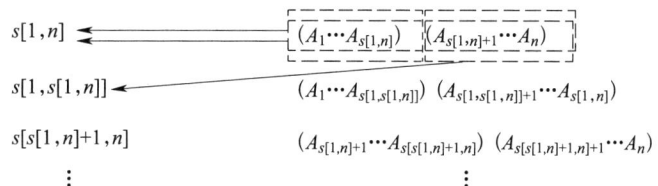

图 2-26 构造问题的最优解的计算过程

矩阵链乘法的伪代码如下：

```
MatrixChain(p, n)
1    Let m[1···n, 1···n] and s[1···n,1···n] be two 2-dimension arrays;
2    for i ← 1 to n do
3        m[i,i] ← 0;
4    end
5    for l ← 2 to n do
6        for i ← 1 to n−l+1 do
7            j ← i+l−1;
8            m[i,j] ← ∞;
9            for k ← i to j−1 do
10               q ← m[i,k]+m[k+1,j]+p[i−1]*p[k]*p[j];
11               if q<m[i,j] then
12                   m[i,j] ← q;
13                   s[i,j] ← k;
14               end
15           end
16       end
17   end
18   return m[1,n] and s;
```

算法复杂度：时间复杂度为 $O(n^3)$，空间复杂度为 $\Theta(n^2)$。

（三）实例分析

给定 A_1，A_2，A_3，A_4，其中 $p_0=5$，$p_1=4$，$p_2=6$，$p_3=2$，$p_4=7$，求 $m[1,4]$。

解法：

步骤1：初始化 $m[i,j]=0$，其中 $i=j$。

步骤2：计算 $m[1,2]$

$$m[1,2] = \min_{1\leq k<2}(m[1,k]+m[k+1,2]+p_0p_kp_2)$$
$$=m[1,1]+m[2,2]+p_0p_1p_2=120 \qquad (2-14)$$

步骤3：计算 $m[2,3]$

$$m[2,3] = \min_{2\leq k<3}(m[2,k]+m[k+1,3]+p_1p_kp_3)$$
$$=m[2,2]+m[3,3]+p_1p_2p_3=48 \qquad (2-15)$$

步骤4：计算 $m[3,4]$

$$m[3,4] = \min_{3\leq k<4}(m[3,k]+m[k+1,4]+p_2p_kp_4)$$
$$=m[3,3]+m[4,4]+p_2p_3p_4=84 \qquad (2-16)$$

步骤5：计算 $m[1,3]$

$$m[1,3] = \min_{1\leq k<3}(m[1,k]+m[k+1,3]+p_0p_kp_3)$$
$$=\min\begin{cases} m[1,1]+m[2,3]+p_0p_1p_3 \\ m[1,2]+m[3,3]+p_0p_2p_3 \end{cases}=88 \qquad (2-17)$$

步骤6：计算 $m[2,4]$

$$m[2,4] = \min_{2\leq k<4}(m[2,k]+m[k+1,4]+p_1p_kp_4)$$
$$=\min\begin{cases} m[2,2]+m[3,4]+p_1p_2p_4 \\ m[2,3]+m[4,4]+p_1p_3p_4 \end{cases}=104 \qquad (2-18)$$

步骤7：计算 $m[1,4]$

$$m[1,4] = \min_{1\leq k<4}(m[1,k]+m[k+1,4]+p_0p_kp_4)$$

$$=\min \begin{cases} m[1,1]+m[2,4]+p_0p_1p_4 \\ m[1,2]+m[3,4]+p_0p_2p_4 =158 \\ m[1,3]+m[4,4]+p_0p_3p_4 \end{cases} \quad (2-19)$$

步骤 8：构造问题的最优解。

四、最长公共子序列问题

（一）问题定义

给定序列 $X=(x_1, x_2, \cdots, x_m)$ 和序列 $Z=(z_1, z_2, \cdots, z_k)$，如果存在严格递增的 X 的下标 $\langle i_1, i_2, \cdots, i_k \rangle$，对所有下标 $j=1, 2, \cdots, k$，均满足 $x_{i_j}=z_j$，则称 Z 为 X 的子序列。例如：

$$X: A\ B\ C\ B\ D\ A\ B$$

$$Z: B\ D\ B$$

如果 Z 既是 X 的子序列，又是 Y 的子序列，则称 Z 为 X 和 Y 的公共子序列。例如：

$$X: A\ B\ C\ B\ D\ A\ B$$

$$Y: B\ D\ C\ A\ B\ A$$

则 X 和 Y 的公共子序列 $Z: B\ C\ B\ A$。

最长公共子序列问题旨在求解 X 和 Y 两个序列的最长公共子序列（longest-common-subsepuence，LCS）。

（二）动态规划方法

1. 分析最优解的性质，刻画其结构特征

对于 $1 \leq i \leq m$，$1 \leq j \leq n$，假设 $d_{i,j}$ 为 $X[1 \cdots i]$ 和 $Y[1 \cdots j]$ 的最长公共子序列长度。D 是关于公共子序列长度的矩阵 $[d_{i,j}]$。

2. 递归地定义最优解的值

假设 $Z_k=(z_1, \cdots, z_k)$ 为 $X[1 \cdots i]$ 和 $Y[1 \cdots j]$ 的 LCS，则可得到递归式

$$d_{i,j}=\begin{cases} d_{i-1,j-1}+1, & if\ x_i=y_j \\ \max\{d_{i-1,j}, d_{i,j-1}\}, & if\ x_i \neq y_j \end{cases} \quad (2-20)$$

3. 自底向上计算最优解的值

初始化时，将 D 的第一行 $d[0, j]$ 和第一列 $d[i, 0]$ 均设为 0，自底向上计算 $d[i, j]$。

4. 构造问题的最优解

在计算过程中，增加一个 $m \times n$ 矩阵 $p[i, j]$ 来记录用到的子序列的方向（箭头方向表示用到的子序列位置）。

下面给出该问题的伪代码：

```
Longest-Common-Subsequence(X, Y)
1    Let d[0···m, 0···n] and p[0···m, 0···n] be two new 2-dimension arrays;
2    for i ← 0 to m do
3        d [i,0] ← 0;
4    end
5    for j ← 0 to n do
6        d [0, j] ← 0;
7    end
8    for i ← 1 to m do
9        for j ← 1 to n do
10           if xᵢ is equal to yⱼ then
11               d [i, j] ← d [i–1, j–1]+1;
12               p [i, j] ← "LU"; //"LU" indicates left up arrow.
13           end
14           else if d [i–1, j] ≥ d [i, j–1] then
15               d [i, j] ← d [i–1, j];
16               p [i, j] ← "U"; //"U" indicates up arrow.
17           end
18           else
```

```
19
20              d [i, j] ← d [i, j-1];
21              p [i, j] ← "L"; //"L" indicates left arrow.
22          end
23      end
24  end
    return d, p;
```

```
Print-LCS (p, X, i, j)
1   if i is equal to 0 or j is equal to 0 then
2       return NULL;
3   end
4   if p [i, j] is equal to "LU" then
5       Print-LCS(p, X, i-1, j-1);
6       print x_i;
7   end
8   else if p [i, j] is equal to "U" then
9       Print-LCS(p, X, i-1, j);
10  end
11  else
12      Print-LCS(p, X, i, j-1);
13  end
```

算法时间复杂度为 $O(mn)$。

(三) 实例分析

给定 $X_i=(A, B, C, B, D, A, B)$ 和序列 $Y_i=(B, D, C, A, B, A)$，求 X_i 和 Y_i 的最长公共子序列。

解法：最终计算得到的 d、p 矩阵如 2-27 所示。

	1	2	3	4	5	6	7
X_i	A	B	C	B	D	A	B
Y_j	B	D	C	A	B	A	

d j i	0	1	2	3	4	5	6
0	0	0	0	0	0	0	0
1	0	0	0	0	1	1	1
2	0	1	1	1	1	2	2
3	0	1	1	2	2	2	2
4	0	1	1	2	2	3	3
5	0	1	2	2	2	3	3
6	0	1	2	2	3	3	4
7	0	1	2	2	3	4	4

p j i	0	1	2	3	4	5	6
0							
1		U	U	U	LU	L	LU
2		LU	L	L	U	LU	L
3		U	U	LU	L	U	U
4		LU	U	U	U	LU	L
5		U	LU	U	U	U	U
6		U	U	U	LU	U	LU
7		LU	U	U	U	LU	U

图 2-27 最长公共子序列计算结果

思考题

1. 证明：一个算法的运行时间是 $\Theta(g(n))$，当且仅当其最坏情况运行时间是 $O(g(n))$，且最佳情况运行时间是 $\Omega(g(n))$。

2. 判断下列等式是否成立。

（1）$n^{1/2} = \Omega(n^2)$。

（2）$2^{n+1} = O(2^n)$。

（3）$2n^2 + 3n = \Theta(n^2)$。

3. 给定数组 $A = [1, -5, 4, 2, -7, 3, 6, -1, 2, -4, 7, -10, 2, 6, 1, -3]$，寻找 A 的最大子数组，请写出演算过程。

4. 给定数组 $A = [4, 1, -4, 6, 3, 9, 5, -2]$，统计该数组的逆序数对，请写出演算过程。

5. 证明：快速排序的最佳运行时间为 $\Omega(n\lg n)$。

6. 请给出一个时间为 $O(n\lg k)$、用来将 k 个已排序链表合并为一个排序链表的算法，此处 n 为所有输入链表中元素的总数。（提示：用一个最小堆来做 k 路合并）

7. 解释在有向图中，对于一个顶点 u（即使 u 在 G 中既有入边又有出边），最终是如何落到一棵仅包含 u 的深度优先树中的。

8. 给出一个算法，用它来确定一个给定的无向图 $G=(V, E)$ 中是否包含一个回路。所给出算法的运行时间应为 $O(V)$，这一时间独立于 $|E|$。

9. 确定 <1，0，0，1，0，1，0，1> 和 <0，1，0，1，1，0，1，1，0> 的一个 LCS。

10. 对维数为 <5，10，3，12，5，50，6> 的各矩阵，找出其矩阵链乘积的一个最优加全部括号。

第三章
数据处理知识

数据是用来记录信息的,数据是工智智能技术的基础。网络空间中的信息天然以数据的形式被记录,它们主要由互联网用户和机器产生;而真实世界中的信息则需要通过各类传感器转化为数据。大数据、深度学习等推动了人工智能理论与技术的快速发展,本章就数据收集、数据预处理、数据标注基础等内容进行论述。

- **职业功能:** 数据处理的基础知识。
- **工作内容:** 数据收集,数据预处理,数据标注。
- **专业能力要求:** 能够学习相应的数据知识,理解数据处理原理,能理解并会使用计算机知识进行相应的数据处理。
- **相关知识要求:** 数据收集方法,数据预处理,数据标注。

第一节 数据收集

考核知识点及能力要求：
- 掌握数据收集的常用方法；
- 能够根据实际场景选择合适的数据收集方法。

一、概述

数据收集，顾名思义，即在所处环境或所用设施中，借助某种工具或使用某种方法收集信息的过程。为了能够准确、全面地收集数据，需要对数据的形式、所处位置有全面清晰的了解。从技术选择、结构设计，再到收集策略，都需要进行合理的规划和安排。数据收集的目的不同，对数据的要求也不同。例如，对于系统错误监测问题，需要详细收集每一条错误信息。而对于人体体温的测量，则无需过于精准。所以，数据收集的过程要充分考虑其产生主体的物理性质，同时要兼顾数据应用的特点。

根据数据源特征的不同，数据收集方法多种多样，但总的来说可以大致分为以下两类：

（1）基于拉（pull-based）的方法，数据由集中式或分布式的代理主动获取。

（2）基于推（push-based）的方法，数据由源或第三方推向数据汇聚点。

二、主要方法

数据收集需要结合数据产生的途径，采用合适有效的方法。由于数据源特征的不同，数据收集的方式多种多样。本节主要介绍四种数据收集方法：用于收集物理世界信息的传感器，用于收集日常操作信息的系统日志，用于收集互联网信息的网络爬虫，用于收集人所了解信息的众包和群智感知。

（一）传感器

传感器通常用于测量物理变量，一般包括声音、温度、湿度、距离、电流等，将测量值转化为数字信号，通过无线或者有线的方式传送到数据采集点，从而让人类更好地了解和掌握相关数据信息，并进行数据分析。可以说，传感器的存在让物体有了"生命"，能够更好地被认知。图 3-1 中展示了一些典型的传感器。

温湿传感器　　　　　超声波距离传感器　　　　　声音传感器

图 3-1　几种典型的传感器

传感器的种类较多，不同传感器可以应用于不同的场景中。按照属性不同，传感器可以分为温度传感器、压力传感器、流量传感器、生物传感器、气体和化学传感器、液位传感器等。按照电源或能量供应要求不同，传感器可以分为有源传感器和无源传感器。下面介绍一些常见的传感器。

温度传感器用来收集温度信息，并转换成其他设备或者人可理解的形式。温度传感器可以分为接触式传感器和非接触式传感器，前者需要与被感测对象或介质直接物理接触获取信息，后者则用来监控非反射性固体和液体获取温度数据。最常见的温度传感器为水银温度计，它利用热胀冷缩的原理，通过汞柱的变化来测量温度。

红外传感器通过发射或检测红外辐射，来获取电压、位置等信息。因为红外线属于人眼看不到的射线，所以需要专门的设备进行检测。红外传感器目前有着广泛的应用，例如用于计算云层高度和温度的气象卫星辐射计，用于监测烹饪和加热食物的温度，用于手机和计算机设备之间的通信，等等。

紫外线传感器主要用来接收紫外线能量信号，并将该信号转变为电信号，导入电表中。为了能够直观地看到相关结果，该信号会被传输到模数转换器，通过软件以图表的形式展现在计算机上。该类传感器在医学、机械、化学制品等领域都有广泛的应用。

（二）系统日志

系统日志即人类在使用各种软件的过程中，系统产生的记录信息。这些日志记录着各种操作活动，具有重要的价值和意义。例如，银行的交易记录，能够在一定程度上反映出某人的消费习惯和消费水平。

为了能够通过日志来获取更多的信息，首先要收集日志。目前，日志收集的插件较多，选择范围较为广泛。例如 java 平台的 log4j、logback，.net 平台的 log4net 等。这些插件能够将日志进行拆分收集，并以文件、数据库等形式进行存储。日志收集过程中，需要注意一些事项。例如，需要根据日志的特性去设置日志的级别，规范化地收集日志，这样为后续日志的分析和处理提供便利。目前，日志主要分为 error 日志和 info 日志两种。对于 error 日志，需要尽可能详细记录。而 info 日志，则需要根据实际的情况，选择性地记录，尽可能做到简洁易懂。

待日志收集好后，需要对日志进行规范化管理。例如，需要控制单个日志文件的大小，便于后期的维护和使用，确保日志的安全性，设置访问权限，对时间久远的无效日志进行定期检查清理等。

（三）网络爬虫

网络爬虫是一种可以代替人员自动搜索、汇总网络中的信息，并按照一定规则进行采集和整理的计算机程序。它的基本原理为向网站发出请求，待网站响应后，获取其资源并整理提炼有用的数据，并将这些数据存储到本地。网络爬虫可以借助 Python、Java、C++ 等多种程序语言实现，网络爬虫构建的目的是提升人类在海量的互联网信息中的检索效率。

网络爬虫是数据收集的一种重要工具。它们可以针对特定的网站或网页，或者通过搜索引擎来收集数据。网络爬虫可以遍历网站的不同页面，提取文本、图像、链接、元数据等内容。通过设置适当的规则和过滤器，爬虫可以针对特定的数据类型或特定的网页结构进行数据提取。网络爬虫通常被广泛用于获取互联网上大规模广泛分布的数据。

一个完整的网络爬虫通常是由初始 URL 集合、URL 队列、页面爬行模块、页面分析模块、页面数据库、链接过滤模块等部分构成，其结构如图 3-2 所示。在爬取信息时，需要根据实际的信息情况和网络环境，制定出不同的爬取策略。例如，根据网页的更新频率，调整爬取的顺序和频率。常见的爬取策略有根据网页内容进行分类的聚类分析策略，根据网页刷新频率进行建模的历史数据策略等。

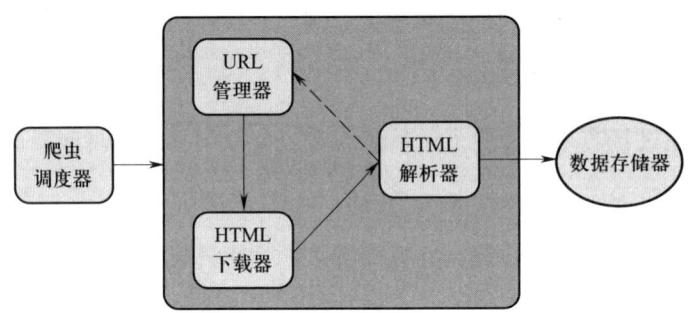

图 3-2　网络爬虫结构图

按照爬取过程和目的的不同，网络爬虫可以分为以下四种：主题网络爬虫、通用网络爬虫、增量式网络爬虫和深层网络爬虫。主题网络爬虫是按照预先定义好的主题有选择地进行网页爬取的一种爬虫，主要应用于对特定信息的爬取，为某一类特定的企业或单位提供服务。主题网络爬虫可以按对应的主题有目的地进行爬取，所以在实际运用过程中可以节省大量的服务器资源和宽带资源，具有很强的实用性。通用网络爬虫则是应用于大型搜索引擎中的爬虫，其目标资源遍布整个互联网，所以对爬虫的爬取性能有很高的要求。增量式网络爬虫则是只爬取内容发生变化的网页或者新产生的网页的一种爬虫。深层网络爬虫是爬取互联网中的深层页面的爬虫。在互联网中，网页按存在方式分类可分为表层页面和深层页面。表层页面指的是不需要提交表单，使用静态的链接就能够到达的静态页面；而深层页面是需要提交一定的关键词之后才能够获取到的页面。

（四）众包和群智感知

众包（crowdsourcing）是指通过向大量用户或参与者广泛分发任务或问题，并从他们那里收集解决方案、意见或贡献。它是一种集体智慧的利用方式，通过将任务分发给大量人群，以获取多样化、广泛的见解、技能和劳动力。为了满足众包过程中大规模任务、多样化需求以及高效协作的需求，众包平台应运而生。众包平台连接任务发布者和参与者。任务发布者可以在平台上发布任务,参与者注册并完成任务,平台提供任务匹配、沟通工具、质量控制、支付和评价等功能。众包平台通过集合大量参与者的力量,实现任务的高效完成,为任务发布者提供解决方案,同时让参与者获得收入和发展机会。

群智感知(crowdsensing)是一种特定的众包应用,特指通过众包方式收集环境、位置或其他相关数据的方法。这些数据通常由移动设备(如智能手机)中的传感器或其他感知设备收集,涵盖了空间、时间和环境等方面的信息。群智感知的目的是利用大量人群分布的感知设备,获取大规模、实时和详细的环境数据。例如,若想要了解一个城市的交通拥堵情况,则可以利用移动设备中的 GPS 和加速度传感器等功能,通过应用程序收集用户所在位置与移动速度等信息,获取实时的交通拥堵情况。

第二节　数据预处理

考核知识点及能力要求:

- 掌握数据预处理各流程中的常用方法。

数据预处理是为了提升数据的整体质量。数据整体质量的好坏对模型、算法的效果起到非常关键的作用。如果数据的质量较差,则很难优化模型和算法,同时也会影响到最终的整体效果。数据预处理的基本目标是提升数据完整性、准确性、唯一性、有效性等。数据预处理主要包括不限于数据清洗、数据集成、数据变换、数据规约等步骤,用以检测并优化提升数据的质量。本节重点介绍数据清洗、数据变换和数据规约这三个步骤。

一、数据清洗

数据清洗主要指数据收集后,对其中的变量、样本等进行预处理的过程。进行数据清洗主要出于以下几个目的:首先,收集来的数据中存在重复、空白等质量较差的情况,需要通过清洗来提高数据的质量。其次,可以对收集来的数据进行核验检查,确保其符合后续数据使用的需要和相关规定。例如检查数据的条数和字段等信息。最后,清洗数据可以一定程度上方便后续数据的分析。例如提前做好数据分类汇总、去除无效字段等操作。

数据清洗主要针对脏数据。所谓脏数据,指数据出现以下问题:

(1)数据缺失。即存在部分属性值为空的情况。

(2)数据重复,即存在数据集中多次出现相同数据的情况。

(3)数据噪声,即数据值出现异常情况。

(4)数据集不均衡,即不同类别的数据数量相差较大。

(5)数据冗余,即数据的数量或者属性数量超出预期。

(6)数据不一致,即数据本身出现前后不一致的情况。

在数据清洗的过程中,需要保留原始数据。在清洗数据前,应提前对数据做好备份。在清洗数据时,做到不改变原有数据。整个清洗过程按照检查数据、清洗数据的流程进行。检查数据,主要检查数据中是否有异常值等情况,检查数据量是否与预期相符合,检查数据中的变量的数量、名称、标签和类型等是否与规定一致。清洗数据,主要实现对重复数据去除,例如根据唯一字段,删除重复字号等信息。对于无意义的数据,进行删除或标记为缺失。对于极端值情况,则需要将其删除或根据实际情况置为特殊值。

二、数据变换

由于数据采集时的量纲和范围的差异,导致无法直接使用这些被采集到的原始数据。为了提升计算的准确性和稳定性、避免权重偏差不良影响,往往需要对原始数据做适当的变换。常用的数据变换方法有以下两种。

(一)简单函数变换

平方、开方、取对数、差分等方法可以将原始数据转化为具有正态分布特性的数据。而对于时间序列相关的任务,可使用对数运算或差分变换将原始时间序列转换为平稳的序列。

(二)数据缩放

数据缩放是将一组数值按比例缩放,使之落入一个小的特定区间。由于指标体系在各个指标度量单位是不同的,要使所有的指标都能够参与计算,需要对指标进行规范化处理。通过数据变换将其数值映射到某个数值区间,消除不同数据之间的量纲差异,方便数据比较和共同处理,有助于加速机器学习模型的收敛。常见的数据缩放方法有数据标准化和数据归一化两种。

数据归一化在不改变数据分布的情况下,将原始数据缩放到一个小的特定区间(通常为0~1区间)。常见的方法有0-1归一化,也称作最小—最大归一化(Min-Max normalization)。其变换函数为 $x^* = (x - x_{min}) / (x_{max} - x_{min})$,其中 max、min 分别为样本数据的最大值和最小值。此方法不足之处为加入新数据可能会改变最大值与最小值。

此外,还可以使用一些函数进行数据归一化,例如对数函数(log)和反正切函数(arctan)。使用上述两种函数时,应注意定义域与值域的对应关系。例如,使用反正切函数进行归一化时,小于0的原始数据将被映射到(-1,0)区间,大于0的数据被映射到(0,1)区间。

数据标准化通过缩放使数据分布满足均值为0,标准差为1。Z-Score 基于原始数据的均值和标准差进行数据的标准化。在原始数据经过处理后,得到的数据拥有均值为0,标准差为1的特性,其转化函数为:$x^* = (x - \mu) / \sigma$,其中 μ 为所有样本数据的均值,σ 为所有样本数据的标准差。

归一化是把数值变为(0,1)之间的小数,以便更快速地处理数据。

归一化是为了消除不同数据之间的量纲,这样可以把有量纲表达式变为无量纲表达式,成为纯量,方便数据比较和共同处理,比如在图像处理中,对像素值进行归一化处理可以更方便图像特征提取。而标准化是为了方便数据的下一步处理而非与其他数据一同处理或比较而进行的数据缩放等变换,例如机器学习中的特征缩放通过标准化不同特征的数值范围，提高模型的性能和稳定性。

除了使用数据标准化的方法之外，还可以使用一些函数如对数函数和 arctan 函数实现对数据的归一化。

使用 arctan 需要注意的是，如果想将数据映射到的区间为［0，1］，则数据应该都大于等于 0，小于 0 的数据将被映射到［-1，0］区间，并非所有数据标准化的结果都映射到［0，1］区间。

（三）数据编码

数据编码化主要体现在数据信息的分类和编码上。关于数据信息分类是指根据一定的分类指标形成对应的层次目录，形成了一个层次分明、循序渐进的分类系统。数据的编码设计基于分类系统，数据编码应该具备系统性、唯一性、可行性、简单性、一致性、稳定性、可操作性和标准化原则，编码结构和码位需要统一安排。

（四）数据平滑

数据平滑是指从数据中去除噪声波动以匹配数据分布。最常见的滑动数据平滑技术包括帧分割、回归和聚类。

（1）分箱。分箱法是通过考察数据的一个领域范围内的值来平滑有序数据的值。有序值分布到一些"桶"或"箱"中。分箱法考察的是近邻的值，因此适合进行数据局部平滑。

（2）回归。用回归函数来拟合数据，用回归值进行数据平滑。如果数据中两个变量存在线性关系，可以通过线性回归来拟合两个变量，然后采用一个变量来预测另一个。元线性回归是线性回归的拓展，它涉及的属性数量超过两个，并且通过拟合数据到多维曲面来进行数据平滑。回归是一种非常有效的数据平滑技术，尤其是在数据有模型假设的情况下，利用回归技术可以很好地对数据进行平滑。

（3）聚类。通过聚类可以检测离群点，将类似的值组织成"群"或"簇"。直观地，落在簇集合之外的值视为离群点。将这些簇内的数据进行不同的平滑。

三、数据规约

数据规约（data reduction）是指在尽量保留原始数据中关键信息的前提下，通过选择、转换或提取数据的子集，以减少数据的规模或维度。数据规约的目的是减少数据的冗余性、复杂性和存储空间占用，同时提高数据处理和分析的效率。

数据规约包括维规约、数量规约（也称为特征值归约）和样本规约。

（一）维规约

维规约的主要思想是从原始数据中选择或通过变化提取出最具代表性的特征，以保留原始数据中的重要信息并降低数据维度。例如，可以通过特征选择技术，直接从原始数据的所有维度中筛选出最具代表性和预测能力的特征子集。这种方法一般与下游机器学习模型关联，通过观察模型的训练和预测效果，筛选出适当的特征子集。

此外，还可以通过数学变化和统计技术，将原始数据转换为更紧凑、低纬度的表示形式，同时保留原始数据的主要信息。常见的转换方法包括主成分分析、小波变换、线性判别分析等。

通过数据规约，可以减少数据集的规模和复杂性，降低数据处理和分析的计算负担，同时提高模型的训练效率和预测准确性。数据规约在数据挖掘、机器学习、统计分析等领域都起着重要的作用，可以加速数据处理过程并提高数据的可解释性和可用性。

（二）数量规约

它将连续型特征的值离散化，使之成为少量的区间，每个区间映射到一个离散符号。这种技术的好处在于简化了数据描述，并易于理解数据和最终的挖掘结果。

数量归约用替代的、较小的数据表示形式换原始数据。该方法可以将连续型特征的值离散化，通过改变数据表示方式，简化数据描述，便于后续分析挖掘。

该技术通常有参数化和非参数化两类。

参数化数据规约，即用模型参数代替原始数据集。一般利用回归模型或对数线性模型对原始数据进行建模。

非参数化数据规约包括直方图、聚类、抽样、数据立方体聚集等方法。

（三）样本规约

样本规约使用从原始数据中具有代表性的样本子集，来代表整个原始数据的信息。其具有实现成本低、速度快、应用范围广等特点。

第三节 数据标注基础

考核知识点及能力要求：
- 熟悉不同类型数据的标注方式；
- 能够根据目标数据类型和应用场景选择合适的数据标注方式。

数据标注就是通过对数据的属性进行注明，以利于对数据进行挖掘和处理。数据标注目前大量应用在人工智能领域，通过对大量数据进行标注，放入模型中进行训练，来提高模型和算法的准确程度。本节重点介绍数据标注的相关概念及其发展和现状。

一、相关概念

数据标注就是通过分类、画框、标注、注释等，对文本、图像与视频、语音等数据进行处理，标记对象的特征，以作为机器学习的基础素材。介绍数据标注。

（一）文本数据标注

文本标注的应用场景非常丰富，如聊天机器人、问答机器人、智能对话机器人，也可以通过对留言数据进行数据分析来提高营销的效果。常见的文本标注主要有文本翻译、实体标注、语句分词、情感标注、语义相似性判定、语句词性标注及其他类文本标注等。

文本翻译是最简单的一种文本标注，例如英译汉和汉译英任务。在进行文本翻译时，对文本进行翻译并录入到文本框中，例如将下面句子翻译成中文：

原句：Today is a nice day.

结果：今天天气很好。今天是个好天气。

实体标注需要将一句话中的实体提取出来，如电视、足球、门等；或者标注出文本中的动作指令，如开门、播放等。例如，请对以下句子进行食品实体标注，要求每个食品实体用半角圆括号括起来：

原句：第二次来了，上次是做饼干，这次是做蛋糕，老板很热情，帮我们修饰蛋糕。

结果：第二次来了，上次是做（饼干），这次是做（蛋糕），老板很热情，帮我们修饰（蛋糕）。

（二）图像与视频数据标注

视频是由多张连续的图像组成，所以某种程度上，图像与视频的数据标注方法是相似的。视频标注目前常见的解决方案是通过对视频取帧后进行图像标注，然后再进行合成。图像标注的方式主要分为拉框（如框出人、车辆和动物等）；打点（如标记人脸、手势和肢体动作等）、语义分割（如利用区域颜色填充标注不同类型的物体）和点云标注等。

（三）音频数据标注

音频数据标注种最为常见的是语音数据标注。语音识别是人机交互的基础技术，是目前人工智能应用最成功的技术之一。语音识别目前在车联网、智能翻译、智能家居等领域取得了广泛应用。一个比较典型的应用场景是实时字幕。它是利用标注数据进行语音识别模型的训练，从而达到视频字幕的实时自动识别，与翻译模型结合后还可以为外文电影提供翻译字幕。

随着人工智能理论与技术的迅猛发展，语音识别（ASR）和语音合成（TTS）技术都取得了巨大的突破。但是在实际应用过程中训练数据集的准确性很大程度上影响了模型的准确率。

语音数据标注任务大致可以分为长语音切分、语音转写和属性标注。

长语音切分是指将一段很长的语音按照要求切分为多段。

语音转写则是将一段语音转写成文字。语音转写是很有意思的一件事，标注者能接触不同地方的方言，也能接触不同国家的语言，同时也需要对很多专业名词非常了解，比如一些人名、地名，不能写错。

属性标注则是标注出这段语音的属性。通常是情绪标注，即听一段语音，标注出这段语音中说话人的情绪，如愤怒、悲伤、欢乐等。

二、现状及发展

人工智能飞速发展，对数据标注的需求也在不断扩大，数据标注行业作为人工智能行业的上游基础产业也迎来了爆发式的增长。根据 iResearch 数据显示，到 2019 年，数据标注行业市场规模为 30.9 亿元，到 2020 年行业市场规模突破 36 亿元，预计 2025 年市场规模将突破 100 亿元，我国数据标注行业正处于高速发展阶段。随着数据标注行业市场规模的不断扩大，数据标注企业也在不断增长。截至 2020 年 12 月，北京、上海、成都、深圳、杭州为数据标注企业分布 TOP5 城市。北京地区对数据标注的需求遥遥领先，占全国需求的 30% 以上。

目前，数据标注行业面临的主要挑战为标注质量和标注效率，即如何更快更好地对原始数据进行标注。数据行业的特殊性决定了其对人力的依赖。由于标注员的能力不均衡以及标注工具的功能不完善，数据服务在标注效率和标注质量方面均存在不足。为了解决这些问题，应加强工程化的技术研发，进行更具科学性的流程化管理，提升人机协作能力，通过辅助工具等有效地提高效率，大大提高标注的准确性。

数据标注方式可以大致分为专家标注、众包标注和数据标注工厂。它们的发展历程呈现出从小规模、零散性、自给自足到大规模、职业化、工程化的特点。

早期的机器学习，由于算力等原因限制，所需的数据量往往较少，因此，大都是由研究者自行标注或者请相关行业的专家进行标注。此时的数据标注呈现出小规模、零散性、自给自足的特点。此时的标注者往往具有相关的专业知识，其标注结果可以认为是完全正确的。专家标注的好处是准确率高，但成本也非常高。对于标注数据需求量较大的任务，请专家进行标注几乎是不可行的。

随着研究者们对标注数据的需求量逐渐增加，专家标注已经不能够满足巨量的数据需求，数据标注逐渐变得大规模、职业化。为了响应对大规模数据标注的需求，众包平台出现。亚马逊成立了众包平台 Amazon Mechanical Turk（AMT），通过劳务众包的方式来满足大量的数据标注需求。众包的特点是广大的互联网用户都可以在众包平台注册并接受任务。2007 年，斯坦福大学教授李飞飞等人启动 ImageNet 项目，该项目主要借助 AMT 来完成图片的标注，标注内容为图片的类别，如猫、狗等。截至 2010 年，已有来自 167 个国家的 4 万多名工作者提供了 14 197 122 张标记过的图片，共 21 841 种类别。ImageNet 公开给全球各国的科研工作者使用，并且每年举办一次大规模的计算机视觉识别挑战赛。ImageNet 极大地推动了人工智能研究的发展，并且证明了数据标注对人工智能行业的重要性。从众包平台的出现开始，数据标注逐渐变成一种职业，全球有大量的数据标注工人在众包平台上全职或兼职地进行数据标注工作。

随着人工智能技术在各行各业生根发芽，人工智能被用来处理各式各样的任务，同时，对数据的需求也越来越精细化和专业化。标注任务不再是简单的分类任务，而是类似"框选出图中的车辆、红绿灯、人行道等并打上相应标签，并且要求框的误差不高于 3 个像素点"这样的任务。在这种情况下，一方面，传统众包平台有限的标注工具已经难以适应这样的标注任务；另一方面，没有经过专门培训的众包工人已经难以胜任这样的标注任务，零散的标注工人难以统一管理。因此数据标注行业变得更加工程化，标注过程更加规范化、标准化，变成了一项系统性的工程。国内如百度、京东，国外如 Scale AI 和 Appen 等公司都搭建了自己的数据标注工厂。数据标注工厂的特点是对标注员进行集中的培训和管理，对于有特定要求的任务，平台可以专门开发相应的标注工具，来满足任务发布方的需求。

思考题

1. 常用的数据收集方法有哪些？
2. 完整的网络爬虫的结构是怎样的？

3. 数据清洗的目的是什么?

4. 数据变换主要可以分为哪几类?

5. 评价数据质量的五个主要方面是什么?

6. 数据的标注有哪些常用操作?

第四章
软件工程部分

人工智能应用的落地最终也是体现在软件中,人工智能软件与传统软件开发类似,同样具有复杂性、一致性、可变性和不可见性等各类内在特性,因此,高质量的人工智能软件开发也离不开软件工程的支持。本章将简要地介绍软件工程的基础知识,这是人工智能软件研发人员落地人工智能应用必备的知识,理解并在工程中应用软件工程知识是研发高质量人工智能软件的基础。

- **职业功能:** 人工智能软件工程知识。
- **工作内容:** 人工智能软件开发涉及的软件工程基本概念,软件需求、设计、构造、测试和运维各个阶段的基本要点和主要方法,软件项目管理的基本原理。
- **专业能力要求:** 阐述相应的软件工程基础知识,掌握软件需求、设计、实现、测试和运维各个阶段的主要方法,运用软件项目管理的基本原理,为后续开发人工智能软件打下基础。
- **相关知识要求:** 掌握相应的软件工程基础知识,熟悉软件与软件工程的概念、基本软件开发过程;了解软件需求、软件设计、软件构造、软件测试和软件运维等各个阶段的主要任务和常用方法,了解软件项目管理的基本过程和原理。

第一节　软件工程概述

考核知识点及能力要求：

- 了解软件的基本概念；
- 理解软件工程的基本概念；
- 了解软件开发过程基础；
- 掌握瀑布模型与迭代增量模型。

一、软件与软件工程

（一）软件

信息时代，软件是无所不在的，现代人的生活严重依赖计算机软件。软件是一种产品，同时又是开发和运行其他产品的载体。作为一种产品，它运行在某种硬件之上，体现了硬件的计算潜能。无论是在手机还是在大型计算机中，软件都扮演着信息转换的角色：产生、管理、查询、修改、显示或传递各种不同的信息。作为开发运行产品的载体，软件是计算机控制（操作系统）的载体、信息通信（网络）的载体，也是创建和控制其他程序（软件工具和环境）的基础。

软件传递了信息时代最重要的产品——信息，它转换个人数据（如个人金融信息）以便信息在一定范围内发挥更大的作用，它通过管理商业信息提升竞争力，它为世界范围的信息网络提供通路（如互联网），并对各种格式的信息提供不同的处理能力。

软件是一系列按照特定顺序组织的计算机数据和指令的集合。将这个定义展开，很多教科书给出了如下定义：

（1）能够完成预定功能和性能的可执行的指令集合（即计算机程序）；

（2）使得程序能够适当地操作信息的数据结构；

（3）描述程序的操作和使用的文档。

即，软件是由"程序 + 数据 + 文档"组成的，这个定义给出了软件最核心的三个要素。然而，软件并不是这三个要素的简单组合。区别于传统的产品，软件是逻辑的系统元素而不是物理存在的。软件的设计开发与传统意义上的生产制造完全不同，软件的整个设计和开发过程都是人的脑力劳动，很难通过生产线等将整个过程规范化完成。这就使得整个软件开发过程中经常无迹可寻，往往依赖于程序员的个人能力，这也造成软件的质量很难评价。在计算机系统发展过程中，软件开发面临的问题还在持续恶化，这些已经体现在以下很多方面：

（1）硬件发展（摩尔定律）一直超过软件，使得开发的软件难以发挥硬件的所有潜能。

（2）开发新软件的能力远远不能满足人们的新需求，开发的速度也不能满足商业和市场的要求。

（3）计算机的普及已使得社会越来越依赖于可靠的软件，然而，软件的可靠性、质量问题一直没有很好的解决方案，交付的软件往往存在大量的问题。如果软件开发出来不符合需求，可能会造成巨大的经济损失，甚至有可能给人类带来灾难。

（4）软件开发的成本和进度很难得到有效的度量，成本越来越高，进度也不断延期。

（5）糟糕的设计和巨大的资源消耗使得很难持续维护和增强已有的软件。

这些与软件开发相关的现象被称为"软件危机"。软件危机的出现迫使人们开始把软件开发从纯技术问题的探讨转变为对系统工程的关注，并逐渐意识到软件开发不仅仅是程序本身，还应从程序构造的规范性、系统性上确保软件质量。这最终导致了软件工程实践的出现。

（二）软件工程

软件工程是为了经济地获得可靠的且能在实际计算机上有效运行的软件而建立和使用完善的工程原理。电气电子工程师学会（IEEE）把软件工程定义为：

（1）将系统化的、规范的、可量化的方法应用于软件开发、运行和维护，即将工程化方法应用于软件。

（2）对（1）中所述方法的研究。

然而，不同的软件工程师对于"系统化的、规范的、可量化的"有不同的理解，软件开发过程中需要规范，也需要可适应性和灵活性。

软件工程以确保软件质量为根本目标，通过过程、方法、工具等不同的维度，推进各类软件工程实践。首先，过程是软件工程的基础，其是将各种技术结合在一起的凝聚力，使得计算机软件能够被合理、及时地开发出来。过程定义了一组关键过程区域的框架，这对于软件工程技术的有效应用是必须的。关键过程区域规定了技术方法的采用、工程产品（模型、文档、数据、报告、表格等）的产生、里程碑的建立、质量的保证及变化的适当管理。关键过程区域构成了软件项目的管理控制基础，并且确立了上下各区域之间的关系。其次，软件工程方法为开发软件提供技术上的解决方法（"如何做"）。方法覆盖面很广，包括需求分析、设计建模、编程、测试和维护等不同阶段的技术。软件工程方法依赖于一组基本原则，这些原则涵盖了软件工程所有的技术领域，包含建模活动和其他描述性技术等。最后，软件工程工具对过程和方法提供了自动的或半自动的支持。这些工具可以集成起来，使得一个工具产生的信息可以被另一个工具使用，这样就建立了软件开发的支撑系统，即计算机辅助软件工程（computer-aided software engineering，CASE）。

二、软件开发过程

软件开发过程是软件工程的基础层，软件开发活动按照过程的要求开展，在不同的阶段，采用不同的方法和工具，存在多种不同的软件开发过程模型。

（一）编码修正模型

编码修正模型是所有模型中最古老的也是最简单的模型，如图4-1所示。该模型将软件开发过程分成编码和测试两项活动。在编码之前几乎不做任何预先的工作，该模型的使用者很快就进入所开发产品的编码阶段。典型情况是，完成大量的编码后测试产品并且纠正所发现的错误。编码和测试工作一直持续到产品开发工作全部完成并将产品交付给客户。

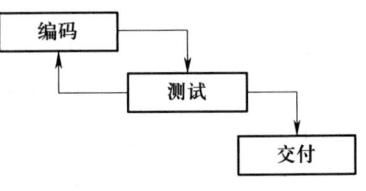

图 4-1　编码修正模型

严格来说，编码修正模型并不是成熟的软件过程模型，这是早期的编码、调试过程的延续，只适用于很小且简单的项目。它从一个大致的想法开始工作，然后经过非正规的设计、编码、调试和测试方法，最后完成工作。然而，对于规模稍大的项目，采用这种模型是很危险的，由于缺乏预先的计划并且通常伴随着不正规的开发方式，容易导致代码碎片，交付的产品质量也很难保证，加上设计没有很好地文档化，代码维护也很困难。

（二）瀑布模型

瀑布模型是广为熟知的软件工程过程模型，该模型也被称为传统软件生存期模型，如图 4-2 所示。它包括需求、设计、编码、测试、运行与维护几个阶段。在每一阶段形成里程碑产品：软件需求规格说明书、系统设计说明书、实际代码和测试用例、最终产品、升级产品等。类似于"瀑布"，每个阶段从前往后线性开展，完成前一个阶段的里程碑后，即进入下一个阶段。然而，也正是因为"瀑布"的特性，水流到下游后很难回到上游，传统的瀑布模型如果在后一个阶段发现前一个阶段的错误，其返工的成本也将很高。

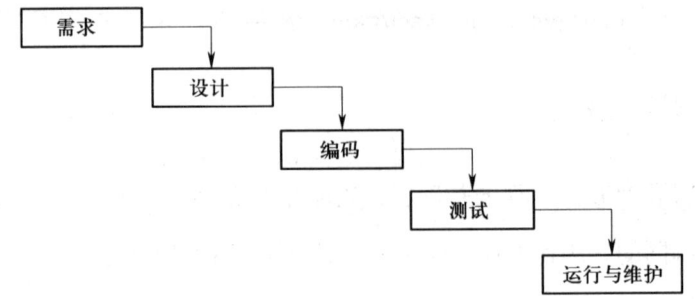

图 4-2　瀑布模型

瀑布模型是第一个被完整描述的过程模型，是其他过程模型的鼻祖。其优点体现在容易理解、管理成本低。瀑布模型的主要成果是通过文档从一个阶段传递到下一个阶段，各阶段间原则上不连续也不交叠，因此可以预先制订计划来降低管理的成本。而且各个阶段都会产生交付物，文档提供了贯穿生命期的进展过程的充分说明，前一步作为下一步被认可的、文档化的基线，允许基线和配置早期接受控制。

然而，由于各个阶段从前往后只有编码完成后用户才可以拿到可运行的软件，前期基于文档开展工作对各方要求很高，可能要花费更多的时间来建立一些看起来用处不大的文档。客户必须能够完整、正确和清晰地表达他们的需求。但在系统开发中经常发现用户与开发人员沟通存在巨大差异，用户提出含糊需求后被开发人员随意解释，用户需求也可能随着时间推移不断变化。如果在后期开发、测试过程中发现文档的错误后，返工的成本将非常高。

瀑布模型是传统过程模型的典型代表，因为管理简单，常被获取方作为合同上的模型。一个阶段完成后，生产出一个具体的产品；如果需要的话，可以对这一产品进行独立的检验。用户方可以按每一阶段向开发方支付费用，这意味着双方必须客观地对其完成情况进行核实。

当一个项目有稳定的产品定义和很容易被理解的技术解决方案时，可以使用瀑布模型。在这种情况下，瀑布模型可以帮助开发者及早发现问题，降低项目的阶段成本。它提供开发者渴望的稳定需求。若要对一个定义得很好的版本进行维护或将一个产品移植到一个新的平台上，瀑布模型是快速开发的一个恰当选择。

对于那些容易理解但很复杂的项目，采用纯瀑布模型比较合适，因为这样可以用顺序的方法处理复杂的问题。在质量需求高于成本需求和进度需求的时候，瀑布模型表现得尤为出色。由于在项目进展过程中基本不会产生需求的变更，因此，纯瀑布模型避免了一个常见的、巨大的潜在错误源。

（三）迭代模增量型

针对瀑布模型存在的问题，软件工程师们提出了各种迭代模型，它们不像瀑布模型那样，要求每一个阶段都一次性完成，而是经过多轮的开发迭代，迭代增量构造软件产品。这种模型的核心思想是我们很难一次性毫不出错地完成一件复杂任务，而是多次增量完成一个个小任务，最终完成整个大任务。而且在软件开发过程中，如果一个早期的增量已向用户发布，用户可能会以变更要求的方式提出反馈，以支持以后增量的需求开发；开发方通过实实在在地开发一个构造增量，为以前还没有认识到的问题提供了可见性，以便实际地开始这一增量工作。如图4-3所示。

迭代增量模型中的每一个增量的构造可以还采用瀑布模型，一旦理解了需求，就可以像实现瀑布模型那样开始设计阶段和编码阶段。迭代增量模型的关键是如何组织迭代和增量，这涉及任务的拆分、任务的优先级、相互关系等各方面，而且这种频繁地迭代和增量也给项目管理带来了很大的困难。

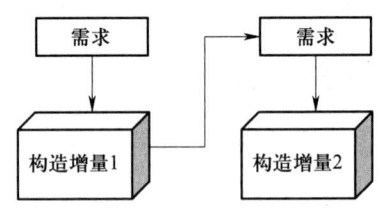

图4-3 迭代增量模型

（四）敏捷模型

敏捷模型在迭代增量模型的基础上进一步发展而来，在互联网企业被广泛采纳。敏捷模型是一类新的过程模型，它突破传统瀑布模型的思想，不再明确区分软件需求、设计、开发、测试等不同的阶段，也不强调传统软件工程中要求的各类需求、设计文档；而是强调快速地向用户交付软件，敏捷模型起源于2001年成立的敏捷联盟提出的"敏捷软件开发宣言"。该联盟以此为契机，发起了各类敏捷软件开发实践，形成了诸如XP极限编程、自适应软件开发、Scrum、Crystal、特征驱动开发等各类敏捷过程模型。其中的XP极限编程和Scrum过程模型是近些年主流的敏捷模型，在互联网公司得到了广泛使用。XP极限编程偏重实践，并力求把实践做到极限。这一实践可以是测试先行，也可以是结对编程等。SCRUM偏重过程，是一种开发流程框架。SCRUM框架中包含三个角色、三个工件、四个阶段、五个会议：

（1）三个角色为产品负责人、团队负责人、项目执行人员。

（2）三个工件为产品建议表、产品需求表、时间燃尽图。

（3）四个阶段为需求梳理、任务拆分、迭代开发和总结回顾。

（4）五个会议为需求评审会、计划会、每日站会、演示会和回顾会。

第二节 软件需求

考核知识点及能力要求：

- 理解需求的基本概念；
- 理解功能需求和非功能需求；
- 了解需求调研；
- 理解需求分析；
- 了解需求规约。

需求是任何软件开发项目的基础。软件需求表达了需要置于软件产品之上的约束，这些产品用来解决现实世界中的某个或某些问题。好的需求是项目成功开发的必要条件。不正确地理解文档化需求、未能有效地控制需求变更不可避免地会导致开发费用增加、交付延迟和产品质量低，也就无法使客户满意。

需求工作的主要目标是：与客户和其他涉众在系统的工作内容方面达成并保持一致，使系统开发人员能够更清楚地了解系统需求，定义系统边界，为软件实施计划提供基础，为估算开发系统所需时间和成本提供基础，定义系统用户的需要和目标。

一、软件需求

软件需求来源于用户的一些"需要"，这些"需要"被分析、确认后形成完整的文档，该文档详细地说明了产品"必须或应当"做什么。需求是客户可接受的、系统必须满足的条件或具备的能力。在软件开发中，需求主要分为功能需求和非功能需求两大类。功能需求描述了软件要执行的功能，例如，某段正文的格式化或某个信号的模块化，有时它们叫作能力，可以通过详细说明所期望的输入和输出条件来描述系统行为。非功能需求是对约束起作用的那些事物，有时叫约束或质量需求，它们还可以进一步分类，如性能需求、维护性需求、安全需求、可靠性需求、易用性需求等，这些与软件的质量属性密切相关。一般来说，功能性需求是需求定义的重点，而不同类型的系统对非功能需求要求也不尽相同。

需求开发的目的是通过调研与分析，获取用户需求并定义最终软件系统需求，需求开发过程有三类主要活动：

（1）需求调研。需求调研的目的是通过各种途径获取用户的需求信息（原始材料），完成用户需求的梳理和定义。

（2）需求分析。需求分析的目的是对各种需求信息进行分析，消除错误，刻画细节等，可以采用结构化或面向对象的方法开展需求分析。

（3）需求定义。需求定义的目的是根据需求调研和需求分析的结果，进一步定义准确无误的产品需求，从而定义完整的软件需求规格说明书。

二、需求调研

原始需求来自于与软件相关的各类角色，要准确地获取它们是一个费时、困难而且充满失败的过程。需求调研就是通过与客户、最终用户频繁沟通，最终明确用户需求。可以采用不同的方法开展调研。

需求调研准备工作围绕三项工作展开：①调研什么？②通过什么方式去调研？③"何人"在"何时"调研？首先，需求工程师应当起草需求调研问题表，将调研重点锁定在该问题表内，否则调研工作将变得漫无边际。问题表可以有多份，随着调研的深入，问题表将不断地被细化。根据经验，用户通常没有耐心回答复杂的论述题，所以问题表应当以选择题和是非题为主。其次，需求分析员应当确定需求调研的方式，例如：与用户交谈，向用户提问题；参观用户的工作流程，观察用户的操作；向用户群体发调研问卷；与同行、专家交谈，听取他们的意见；分析已经存在的同类软件产品，提取需求；从行业标准、规则中提取需求；从互联网上搜查相关资料；等等。最后，需求分析员与被调研者建立联系，确定调研的时间、地点、人员等，撰写需求调研计划。要特别留意的是不要漏掉典型的用户。

三、需求分析

需求分析是指在需求开发过程中，对所获取的需求信息进行分析，及时排除错误和弥补不足，确保需求文档正确地反映用户的真实意图。需求分析是需求开发过程中最费脑子的工作，建议采用各种软件工程方法对需求进行分析和建模，常用的方法有结构化需求分析和面向对象的需求分析。

（一）结构化需求分析

结构化分析方法是 20 世纪七八十年代由多种不同的方法综合发展而来的。目前普遍认可的结构化分析主要由几部分组成：

（1）"数据字典"是中心，它包含了软件中所有对数据对象的描述。

（2）"实体—关系图"用图形符号标识了数据对象以及它们之间的关系。

（3）"数据流图"指明了数据在系统中移动时如何被变换。

（4）"状态—变迁图"表示了系统存在的各种状态以及它们之间的变迁方式。

（二）面向对象分析

面向对象的方法是随着面向对象编程技术成熟而发展起来的，现有的面向对象的方法主要采用统一建模语言（UML）来表示，最新的 UML2.5 提供了 14 种不同的图形化语言来可视化软件系统的需求和设计等各个阶段的交付物。在需求分析阶段，主要可以采用例图来建模需求总体结构，活动图分析业务流程，类图、顺序图等进一步分析对象间的协作关系。

四、需求规格说明

通过需求调研和分析之后，最终目的是根据需求调查和需求分析的结果，定义系统需求规格说明书，详细记录各类需求决策，不同的企业有各自的需求规格说明书的模板，里面记录各种需求调研和分析决策。

好的需求规格说明书有如下属性：正确、清楚、无二义性、一致、必要、完备、可实现、可验证。需求规格说明书应当正确地反映用户的真实意图，"正确"是需求最重要的属性。如果"不正确"仅仅是由于错别字造成的,那么多检查几遍文档就能解决问题。真正的困难是开发者甚至用户自己都不明白用户究竟"想要什么"和"不要什么"。为确保需求是正确的,开发方和用户必须对需求规格说明书进行评审和确认。

第三节 软件设计

考核知识点及能力要求:

- 了解软件设计基本过程;
- 理解体系结构设计;
- 了解详细设计。

软件设计的目标是构造解决方案,设计过程是把对软件的需求描述转换为软件表示,这种表示能在编码开始以前对其质量做出评价。软件设计的关键是对软件体系结构、数据结构、过程细节以及接口性质这4种程序属性的确定。设计是构思一个软件结构以满足规格说明定义的功能和非功能要求。对于一般小型或成熟模型的软件,即可直接进入模块/对象的(详细)设计,甚至经过简单的用户界面设计可直接转入编码工作(利用工具生成最后使用的界面)。但对一般软件而言,设计要经过顶层设计和详细设计两个阶段。

一、顶层设计

顶层设计又叫体系结构设计、传统软件工程中的概要设计。它以模块/对象相互之间的关系形成的体系结构作为系统解决方案，把需求分析阶段的功能、非功能需求纳入每个模块/对象之中；明确模块/对象及其子需求，即补充内部需求，如数据通信、数据共享、事件响应等；用图形、自然语言或体系结构描述语言 ADL 完成设计方案；形成包括产品的整体软硬件体系结构、控制结构、数据结构及其他必要成分（如用户手册草稿和测试计划等）的完整的高层设计说明书。

二、详细设计

详细设计要选定数据结构和算法设计，完成模块或对象设计。设计不是用某种编程语言写源代码，而是用伪代码或流程图表现该模块/对象预期的功能、性能、容错、异常处理，以及在何种输入下给出何种输出或响应。在设计文档（一般是伪代码加自然语言、图形说明）中要特别突出接口（模块界面、对象的方法、特殊算法等），形成包括每一程序组件的控制结构、数据结构、界面关系、关键算法、假设等的完整的详细设计说明书。

第四节 软 件 构 造

考核知识点及能力要求：
- 了解软件构造的基本概念。

构造也称为软件编码，就是用某种编程语言编写源程序或以界面工具构造出应用界面。设计构造了可以执行的解题逻辑，编码构造了机器代码。编码阶段的目标是形成完整并经验证的程序组件集。如果设计做得足够细致，编码可以机械地完成。

编码和测试工作历来都密不可分。通常情况下，模块的编码和单元测试交替进行，也就是所说的"一边编码、一边测试"。这有助于程序员形成"步步为营"的风格，从而避免"一大块编完了才发现错误，再找源头"所花费的大量时间。一般说来，模块编码完成，模块的单元测试基本上就应该完成了，提交的程序基本上就应该是正确的。

软件一旦构造出来应及时纳入配置管理，将构造出的新模块/对象和重用的模块/对象组成一个版本，以作为后续变更或重新测试的基准。

第五节 软 件 测 试

考核知识点及能力要求：
- 了解软件测试的基本概念和要求；
- 理解软件测试各个阶段的基本要求。

测试是对内部实现逻辑测试，以发现错误；对外部进行功能测试，以确保所有输入都生成与需求一致的实际输出。测试是动态验证软件的过程。测试工作依据测试对象的不同，可分为单元测试、集成测试、系统测试和验收测试4种。无论哪种测试工作都包括制订测试计划、编写测试用例、准备测试环境、执行测试用例和测试结果分析等环节。不同层次测试的目标、执行时机有所不同，具体如下：

（1）单元测试的主要执行者是开发人员或测试人员。他们根据详细设计的工作成果设计各模块的单元测试用例，在编码工作中通过分别运行单元测试用例验证各模块实现逻辑的正确性。通常情况下，单元测试计划在详细设计工作中后期完成，各模块单元测试用例的设计与执行则在详细设计的后期或编码前完成。

（2）集成测试的主要执行者是软件测试人员。他们根据系统设计成果首先制定集成测试计划、设计集成测试用例、构造集成测试环境；然后将已通过单元测试的模块，按照一定的顺序逐步集成，测试其接口的正确性，直至形成一个完整的软件系统。

（3）系统测试的主要执行者是系统测试人员，其主要目的是验证完整的软件系统在预定的硬件环境下的执行情况，这时的硬件环境可以是真实的，也可以是构造的测试环境。系统测试计划根据需求分析和系统设计工作的成果编写，测试用例的设计可在需求分析之后启动，在进行系统测试之前完成。通过系统测试的软件将被打包成全功能的可运行的软硬件系统并部署到用户现场，准备进行验收测试。

（4）验收测试的执行者是客户，客户根据系统需求和开发合同，从实际的生产数据中抽取典型的数据作为测试数据，全面验证软件系统合同的满足情况。但限于客户/用户的实际水平，通常由开发方帮助用户方编写测试用例，协助完成整个测试过程。系统测试用例与验收测试用例的差别很小。验收测试还伴随用户培训等活动的展开。

测试人员往往被称为质量保障人员（QA）。互联网项目的测试往往有其特有的流程，图4-4演示了站在质量保障人员的视角下，一轮移动端App开发上线迭代周期的基本流程。

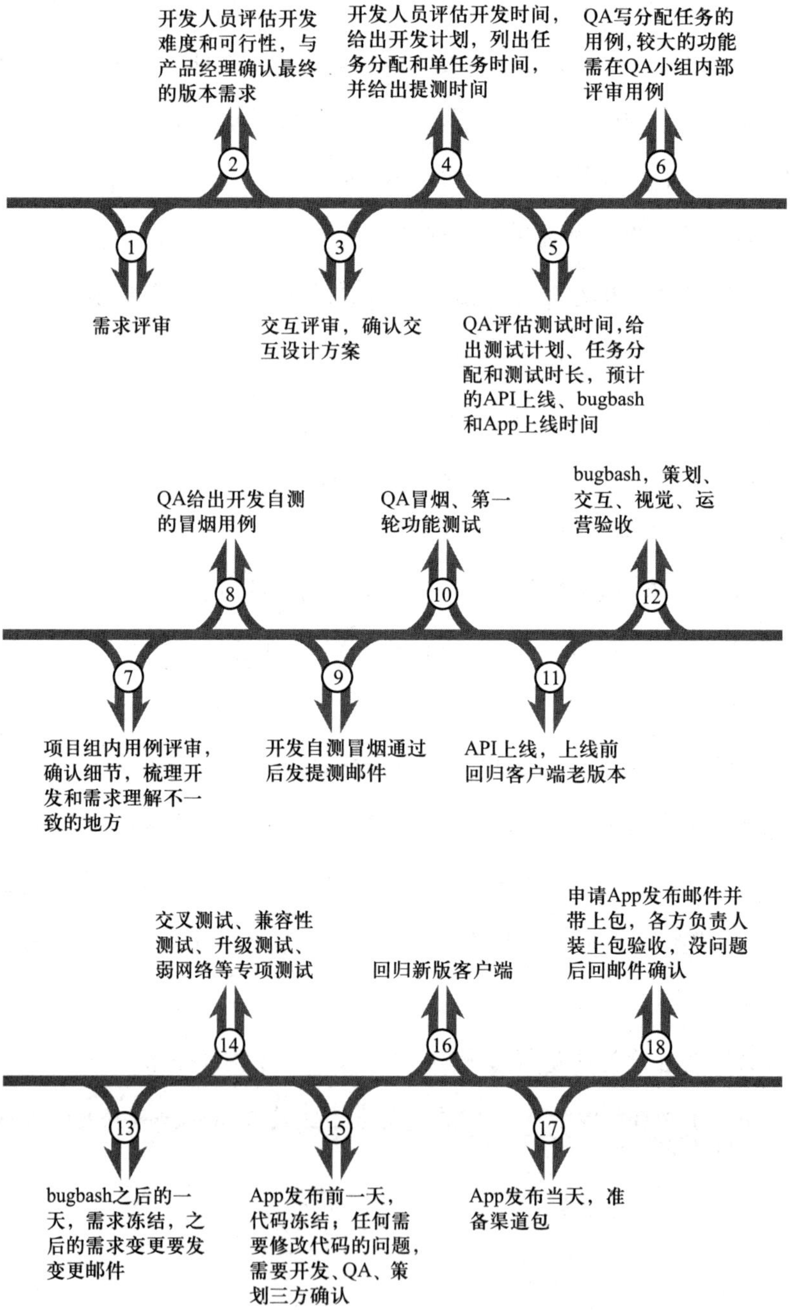

图 4-4 QA 视角的一轮移动端 App 开发上线迭代周期的基本流程

第六节　软件运行与维护

考核知识点及能力要求:

- 了解软件运行和维护的基本过程;
- 理解软件维护与开发过程的不同。

软件开发完成后就可以在用户环境下部署运行,运行过程中主要的工作是对软件开发运行和使用过程进行技术支持和维护。软件维护是指在保留现有运行软件主要功能不变的同时对其进行修改的过程。该定义包括以下几种类型的软件维护方面的活动:

(1)重新设计和开发已有软件产品的某一较小部分(新代码所占比例少于50%)。

(2)设计并开发较小的接口软件包,它需要对现有软件产品进行重新设计(少于20%)。

(3)修改软件产品的代码、文档或数据库结果。

运行与维护过程相伴而行,直至软件系统被废弃。软件产品的维护费用通常占软件产品生存周期费用的40%~70%,其原因如下:尽管最初的软件开发时间和工作量投入较大,但其运行期的维护时间更长;通常情况下软件单元的维护成本比原始的开发成本要高,因为维护人员比开发人员的数量要少得多,要求他们对软件的每个模块都了如指掌是不可能做到的;最后,很多大规模的增强开发是在软件产品的长期维护中进行的。

第七节　软件项目管理

考核知识点及能力要求：
- 理解软件项目管理的基本要求；
- 了解项目启动过程；
- 了解项目规划的基本任务；
- 了解项目实施的基本要求；
- 了解项目收尾的基本概念。

前文第二到六节简要介绍了软件项目研发的各个阶段，这些阶段的组织依据过程不同而不同，然而，这些都是技术维度的内容。从工程的角度来说，如何确保这些阶段在指定的时间内、一定成本范围内有效地实施，需要依赖于项目管理知识。软件项目管理就是为了使软件项目能够按照预定的成本、进度、质量顺利完成，而对成本、人员、进度、质量、风险等进行分析和管理的活动。它与传统的项目管理有相通之处，但又有所不同，软件项目管理远远没有其他工程领域那么规范，因软件开发过程缺乏成熟的理论和统一的标准，所以软件项目管理具有相当的特殊性和复杂性，并且对软件开发具有决定性的意义。

构造一个软件系统时，软件项目管理是对该软件生存期的所有活动（除交付后的维护活动之外）的全面管理。它将人力、资金、技术组织到最优过程中以求按时、按质交付产品，项目管理包括的主要活动如图 4-5 所示。软件项目的生存周期包括项目启动、项目规划、项目实施和项目收尾 4 个阶段。

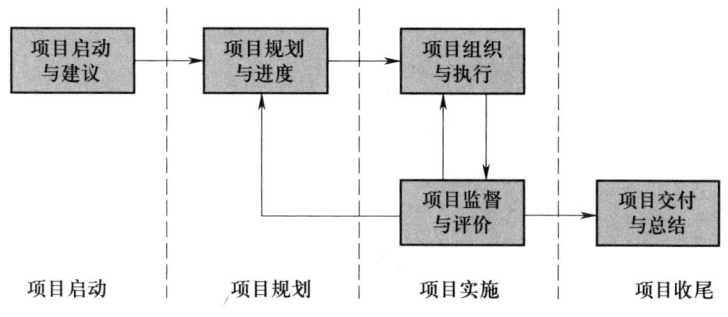

图 4-5 软件项目管理的基本活动

一、项目启动

项目启动时要确定项目的目标和范围。在项目开始阶段,项目管理者负责定义项目的业务需求,确定项目的目标和实现方法,大致估算项目的成本和进度,编写完成项目建议书。

软件工程项目从需求分析开始,通过分析决定项目的性质是概念开发、原型开发、新产品开发,还是改进型(业务过程重组)开发;确定软件工作范围(功能及影响),勾画产品目标;估计费用和交付期,把它们写入立项建议书中。投标、中标、签订合同后才能正式开发。这个项目获取全过程也要花费人力、时间(大型项目要半年)、资金,并做计划按期完成。项目获取有时也算作项目的前期工作,由投标方预垫经费。有时另立小项目,由第三方做出立项建议书,投标方中标后开始开发。此时,项目获取在项目管理之列。

项目一开始,组织管理活动就已经开始了。选拔项目经理和程序经理参与立项。由项目经理组织调研,建立客户通信关系,邀请客户参与研发活动。

二、项目规划

项目规划是建立项目的基准计划。在项目规划阶段,项目管理者要明确项目的各种活动、里程碑和可交付的成果,制订软件开发计划。

项目开发前首先要选定作为标准输入的过程模型,然后定义项目的开发过程。过程模型是制订项目计划的基础。过去由于默认都采用瀑布模型,所以没有此项内容。为了制订计划,首先要估计项目的复杂性(大小、功能点多少),从而导出工作量和预算成本;初步按此过程模型或已定义的过程安排本项目的主要活动(框架活动)及质量保证活动(主要的评审对象),直至交付前后的培训,确立重要的里程碑;组建开发小组,明确组间关系;进行风险分析和评估,按风险分析报告调整过程活动;组建软件质量保证小组,制订质量保证计划;将质量保证活动插入项目计划。项目计划是围绕过程模型不断细化、反复求精的过程。

项目计划随着各项活动开展不断丰富,它只表述该做哪些事(任务),什么时候必须完成才能使整个项目按期完成。其中,根据人力情况有些是可以并行做的,有些是实施中发现比预想计划工作量大(或小),甚至出现了瓶颈。这些都要靠项目调度和追踪来妥善处理。项目追踪是项目计划实施的指南和保证,是项目管理的中心活动。

三、项目实施

项目实施是按照计划执行和监控项目。项目管理者根据项目任务的要求选择合适的开发人员,组建项目团队和协调项目资源,按照计划执行和推进整个项目。在项目执行过程中,项目管理者必须密切关注项目的进展情况,综合评价整个项目的实际进展,及时发现和报告实际情况与计划的偏差,在必要的情况下采取纠正行动,同时控制和管理项目的变更。

在软件开发过程中,经常有不得不变更原计划的事情发生。管理者应面对这些变更,调整计划,相应的调度和开发产物也要变更。对于后者,文档管理和软件的配置管理要能保证变更后的新版本能准确、正确地存取和使用。

四、项目收尾

项目收尾是交付产品以及总结经验和教训。项目团队进行正式的项目交付工作;客户对所交付的软件产品进行验收;项目团队培训用户并移交文档;项目负责人组织项目复盘,分析和总结项目的经验教训。

思考题

1. 列举三种软件开发模型，并简要说明各模型的特点。

2. 在需求获取的过程中，需要解决哪些问题？需求捕获技术有哪些？请列举五种。

3. 软件设计分为哪两个阶段？简要说明每个阶段的主要工作。

4. 根据测试的对象和阶段不同，可以把软件测试分为几种类型？简要说明各阶段需要完成的工作。

5. 软件维护在软件生命周期中占用的时间和费用都是最多的，请说明原因。软件维护应该包含哪几种类型？

6. 软件项目管理分为哪几个阶段？每个阶段的主要活动有哪些？

第五章
计算平台知识

计算平台是计算机系统硬件与软件设计和开发的基础,主要目标是提供封装好的算法以降低编程门槛,最大化计算资源利用效率,以及对计算过程进行管理。计算平台可以让用户只需要关注如何快速地将数据与算法转化为智能应用落地,无须关注服务器搭建、生产环境配置等细节,是构建人工智能算法的有效工具。本章将介绍计算平台的发展历史、具体应用以及计算平台的开发效率和性能优化。

- **职业功能:** 计算平台基础知识、人工智能基础知识。
- **工作内容:** 计算平台涉及文本分类、图片分类、目标检测等算法场景训练,以及如何基于已有模型做二次训练。
- **专业能力要求:** 了解计算平台的作用、架构和基本能力。了解计算平台的应用和优化思路。
- **相关知识要求:** 了解计算平台的基本组成和相关概念,了解计算平台的算法封装、资源分配、训练过程的基础知识。

第一节 计算平台概述

考核知识点及能力要求:

- 了解计算平台的发展历史;
- 熟悉计算平台的基本组成和相关概念,包括芯片、操作系统、云计算、大数据、人工智能等基础知识;
- 掌握大数据框架计算原理。

计算平台具有一定的标准性和公开性,同时也决定了该计算机系统的硬件与软件的性能。硬件的基础是硬件处理器,软件的基础是操作系统。总体来说,计算平台经历了以下阶段:PC+互联网阶段、移动互联网阶段、人工智能阶段。

计算平台从早期的 X86+Windows 和 Linux,发展到以 ARM 为主的移动计算平台 Android+IOS,再到现在的人工智能,目前涌现了很多人工智能加速硬件平台和软件平台,如 TPU、Tensorflow、PyTorch 等。

近年来随着以深度学习为代表的人工智能技术逐渐成熟并在大量业务场景落地,谷歌等企业发布了以 TPU 为代表的专用加速硬件,以海量数据计算为代表的人工智能时代到来。

一、计算平台的芯片

计算机行业从 20 世纪 60 年代早期开始使用 CPU(中央处理器)这个术语。迄今为止，CPU 从形态、设计到实现都已发生了巨大的变化，但是其基本工作原理却一直没有大的改变。

一般而言 CPU 由控制器和运算器部件组成，如图 5-1 所示，ALU 模块（逻辑运算单元）负责实现数据计算，其余模块保证指令能够有序执行，该结构非常适合传统的编程计算模式，从业人士可以通过提升 CPU 主频（提升单位时间内执行指令的条数）来提升计算速度。

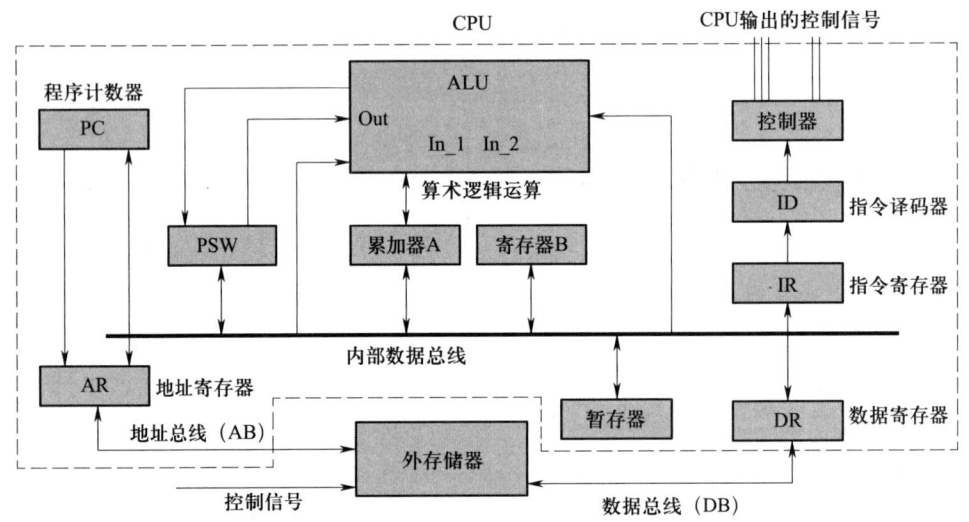

图 5-1　CPU 内部结构图

目前人工智能开发环境对海量数据运算的计算需求要求更高，反而不需要太多的程序指令，因此传统的 CPU 结构就有些力不从心，尤其受功耗限制，无法通过无限制地提升 CPU 和内存的工作频率来加快指令执行速度，故专属人工智能芯片应运而生。

（一）人工智能芯片的发展

加州理工学院著名物理学家米德（Carver Mead）在 1980 年开始研究神经拟态系统（neuromorphic electronic systems），该系统利用模拟电路模仿生物神经系统结构，在概念上这是最早的人工智能芯片。以此为基础，经过多年发展产生了多种类的人工智能芯片，主要包括图形处理器（graphics processing unit，GPU）、现场可编程门阵列（field-programmable gatearray，FPGA）、数字信号处理（digital signal processing，DSP）、专用集成电路（application specific integrated circuits，ASIC）、类脑芯片等。

图形处理器（GPU）又称显示核心、视觉处理器、显示芯片，是一种由大量运算单元组成的大规模并行计算架构。GPU 使计算减少了对 CPU 的依赖，并进行部分原本 CPU 承担的工作，在人工智能应用中，GPU 可替代 CPU 进行海量数据并行运算，且为浮点矢量运算配备了大量计算资源，是加速可并行应用程序的重要手段。目前 GPU 已经发展到较为成熟的阶段，国内外各大厂商都在使用 GPU 分析图片、视频和音频文件，以改进、加速相关人工智能模型的应用落地。

现场可编程门阵列（FPGA）是专用集成电路领域（ASIC）中一种半定制电路，作为当今数字系统设计的主要硬件平台，其特色在于完全由用户通过软件进行配置和编程，且相关内容可以反复擦写，因此修改和升级时无需改变印制电路板（printed circuit board，PCB），仅在计算机上修改和更新程序即可。该特色使得原有的硬件设计工作转变为软件开发工作，解决了定制电路灵活性的不足，缩短了系统设计周期，大大降低了成本。

数字信号处理（DSP）由大规模集成电路芯片组成，其内部采用程序和数据分开的哈佛结构，具有专门的硬件乘法器，广泛采用流水线操作，提供特殊的 DSP 指令，可以用来快速实现各种数字信号处理算法，例如人工智能应用中的语音信号和图像信号，由于其体积小、低功耗，非常适合用于终端设备。

专用集成电路（ASIC）是为专用目的生产的定制化集成电路（芯片），大规模量产的 ASIC 与通用集成电路相比具有性能强、体积小、功耗低、成本低、可靠性高、保密性强等优点，随着深度学习算力需求的不断提高，越来越多的公司将目光转向专用 ASIC 芯片，例如用于加速深层神经网络运算能力的张量处理器（tensor processing unit，TPU）就是谷歌公司自行研发的一款 ASIC，其性能强悍，比同时期的 GPU 或 CPU 平均提速 15～30 倍，能效比提升 30～80 倍。

类脑芯片模拟人脑进行设计，将微电子技术和新型神经形态器件结合，相较于传统冯·诺依曼架构的芯片，如图形处理器、现场可编程门阵列、专用集成电路而言，其功耗和学习能力具有更大优势，无需进行存储与计算的空间分离，实现了存储与计算的深度融合，大幅提升了计算性能，提高了集成度、降低了能耗。清华大学类脑计算研究中心早在 2014 年就开始进行相关探索，并于 2019 年、2020 年和 2021 年连续在《自然》(Nature)发表了三篇论文。

(二)人工智能芯片市场现状

芯片产业是信息产业的核心与基石。当前,我国芯片高度依赖进口,非常不利于国家安全与行业发展,因此,近年来国家高度关注人工智能芯片产业的发展。2021年,《中华人民共和国国民经济和社会发展第十四个五年规划和2035年远景目标纲要》指出,"十四五"期间,我国新一代人工智能产业将聚焦高端芯片等关键领域。

随着芯片产业相关支持政策的发布,大大小小的资本涌入人工智能芯片市场,2021年中国人工智能芯片相关领域融资事件共计92起,总金额约300亿人民币。借此机会,国内的芯片公司纷纷推出人工智能芯片产品,例如寒武纪第三代云端AI芯片思元370、地平线整车智能计算平台征程Journey 5、阿里平头哥含光800等。虽然这些产品的性能水平与英伟达(Nvidia)和英特尔(Intel)等行业巨头还有一些差距,但是随着时间的推移,国产芯片必然会迎头赶上,甚至超越。例如,移动端华为麒麟芯片,其性能已经相当接近甚至在某些指标上超越同时代对标的高通骁龙芯片,即便是对比苹果A系列芯片,华为麒麟芯片的性能也相距不远。

虽然说中国在芯片领域起步比较晚,但是其行业规模却愈发庞大,在全球范围内不可忽视。据相关资料显示,2020年全球AI芯片市场规模达175亿美元,同比增长59.1%,其中中国的市场规模接近190亿元人民币,同比增长54.2%,而2021年我国人工智能芯片市场规模达到427亿元人民币,并且随着我国AI芯片应用场景不断丰富,市场规模将持续扩张,预计到2025年行业市场规模将达1 780亿元人民币。

(三)人工智能芯片未来趋势

2022年9月1至3日,2022年世界人工智能大会(WAIC2022)在上海召开,会上国内大算力人工智能和GPU芯片设计初创公司成为重要亮点。从中可以发现,人工智能芯片主要有两个发展方向:一是通用人工智能芯片,二是边缘人工智能芯片。

通用人工智能芯片,顾名思义,其目的是解决更多的人工智能应用问题,有利于开发者设计更宽泛的技术解决方案,甚至实现淡化人工干预的自学习,逐步脱离人工干预,真正地将通用与智能结合,助力强人工智能落地。目前人工智能芯片主要面向特定领域研发,只能解决某几个应用问题或某几类应用问题,距离通用还有些遥远,以至于很多公司都在芯片通用性方面进行了相关探索。实际上，根据现有芯片的问题，通用人工智能芯片的发展要求比较明晰，在满足可编程性、高计算效率、高能效比的同时，还需要动态可变的软件架构、高效的架构重构能力或自学习能力以及应用开发简便，这样可以在进一步降低人工智能应用研发门槛的同时加快人工智能应用的推广，形成正向发展的闭环网络。

边缘人工智能芯片的部署更靠近感知侧，而非中央机房，故而被命名为边缘设备。目前人工智能驱动的边缘计算设备在生活中无处不在，例如手机、平板电脑、无人机、智能穿戴设备、摄像头、工业物联网传感器等，该类设备对实时响应有较高的要求，需要芯片完成大量工作，减少对云端设备的依赖，更高效地利用有限的网络资源和带宽，降低计算成本。此外，边缘人工智能设备能够提升安全性、保护隐私，例如用户敏感数据仅保存在边缘设备，设备的权限由用户完全独立设置，以此避免敏感数据流出，降低风险。

二、操作系统

操作系统是一组主管并控制计算机操作、运用和运行硬件、软件资源和提供公共服务来组织用户交互的相互关联的系统软件程序。根据运行的环境，操作系统可以分为个人桌面操作系统、手机操作系统、服务器操作系统、嵌入式操作系统等。

（一）个人桌面操作系统

个人桌面操作系统目前主要包括微软 Windows 操作系统、苹果 Mac 操作系统以及带有可视化界面的 Linux 开源操作系统。其中，微软 Windows 操作系统得益于完整的软硬件生态环境，市场占有量最大，远远超过另外两类桌面操作系统；苹果 Mac 操作系统有着优秀的屏幕色彩管理和类似于 Linux 的操作逻辑，课受图片、视频编辑从业者和软件研发从业者喜爱；带有可视化界面的 Linux 开源操作系统市场占有量最小，其用户一般是软件研发的相关从业者或爱好者，或者作为双系统中的备用系统供学习、工作使用。

（二）手机操作系统

手机操作系统应用最广泛的系统有二：一是苹果公司研发的 IOS 系统；二是谷

歌公司和开放手机联盟领导研发的安卓（Android）系统。IOS 系统属于类 Unix 的商业操作系统，操作界面独特，有一大批忠实的用户，其主要特点是安全封闭的完整体系。作为闭源系统，苹果公司控制了 IOS 系统的底层代码逻辑至上层应用，并且对 IOS 源码进行多种模式的加密，再加上只能使用苹果公司公布的 API 接口进行 IOS 上层应用开发，多重保证系统安全。安卓系统是基于 Linux 内核（不包含 GNU 组件）的自由及开放源代码的操作系统，其主要优势在于开放性、兼容性及谷歌丰富的应用服务。作为开源系统，其支持开发者进行系统级的个性定制与软件研发，让第三方应用开发商不会受到各种条条框框的阻挠；强大的兼容性、丰富的生态环境、全面的谷歌服务让安卓系统可以在各式各样的设备上运行，如手机、平板电脑、收银机、广告牌等。

（三）服务器操作系统

服务器操作系统一般是 Linux 开源操作系统和 Windows Server 操作系统，前者在服务器中的使用频率远远高于后者。作为类 Unix 系统，Linux 开源操作系统遵循开源协议，有着强大的开源社区和大量的从业者自发进行更新维护，其系统性能稳定，核心防火墙组件性能高效、配置简单，有效保证了系统的安全。Windows Server 操作系统与桌面 Windows 操作系统类似，与桌面版相比，其对硬件的支持更强大且不需要图形用户界面（GUI），更符合企业和专业用户的需求。

（四）嵌入式操作系统

嵌入式操作系统主要分为嵌入式实时操作系统 μC/OS-Ⅱ、嵌入式 Linux、Windows Embedded、VxWorks、安卓、IOS 等，前面已经介绍过安卓、IOS 操作系统，其余嵌入式操作系统主要安装在工业设备与终端设备上，嵌入式系统具有专业性强、体积小、实时性好、可靠性高、功耗低等特点，适合在各种复杂环境中执行特定的任务。

三、大数据技术

大数据（big data）是指所涉及的资料量规模巨大到无法利用单台机器的主流软件工具进行处理的数据。IBM 公司提出大数据具有 5V 特点：volume（大量）、velocity（高速)、variety(多样)、value(低价值密度)、veracity(真实性)。针对大数据的特点，各大公司研发了适用于大数据的技术，包括用于存储数据的分布式文件系统、分布式数据库、大规模并行处理(MPP)数据库，用于数据处理的并行计算模型，以及结合存储与数据处理的云计算平台。

整体而言，大数据技术(架构)立足于分布式架构，试图解决多台机器间数据的分开存储、计算任务的分工、计算负荷的分配、不同机器间的数据迁移、机器或网络发生故障的维护等问题。按照实际业务处理时间的要求可将其分为三类：一是批处理框架，用于复杂的批量数据处理，通常的时间跨度在几分钟到数小时之间；二是流处理框架，用于实时数据流的处理，通常的时间跨度在数百毫秒到数秒之间；三是混合处理框架，既需要处理复杂的批量数据，又需要处理实时数据流。

(一) 批处理框架

批处理框架的处理过程是将完整任务分解成多个较小的任务，然后将较小的任务下发至分布式集群的多台计算机上进行分布式计算，最后将多个计算结果组合成最终结果。批处理框架主要操作大容量静态数据集，该类型数据集一般满足以下特征：大量，批处理操作通常是处理极为海量数据集的唯一方法；有界，虽然数据量巨大，但是有限；持久，待处理数据保存在某种持久存储器中。

目前最常用的批处理框架是 Hadoop。

Hadoop 最初包含两部分内容：一是分布式文件系统 HDFS，为海量数据提供存储功能，可以协调 Hadoop 集群节点之间数据的存储和复制。它确保了当某些节点发生故障后数据依然可用，无论数据是源数据、中间处理结果还是最终计算结果。二是批处理引擎 MapReduce，负责 Hadoop 的批处理操作，其核心在于数据分配的 Map 函数与同类数据合并处理的 Reduce 函数。

HDFS 与 MapReduce 是 Hadoop 框架最核心的设计。随着版本的发展，MapReduce 中资源管理和任务调度功能被剥离形成另一个资源管理器(yet another resource negotiator，YARN)，YARN 充当 Hadoop 集群资源的接口，使其他框架也能像 MapReduce 一样运行在 Hadoop 上。

一般而言，Hadoop 集群的批处理操作流程如下：

（1）读取 HDFS 文件系统中的数据集。

（2）拆分数据集并将拆分出的小块数据分配给 Hadoop 集群中所有可用节点。

（3）被分配数据的节点进行小块数据的计算，计算的中间结果会写入 HDFS。

（4）根据 Map 函数对中间结果按照键值分组。

（5）根据键值汇总合并各节点的计算结果，进行 Reduce 函数操作。

（6）将计算的最终结果写入 HDFS。

在开源社区的支持下，Hadoop 生态不断发展完善，形成了以 Hadoop 框架为主，包含非关系数据库 HBase、数据仓库 Hive、数据处理工具 Sqoop、机器学习算法库 Mahout、一致性服务软件 Zookeeper、管理工具 Ambari 的完整生态圈与分布式计算标准。

（二）流处理框架

流计算框架主要处理源源不断且实时到来的数据，是面向动态数据的细粒度处理模式，有着快速、高效、低延迟等特性。流计算框架一般采用有向无环图模型，该模型包含数据源、用于业务逻辑计算的数据处理算子、数据输出三部分内容，其中数据处理算子是流处理框架中最基本的功能单元，负责完成某种处理操作，如过滤、累加、合并等。

流计算框架的典型应用是 Storm。

Storm 侧重于极低延迟，主要包含：①数据源 Spouts，用于读取元组（tuple）数据，经过一定的处理后发送给 Bolt；②数据流处理组件 Bolt，负责处理 Spouts 提交的数据流，数据处理后选择性地输出一个或多个数据流；③拓扑 Topology，由多个 Spouts 与 Bolt 组合而成，是负责实时计算的图状结构。

Storm 集群的工作流程如下：

（1）客户端（用户）设计拓扑 Topology 后将其提交至 Storm 架构的 Master 节点 Nimbus。

（2）Nimbus 处理拓扑 Topology 并收集要执行的所有任务和任务将被执行的顺序。

（3）Nimbus 利用 Zookeeper 将任务均匀分配给所有可用的 Storm 架构的从节点 Supervisors。

（4）Supervisors 接收任务后启动 Worker 进程。

（5）Worker 进程读取 Zookeeper 中分发的任务，随后开始计算。

（三）混合处理框架

混合处理框架集成了批处理框架和流处理框架的优点，可以解决批处理和流处理同时存在的场景。混合处理框架提供了数据处理的通用解决方案，可以满足数据处理、数据分析、机器学习、交互式查询等多种应用场景。

混合处理框架的典型代表是 Spark。

Spark 改进有向无环图模型，提出基于内存的分布式存储抽象模型可恢复分布式数据集（resilient distributed datasets，RDD），在数据处理过程中将中间数据根据需要驻留在内存，以此减少磁盘 IO 开销。与 Hadoop 相比，Spark 大幅度地减少了计算耗时。

Spark 基于 RDD 模型，直接对数据进行编程，在实际应用过程中将数据集合抽象为 RDD 对象，随后对 RDD 进行计算处理并返回新的 RDD 对象，直至数据处理完成。相较于 MapReduce 框架中仅有的 Map 和 Reduce 操作，Spark 含有丰富的数据集操作 API，例如计算 Map 方法、过滤 Filter 方法、合并数据集 Union 方法等，可以让开发者更方便快捷地完成相关数据处理操作。

Spark 同时提供了大量的库工具，包含：①Spark Core，作为 Spark 的基本功能库用于定义 RDD 的 API 操作等处理行为，实现了基于内存的离线批处理操作，与 RDD 模型共同组成其他工具库的开发基础；②Spark SQL，提供一整套处理结构化数据的解决方案，基于 Spark Core 形成 DataSet 与 DataFrame 的数据抽象化概念并提供了二者执行 SQL 的能力，可用于交互式查询；③Spark Streaming，利用 Spark Core 的快速调度能力截取小批量数据模拟流处理，实现了实时流式计算；④Spark MLlib，是 Spark 的分布式机器学习框架，内置常用机器学习方法 API；⑤Spark GraphX，是 Spark 的分布式图计算框架，有着灵活、速度快、发展迅速的特点。

Spark 集群的工作流程如下：

（1）构建 Spark 的运行环境，初始化 SparkContext 作为程序运行的总入口，同时生成作业调度 DAGScheduler 和任务调度 TaskScheduler 模块。

（2）SparkContext 向资源管理器注册并申请运行各个 Worker 节点负责执行任务的 Executor。

（3）SparkContext 根据 RDD 代码构建有向无环图。

（4）DAGScheduler 将有向无环图分解为 Stage（TaskSet），TaskSet 是调度管理 Task 的基本单位。

（5）DAGScheduler 按照 Stage 的先后顺序依次将其发送至 TaskScheduler。

（6）TaskScheduler 接收到 DAGScheduler 的 Stage 任务后创建 TaskSetManager 用于管理 Stage（TaskSet）。

（7）TaskSetManager 按照规则取出 Task 交给 TaskScheduler，TaskScheduler 将 Task 发送至 Executor 运行。

（8）Executor 执行 Task 任务，运行完毕后释放所有资源。

四、云计算技术

云计算（cloud computing）是分布式计算的一种，指的是通过网络"云"将大数据计算处理程序分解成无数个小程序，然后利用多部服务器组成的系统进行处理和分析这些小程序得到结果并返回给用户。云计算可以让普通用户获得巨大的计算机运算能力，理论上可以模拟各式各样的应用环境，例如股票市场规律、气候环境变化。用户可以自由选择接入云计算数据中心的设备，例如个人电脑、手机、摄像头等，并按照实际的需求进行相关计算。

（一）云计算服务形式

云计算可以认为包括以下几个层次的服务：基础设施即服务（infrastructure as a service，IaaS）、平台即服务（platform as a service，PaaS）和软件即服务（software as a service，SaaS）。

基础设施即服务：消费者通过互联网可以获得完善的计算机基础设施。例如：云主机租用。

平台即服务：PaaS 实际上是指将软件研发的平台作为一种服务，以 SaaS 的模式提交给用户。因此，PaaS 也是 SaaS 模式的一种应用。但是，PaaS 的出现可以加快 SaaS

的发展，尤其是加快 SaaS 应用的开发速度。例如：大数据开发平台服务。

软件即服务：它是一种通过互联网提供软件的模式，用户无需购买软件，而是向提供商租用基于 Web 的软件来管理企业经营活动。例如：企业邮箱。

（二）云计算平台

云计算平台也称为云平台，是指基于硬件资源和软件资源的服务，提供计算、网络和存储能力。云计算平台可以划分为三类：以数据存储为主的存储型云平台，以数据处理为主的计算型云平台以及计算和数据存储处理兼顾的综合云计算平台。目前市面上的商业云平台大多数都是综合云计算平台，例如国外的谷歌云、亚马逊云、微软云，国内的阿里云、华为云、腾讯云等。除了商业云计算平台，还有几款开源云计算平台，例如 Abiquo 公司开源产品 AbiCloud、AbiNtense、AbiData，Enomalism 云计算平台，Eucalyptus 项目等。

第二节　人工智能计算平台

考核知识点及能力要求：

- 了解现有人工智能计算平台的发展历程；
- 熟悉人工智能计算平台的概念。

一、人工智能计算框架

人工智能计算框架也称人工智能计算工具，作为人工智能业务的开发工具，一般使用 Python 编程语言，按照对 GPU 的依赖性可以将其分为机器学习框架与深度学习框架。机器学习框架以 Sklearn 为代表,深度学习框架以 TensorFlow、PaddlePaddle 与 PyTorch 为代表。下面将主要介绍几款常用的人工智能计算框架。

1. Sklearn

Sklearn 全称 Scikit-learn,它涵盖了分类、回归、聚类、降维、模型选择、数据预处理六大模块,在一定程度上降低了机器学习实践门槛,将复杂的数学计算集成为简单的函数,并提供了众多公开数据集和学习案例。在实际开发过程中,一般将 Sklearn 与 Numpy、Pandas、Matplotlib 等工具配套使用。

2. TensorFlow、Keras

TensorFlow 是目前人工智能应用领域最常用的框架,主要由谷歌公司研发,是一个使用数据流图进行数值计算的开源软件。该框架允许在任何 CPU 或 GPU 上进行计算,无论是台式机、服务器还是移动设备都支持。该框架使用 C++ 和 Python 作为编程语言,简单易学。

Keras 是开源人工神经网络库,用 Python 编写,自 2017 年起,Keras 得到了 TensorFlow 团队的支持,其大部分组件被整合至 TensorFlow 的 Python API 中。在 2018 年 TensorFlow 2.0.0 公开后,Keras 被正式确立为 Tensorflow 高阶 API,即 tf.keras。

3. PyTorch

PyTorch 是一个开源的 Python 机器学习库,主要由 Meta(Facebook)公司基于 Torch 开发,其底层和 Torch 框架一样,但是使用 Python 重新写了很多内容,不仅更加灵活,支持动态图,而且提供了 Python 接口。它由 Torch7 团队开发,是一个以 Python 优先的深度学习框架,不仅能够实现强大的 GPU 加速,同时还支持动态神经网络。

4. 飞桨(PaddlePaddle)

飞桨以百度多年的深度学习技术研究和业务应用为基础,集深度学习核心训练和推理框架、基础模型库、端到端开发套件、丰富的工具组件于一体,是我国首个自主研发、功能丰富、开源开放的产业级深度学习框架(平台)。该框架主要使用 Python 作为编程语言,目前已经被许多国内企业广泛使用,并拥有活跃的开发者社区生态。

二、人工智能计算平台

人工智能计算中心是通过人工智能芯片构建人工智能计算机集群，中心是涵盖基建基础设施（机房基建）、硬件基础设施和软件基础设施的完整系统，主要应用于人工智能深度学习模型开发、模型训练和模型推理等场景，提供从底层芯片算力释放到顶层应用的人工智能全栈能力。随着社会对人工智能应用需求的不断提高，单一的人工智能计算中心必然会走向平台化与云化，以发挥最大价值，由此产生的人工智能计算（云）平台将重点放在上层人工智能应用能力与人工智能研发能力，主要提供业务到产品、数据到模型、端到端以及线上化的人工智能应用解决方案，其核心理念就是提高企业开发效率，降低企业人工智能应用的门槛。

人工智能是一项高要求的工作，支持机器学习、环境解释、数据管理和信息存储所需的处理和存储能力通常远远超出单个机器的能力。具有统一机器学习和人工智能能力的云平台将高性能计算、快速访问存储和可扩展云系统结合，方便驾驭人工智能的三驾马车：算力、算法、数据。简而言之，人工智能计算平台解决的主要是算力问题，这类项目已被国家列为新基建的一种，指的是提供人工智能应用所需算力服务、数据服务和算法服务的公共算力基础设施。一般小微企业或个人无力承担构建人工智能计算平台的硬件费用，此时算力云化的重要性就凸显出来，通过租用的形式购买算力或算法服务，不仅有利于降低企业人工智能应用成本，也有助于快速推动人工智能应用发展普及。基于这一想法，人工智能服务平台 AI PaaS 应运而生。

与一般大数据计算平台的不同之处在于，人工智能计算平台更关注人工智能实际业务应用，向开发者提供一体化人工智能开发工具，向企业人员提供一站式人工智能应用解决方案。其价值体现在四方面：助力企业快速搭建模型，实现降本增效；降低企业人工智能应用门槛；提供覆盖模型全生命周期的管理方式；提高企业人工智能应用能力。

与一般云计算平台相比较而言，AI PaaS 是在数据中心构建人工智能的 PaaS 平台，提供底层基础设施以及人工智能算法运行框架（平台），如 TensorFlow、PyTorch

等，同时也包含其他辅助部件。AI PaaS 的出现，使得用户只需要关注如何快速地将数据与算法转化为智能应用落地，无须关注如何部署，如何搭建服务器等细节。

AI PaaS 的主要目标是对各式各样的数据进行分析，如数值化表格等格式化数据，视频、音频等非格式化数据，一般通过统计、机器学习、深度学习等方法，对收集的大量数据进行计算、分析、汇总和整理，以求最大化地开发数据价值，发挥数据作用。在实际使用过程中，AI PaaS 需要实现容器化部署（例如 Docker 环境），可视化开发（例如 Jupyter 开发环境、TensorBoard 可视化环境），集中化管理（例如数据统一管理分发）。通过集成各种功能，AI PaaS 期望为用户提供极致高性能的人工智能计算资源，实现高效的计算力支撑，精准的资源管理和调度，敏捷的数据整合，加速、流程化的人工智能场景及业务整合，有效打通开发环境、计算资源与数据资源，提升开发效率。图 5-2 展示了某款 AI PaaS 平台的架构图。

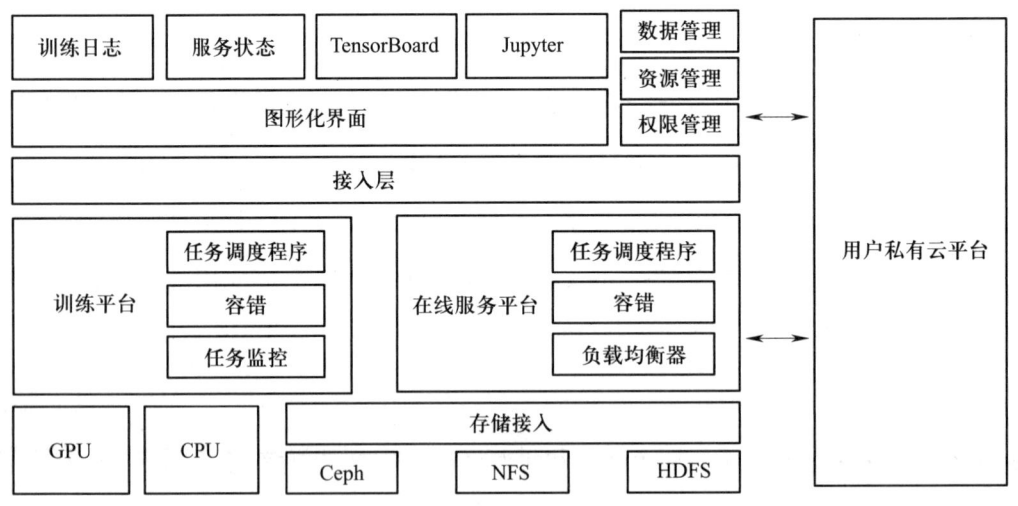

图 5-2 某款 AI PaaS 平台的架构图

三、国产人工智能计算平台

国内人工智能计算平台发展迅速，产生了各式各样的产品，有深耕于某一领域的专业型平台，如立足语音人工智能应用的依图语音开放平台、立足图像人工智能应用的美图 AI 开放平台等；有全面发展，包罗万象的全能型平台，可提供图像、语音、文本、视频等各场景人工智能服务，如阿里云 AI 平台、百度 AI 开放平台、讯飞开放平台等。无论是专业型平台还是全能型平台，在提供通用人工智能服务的同时也支持个性化方案，即针对企业实际的业务场景进行定制化研发、一键式部署，大大降低了所需企业的研发成本，对非专业人员更加友好。

上述人工智能计算平台中大多数仅提供 SaaS 服务，即软件服务，仅有少数平台开放了硬件支持。例如，阿里云 AI 平台的天池实验室、百度 AI 开放平台的 Baidu AI Studio，二者同样支持 Jupyter 开发环境，为开发者提供了功能强大的线上训练环境、免费 GPU 算力及存储资源。此外，为了保证学习者和初始从业者能够快速上手、资深从业者能够快速部署，二者还提供了内容翔实、种类丰富的人工智能应用样例，从数据到代码、模型应有尽有，已经逐渐成为人工智能学习与实训社区。

国外人工智能计算平台产品也有很多，但功能应用与国内产品类似，甚至因为网络、语言等原因其应用场景逊色于国内产品，故不再赘述。

第三节　人工智能计算平台建设

考核知识点及能力要求：

● 了解人工智能计算平台的建设过程，包含计算资源分配、算法训练过程、算法封装的相关概念；

● 熟悉人工智能计算平台基础指标，包含 GPU 性能、吞吐量、集群规模；

● 掌握人工智能计算平台的性能指标。

一、计算资源分配

人工智能计算平台底层一般使用容器技术。它可以将操作系统资源划分到独立的开发环境，有效减少硬件资源的闲置，最大化地利用全部计算资源。

（一）容器技术

Docker 是开源的应用容器引擎，实现了应用程序级别的隔离，可以让开发者将程序代码封装至可移植的镜像，方便后续部署到主流的操作系统，例如 Linux 或 Windows，解决了跨平台的环境配置问题。

Docker 最关键的两个概念是容器与镜像。类似于面向对象编程中的对象与类，容器由镜像通过"docker run"指令产生，开发者可直接在容器中配置所需的开发环境并进行程序研发，对开发者而言，在容器中的研发过程与物理机 Linux 系统中的研发过程几乎没有区别，因此利用 Docker 容器进行开发可以很快上手。镜像有两种产生方式：一是利用"docker commit"指令将容器打包封装成镜像，封装后无法直接对镜像内部进行操作；二是通过 Dockerfile，开发者可以将构建镜像所需的指令和说明组织成文本文件，利用"docker build"指令构建镜像。镜像的优点在于可以将其保存为本地 tar 格式文件，开发者仅需利用镜像文件与 Docker 环境即可实现跨平台一键式部署，极大地减少研发成本。

Docker 的另一大特色是 Docker 仓库。Docker 仓库用于存放镜像，开发者可以将打包好的镜像上传至 Docker 仓库，后续需要时直接通过"docker pull"指令将镜像下载到本地，方便系统的部署与运维。Docker 仓库分为公共仓库和个人仓库，默认情况下 Docker 使用的是公共仓库 Docker Hub。公共仓库由 Docker 公司维护，其中包含大量基础开发环境的镜像，开发者注册账号后即可下载公共仓库中的镜像，并且可以将本地镜像上传至公共仓库的个人账号下，还可以通过付费将镜像变为仅私人可见。Docker 提供注册服务器（register）供用户创建多个个人仓库，用户可通过部署相关服务的方式在本地局域网搭建个人仓库，十分适合企业内部使用。

容器技术与分布式技术的快速发展使得越来越多的公司将 Docker 用于产品研发、产品部署、分布式集群建设等业务场景，随着 Docker 容器或 Docker 容器集群的管理成本逐步增加，产生了容器集群管理系统 Kubernetes。

Kubernetes（简称 K8s）是基于容器技术的分布式架构解决方案，由谷歌开源，是一站式、完备的分布式系统开发和支撑平台，对现有的编程语言、编程框架、中间件没有任何侵入性。Kubernetes 提供了完善的管理工具，可管理开发、部署、测试、运维监控等多个环节，拥有完备的集群管理能力。

通常将 Kubernetes 看作 Docker 的上层架构，例如在 Kubernetes 中创建多个 Docker 容器，每个容器运行一个应用实例，利用 Kubernetes 内置的负载均衡策略实现全部应用实例的管理、发现、访问，无需运维人员进行复杂的手工配置和处理。简而言之，Kubernetes 是以 Docker 为基础打造的云计算时代的分布式系统架构。

（二）资源分配

Docker 和 Kubernetes 与人工智能计算平台的需求十分契合，因此目前人工智能计算平台一般都采用容器技术分配资源，例如"曙光人工智能云计算平台解决方案"。

一般而言，人工智能计算平台的业务流程如下：

（1）用户在网页端注册平台账号并登录。

（2）用户申请计算资源，包括 CPU 核心数量、内存容量、硬盘容量、GPU 型号与数量，还可根据需求添加计算框架类型与版本号、数据集、通用模型等信息供用户选择。

（3）根据用户需求利用对应镜像生成容器，并挂载相应资源。

（4）自启动容器环境，容器内应包含人工智能开发环境与所需数据集。

（5）维护容器资源。

由于 Docker 环境仅实现了操作系统和应用程序级别的隔离，因此硬件资源的隔离需要其他手段，例如生成容器时的"docker run"指令可以指定挂载的 GPU 编号、内存与 CPU 的隔离可以使用 Linux 的 Namespace 和 Cgroups 技术。对于企业内部的人工智能计算平台而言甚至可以不隔离硬件资源，通过 Kubernetes 与操作系统统筹全部计算资源、实时动态分配，最大化资源的利用率。

二、人工智能算法生命周期管理

目前，人工智能算法的生命周期一般分为：

（1）数据准备与读取，包括数据的采集、整理。

（2）数据预处理，包括数据清洗、数据划分。

（3）模型构建，根据数据的特点进行建模，例如处理结构化数据与处理图像数据的模型完全不同。

（4）模型训练，使用步骤 2 处理后划分的训练集。

（5）模型验证，使用步骤 2 处理后划分的验证集。

（6）模型封装，将模型与开发环境封装为 Docker 镜像。

（7）模型部署，Docker 镜像的快速部署。

人工智能计算平台需要为人工智能算法生命周期提供全过程管理，在实际使用过程中，人工智能计算平台应做到：

（1）提供领域内常用数据集，如图像领域经典数据集 MNIST；提供爬虫工具，如 Selenium。

（2）提供常用数据预处理方法、常用正则表达式等。

（3）提供常用基础模型与其结构代码，供用户进行模型调整与微调操作。

（4）提供训练可视化工具或监控工具，如 TensorBoard，有助于用户记录损失函数曲线等信息；提供模型超参数管理工具，甚至自动搜索超参数空间，方便多模型训练。

（5）提供常用模型验证方法，如计算 F1 值、混淆矩阵、MAP 值等，通常人工智能计算框架会自带相关方法。

（6）提供一键式模型封装方法，一般打包成 Docker 镜像，可关联 Docker Hub 账号，实现自动上传等功能。

（7）提供模型版本管理功能，自动将模型信息如模型超参数、损失函数值、模型验证结果作为模型标签。

值得注意的是，人工智能计算平台可以根据使用者的爱好提供"页面拖拉拽"方式与脚本部署方式进行相关操作。另外，模型效果较为依赖模型的超参数，例如学习率、迭代轮数等，其直接影响模型的精度及模型收敛时间，而超参数的配置往往由开发者的经验决定，初学者大多只使用默认超参数，甚至不会调整超参数以提高模型效果。为了降低开发者的专业要求，人工智能计算平台可提供超参数学习资料和调整策略，预置部分调优后的常用模型，简化模型开发和全流程管理。

三、性能指标

人工智能计算平台的性能指标可分为硬件性能指标与软件性能指标。

（一）硬件性能指标

人工智能计算平台的硬件性能指标由 CPU 性能、GPU 性能、网络传输速度、内存与硬盘容量等决定。

CPU 性能受主频、外频、CPU 核心数量等指标影响，相较于家用电脑或个人 PC，人工智能计算平台对 CPU 核心数量的要求更高，反而不看重频率，因为 CPU 核心数量直接影响到可管理的进程数与容器数量，而 CPU 频率与计算速度是正相关，现有 CPU 产品的频率已经满足人工智能计算平台的需求。目前人工智能计算平台的 CPU 一般使用英特尔（Intel）与超威（Amd）公司的产品，其中英特尔产品的市场占有率较高。

人工智能计算平台的 GPU 与 CPU 不同，大多使用英伟达（Nvidia）公司的产品，因为其 CUDA 运算库的相关资源十分丰富，已经形成完整的人工智能产业生态。英伟达 GPU 性能受计算能力、显存大小、显存位宽等指标影响：计算能力与 GPU 的 CUDA 核心数量正相关，一般用于 32 位浮点与 16 位浮点计算；显存大小决定可训练的模型大小和模型训练的批量大小；显存位宽的位数越大则瞬间所能传输的数据量越大，影响与 CPU、内存的交互速度。作为人工智能计算平台的主要计算硬件，GPU 性能决定了模型的训练效率与应用效率，是人工智能计算平台的关键指标。

网络传输速度影响人工智能计算平台内数据的传递效率和资源管理效率，一般需要满足高带宽、低延迟，以保证数据文件的快速上传下发与平台内资源调度的低耗时。另外，用户使用网络远程访问人工智能计算平台，可以直观感受到网络传输速度带来的影响，更快的网络传输速度会让用户拥有更好的体验。

内存与硬盘容量等指标相较于其他指标而言,对人工智能计算平台的影响较小,根据平台用户预估数量满足按需分配即可。

(二)软件性能指标

人工智能计算平台的软件性能指标由计算框架性能、算法性能等决定。

对深度学习而言,常用的计算框架性能是 TensorFlow、PyTorch、PaddlePaddle。三者在实际使用过程中区别不大,都提供了多机多卡的分布式训练方法以提高模型训练效率;在部署方面,由于 PyTorch 仅有动态图方式部署,相较于静态图部署需要每次都重新构建新的计算图,因此其模型推理效率略低于支持静态图部署的 TensorFlow 和 PaddlePaddle。此外,为了加速模型推理效率,提高模型部署效率,各大公司先后推出了 TensorRT 工具用于加速模型推理,ONNX 工具用于模型统一部署。TensorFlow、PyTorch、PaddlePaddle 均可以将模型转为 ONNX 格式,在部署时选择使用 TensorRT 加速 ONNX 模型推理,十分方便、快捷。

算法性能主要通过模型精度(正确率)和推理速度(单条数据处理耗时)衡量,其中模型精度根据模型种类可以使用 F1 值、混淆矩阵、MAP 值等统计量计算。通常在模型验证过程中会评估模型性能,确保其符合实际应用要求,因为同一模型在不同场景的性能要求不同。例如,商场进出时的人脸检测场景要求人脸识别速度要快,在精度上要求较低;但在银行取钱的使用场景中,人脸识别的精度要高,在推理速度上要求较低。一般而言,模型精度与推理速度负相关,即模型精度越高,模型推理速度越慢,反之亦然。如何根据实际业务场景平衡好模型精度与推理速度是开发者要考虑的重要问题,这往往依赖于开发者的经验。

思考题

1. 请列举 AI 芯片的主要类型及其应用。
2. 云计算平台分为哪几类?各自有什么功能?
3. 人工智能计算平台的产生原因是什么?它解决了哪些问题?
4. 人工智能训练过程有哪些共性问题需要解决?
5. 如何控制人工智能模型的训练过程?

第六章
机器学习基本算法

机器学习是一个以使计算机可以向算法传递大量的信息数据为目的,并且让计算方法实现自主调节与优化的"训练"算法的方法,它并非直接使用其他任何一种带有专门的训练计算信息能力的编码程式或者程序例程来完成某一个指定类型的学习任务。它在海量数据中找到若干"模式",并且在没有太多人为介入的前提下,用这种模式来估计结果。

- **职业功能:** 机器学习是实现人工智能的方法。
- **工作内容:** 机器学习中的主流方法介绍,包括监督学习算法、无监督学习算法、半监督学习算法和强化学习算法。
- **专业能力要求:** 能够掌握机器学习领域主流研究方法,理解机器学习主流方法的思想,了解机器学习主流算法的基本原理和结构。
- **相关知识要求:** 机器学习发展历史;监督学习的回归与分类任务,决策树、神经网络、朴素贝叶斯、支持向量机、集成学习和概率图模型算法;无监督学习的 K 均值聚类算法和数据降维方法;半监督学习部分的自训练方法,生成模型,半监督支持向量机,图论方法以及多视角算法;强化学习中的马尔可夫决策过程,Q-Learning、Policy-Gradient 和 PPO 方法。

第一节 机器学习概论

考核知识点及能力要求:

- 了解机器学习发展历史;
- 熟悉监督学习的基本概念;
- 熟悉无监督学习的基本概念;
- 熟悉半监督学习的基本概念;
- 熟悉强化学习的基本概念。

一、机器学习发展历史

20世纪50年代,IBM科学家首次提出基于神经心理学和神经感知学的人工智能的思想,并开发了一款全新的跳棋程序,该程序可以根据当前位置学习隐含模型并为后续操作提供指导,迈出了"机器学习"的重要一步。那时初露头角的人工智能令各行各业兴奋不已,人们纷纷认为找到了一条万能的道路,随后全球各地涌现出大量的人工智能实验室,开启了人工智能第一次浪潮。然而,人们过于乐观的态度以及当时人工智能技术不可避免的局限性使得大众逐渐对这一领域失去了热情。1973年《莱特希尔报告》推出后,人工智能被普遍认为是没有出路的。经过10年的沉寂,到了80年代,以专家系统为代表的机器学习开始兴起,人工智能进入了第二个发展阶段。在这个发展阶段,人们认识到困扰人工智能的核心问题不是硬件的问题,而是软件以及算法层面的瓶颈。但在人们遭遇算法瓶颈时,硬件也出现了危机:机器学习经历了

1987年基于通用计算的Lisp机器在商业上的失败之后，逐渐进入了低迷期。到了90年代后期，计算机不断提升的计算能力促使人工智能再次卷土重来，并进入了深度学习蓬勃发展、熠熠生辉的全新时代。

二、监督学习概述

监督学习作为机器学习的主要任务之一，其目标是通过有标记的训练数据来推测下一项操作。在监督学习中，所有实例都是由一组输入数据（一般为矢量）和一组预期的输出值（也就是监督信息）构成。而监督学习方法将通过分析该输入数据，然后继续训练，最后达到某种推理的能力，这样才能推理出新的实例。一个最佳的方案将允许该算法来正确地决定那些看不见的实例的类标签。这就要求学习算法以一种"合理"的方式从训练数据到隐形情况形成。

监督学习模型主要可以分为判别模型和生成模型两种，经典的判别模型包括决策树、感知机和多层感知机、支持向量机和逻辑回归等，经典的生成模型包括隐马尔可夫模型、朴素贝叶斯和受限玻尔兹曼机等。本书将在本章第二节详细介绍部分经典的监督学习方法。

监督学习的经典方法多种多样，但主要用于解决两种任务，即分类任务与回归任务。不同任务、不同条件下需要选择不同的监督学习方法处理，任务具体选用哪一种方法主要由待处理数据的连续性、维度、数据量的大小、模型准确率与效率的权衡、模型的可解释性需求以及计算资源的限制等方面决定。模型输出结果的连续性是区分分类任务与回归任务的根本要素，输出数据离散则为分类任务，输出数据连续则为回归任务。

三、无监督学习概述

相较于有监督学习训练时使用的具有标注信息的数据，使用没有标注信息的数据训练的方法即为无监督学习方法。无监督学习的方法主要包括聚类方法和数据降维两种，我们将在本章第三节中详细介绍这两种方法。

在实际的研究中，无监督方法相较于有监督方法通常表现逊色，主要是由于没有明确有效的监督信息帮助模型进行学习。尽管如此，无监督学习的研究并非没有价值。在实际的生产环境中，具有完备丰富的标注信息的数据是可遇而不可求的，对于绝大多数大数据行业，数据的标注作业需要耗费大量金钱和人力，却未必能产生实际的经济效益，因此很少可以得到标注信息完备且丰富的数据集，所以无监督学习尽管实际表现欠佳，但依旧可以找到合适的应用场景。

四、半监督学习概述

从前文得知，所有训练数据中带有了标注信息的属于监督学习，都不带有标注信息的则属于无监督学习，而所有训练数据中既包括标注信息的样本又包含无标注信息的样本的则属于半监督学习。实际上，半监督学习包含了有标注信息数据的样本集和无标注信息数据的样本集。通过在有标注数据中加入无标注数据的方法能够增强监督学习的分类和回归表现，通过在无标注数据中加入有标注数据的方法能够增强无监督学习的聚类效果。常规的半监督学习一般属于上述的第一种情况，从无标注数据的分布中获取隐含的有价值信息。

半监督学习的意义在于结合实际情况来在有限的花费代价下取得最优的模型表现。由于大量的标注数据十分昂贵，而单纯的无监督学习表现又不尽如人意，因此仅通过对小部分数据的标注和大量的无标注数据来提高标注数据不足情况下监督学习的不佳表现，是十分具有应用价值和前景的研究。

生成模型、自训练方法、图论方法以及半监督支持向量机等方法都是半监督学习的常用方法。上述半监督方法将在本章第四节中进行详细介绍。

五、强化学习概述

不同于监督学习和无监督学习两个研究领域，强化学习作为新兴的研究领域，是通过让智能体不断地对所处环境进行探索和开发并根据反馈的回报进行的一种经验学习。其中智能体是要学习的对象，环境则是对智能体的一种外在约束，智能体可以在这个环境内进行探索和开发，从而得到环境对智能体最直接的反馈回报。

强化学习包括几个基本的要素：智能体、环境、策略、状态转移、回报、价值函数、状态价值和模型。其中智能体是学习的对象，环境是学习中客观存在的约束，策略是智能体在当前状态下做出的动作，状态转移是做出动作后使智能体进入目标状态，回报是智能体状态转移后环境给予的奖励,价值函数是从某一状态开始所有可能策略及转移状态所获得的累计回报,状态价值是衡量从某一个状态执行某个动作后获得的累计价值期望,模型则是对环境反应模式的模拟。由上述要素可知,强化学习本质上是希望智能体通过尝试执行相应的决策来学习某个状态下的经验,其目标是最大化累计价值。

强化学习领域也具有十分丰富的研究,例如马尔可夫决策过程、Q-Learning、Policy-Gradient 以及 PPO 等。上述强化学习方法将在本章第五节进行详细介绍。

第二节 监督学习

考核知识点及能力要求:

- 熟悉监督学习的回归与分类任务;
- 熟悉决策树相关知识;
- 熟悉神经网络相关知识;
- 熟悉朴素贝叶斯相关知识;
- 熟悉支持向量机相关知识;
- 了解集成学习相关知识;
- 了解概率图模型相关知识。

监督学习是包括分类和回归分析在内,具有目标变量或预测目标的机器学习方法。在分类中,对象变量是样本所属的类别。例如在样本数据中,不仅包括动物的体型、毛色等各样本的特性,还包括猫、狗等样本所属的类别,样本所属的类别为目标变数。分类是按照样本的特征对样本进行分类评判的方法,而回归是利用数据统计原理,研究目标和预测器之间关联的一种预测性建模方法。在回归分析中,若要预测车辆价格,则每一辆汽车都是一个样本,样本数据中也包含每一个样本的特征,如汽车性能、外观样式等。车价才是目标变量,通过拟合出车价的直线预测车价,价格越近越好,这个过程就是回归。

分类和回归的区别在于:分类的目标变量是离散型的,如对电影进行分类时,只会将其分类为离散的动作片、爱情片、喜剧片、恐怖片等类别;而回归的目标变量是连续数值型的,如预测动物年龄时预测值可以为任意连续的正数。下面将分别介绍几种用于分类和回归任务的经典监督学习算法。

一、决策树

决策树是某个由一定数量节点所构成的树形结构,对其属性上的判定结果由每个内在节点表示,而判定结果的输出部分则由各个分支表示,最后的分类结果则由各个叶子节点表示。

决策树是一种很常见的监督学习技术。通过提供一定量的标注数据可以建立一个决策树,所有数据都有一个属性和一种分类类别,通过学习已有标注的数据来对新的数据进行准确分类。决策树的建立过程大致分为两个阶段:节点的分裂和阈值的确定。这两个阶段一般通过学习训练集中的已有分类结果的数据来完成。节点的分裂是指,当某个节点所表示的特征不能进行判断后,会把这个节点分为两个子节点(如果不是二叉树的话则可分为 n 个子节点);阈值确定是指,选取合适的阈值使分类错误率最小化,通常利用增熵的基本原理来确定父节点和需要分离的子节点。

决策树模型的应用范围十分广泛,例如,可以利用决策树算法设计一种用于互联网店面个性化推荐的营销规则提取技术;也可以利用决策树算法作为数据挖掘的监督分类方法,发现与高血压相关的因素。

二、神经网络

人工神经网络,是能够模仿人脑的一些基本功能和基本认知模式的复杂网络,它由数量众多的功能比较简单的神经元相互联系而构成。虽然人工神经网络目前还不可以完全仿真人类模型,不过它仍然能够通过学习的方法获得外部的信息并存储到网络中,以便处理声音信息、识别和理解图像、管理数据,以及智能管理等一些实质上非计算的而且是普通计算机无法解决的问题。神经网络涉及的详细结构、原理以及优化算法,以及相关应用等将在第七章详细说明讲解。

三、朴素贝叶斯

朴素贝叶斯模型发源于古典数学理论,是贝叶斯定理在机器学习中最为普遍的运用,并应用在分类任务中。对于待分类样本 $x=\{x_1, x_2, \cdots, x_m\}$ 和类别集合 $C=\{y_1, y_2, \cdots, y_n\}$,朴素贝叶斯模型直接计算该样本属于每个类别的后验概率 $\{P(y_1|x), P(y_2|x), \cdots, P(y_n|x)\}$,而对样本分类类别统计以得到后验概率最大的类别。利用贝叶斯定理运算得到的后验概率公式如下:

$$P(y_i|x) = \frac{P(x|y_i) P(y_i)}{P(x)} \tag{6-1}$$

其中 $P(x)$ 为一个常数,其含义为样本 x 所代表的特征形式的概率,这个概率通常是一个常数。贝叶斯模型的目标即为找出上式中分子最大对应的类别 i。其中 x 作为多个维度特征组成的特征向量,$P(x|y_i)$ 可以用如下公式计算:

$$P(x|y_i) = \prod_{j=1}^{m} P(x_j|y_i) \tag{6-2}$$

统计各个类别 y 下的各 x 分量出现的概率,以及类别 y 本身出现的概率,是朴素贝叶斯模型的任务所在,并通过完成上述任务实现分类新样本 x 的目标。朴素贝叶斯方法具有估计参数较小、有效性极高、优化流程简便、对缺失数据不敏感等优势。因为关于不同特征属性 x 彼此独立性的关系这一朴素假定在实际应用中通常不成立,所以,尽管朴素贝叶斯分类模型在理论上和其他分类方法一样存在着很小的误差率,但在实际分类效果并没有达到十分完美的情况。

朴素贝叶斯在不同研究领域中具有十分重要的应用价值。例如,可以利用朴素贝叶斯分类器对已安装光伏系统的日总发电量进行预测;利用研究朴素贝叶斯分类器评估放疗后癌症复发或进展的个体风险的准确性、特异性和敏感性。

四、支持向量机

支持向量机（Support Vector Machine，SVM）是在特征空间中的间距最大化的线性分类机，是一个十分典型的二分类空间判别模型。它具有独特的优化功能，即判别超平面空间与特征之间的间距最大化。它可以通过核技巧，成为非线性分类器。通过把优化问题转换为对偶问题，SVM 的学习方法等价于求解凸二次规划的最优化方法。

SVM 的优化目标是令所有样本到超平面的距离都大于某个距离，并使该距离最大化，简而言之就是使样本到超平面的间隔最大。样本 x 到超平面的距离可表示为：

$$d = \frac{\omega x + b}{\|\omega\|} \quad (6-3)$$

这个距离的正负号分别表示点在超平面的两侧，因此若考虑样本标签的正负属性与超平面两个侧面关系对应的话，非负距离可表示为：

$$\gamma = yd = \frac{y(\omega x + b)}{\|\omega\|} \quad (6-4)$$

则 SVM 的优化目标为：

$$\begin{aligned}
&\max_{\omega,b} \gamma \ s.t. \ \frac{y(\omega x + b)}{\|\omega\|} \geqslant \gamma \\
\Rightarrow &\max_{\omega,b} \frac{\hat{\gamma}}{\|\omega\|} s.t. \ y(\omega x + b) \geqslant \hat{\gamma} \\
\Rightarrow &\min_{\omega,b} \|\omega\| s.t. \ y(\omega x + b) \geqslant 1 \\
\Rightarrow &\min_{\gamma,\omega,b} \frac{1}{2}\|\omega\|^2 s.t. \ y(\omega x + b) \geqslant 1
\end{aligned} \quad (6-5)$$

线性可分支持向量机学习的优化问题，即如上式所示。然而上式的最优化问题往往难以解决，所以必须首先将原问题转换为对偶问题，用拉格朗日对偶性计算对偶问题，进而求得原问题的最佳解。先将原问题转换为对偶问题是因为对偶问题通常更容易解答，并可自由使用核函数，从而能够把线形性的可分支持向量机应用到非线性分析问题。

对上述拉格朗日函数的定义如下所示：

$$L(\omega, b, \lambda) = \frac{1}{2}\|\omega\|^2 - \sum_{i=1}^{n} \lambda_i y_i (\omega_i x + b) + \sum_{i=1}^{n} \lambda_i \quad (6-6)$$

对原始问题分别求 L 关于 ω 和 b 的偏导数并令其为 0，将得到的等式一起带入上述拉格朗日函数，即得到了转化后的对偶问题：

$$\max_{\lambda} \left[\sum_{i=1}^{n} \lambda_i - \frac{1}{2} \sum_{i=1}^{n} \sum_{j=1}^{n} \lambda_i \lambda_j y_i y_j (x_i \cdot x_j) \right] s.t. \sum_{i=1}^{n} \lambda_i y_i = 0, \lambda_i \geq 0 \quad (6-7)$$

上式即为硬间隔数据的 SVM 算法公式，硬间隔数据即为实现线性可分的数据。然而现实中大多数情况下 SVM 要解决的是软间隔问题，即数据样本是近似线性可分的问题。在此，引入一个松弛变量 ξ_i，该变量满足 $\xi_i \geq 0$，且 $1-y(\omega x+b)-\xi \leq 0$。最终转化后的对偶问题为：

$$\max_{\lambda} \left[\sum_{i=1}^{n} \lambda_i - \frac{1}{2} \sum_{i=1}^{n} \sum_{j=1}^{n} \lambda_i \lambda_j y_i y_j (x_i \cdot x_j) \right] s.t. \sum_{i=1}^{n} \lambda_i y_i = 0, \lambda_i \geq 0, C - \lambda_i - \mu_i = 0$$

（6-8）

其中，C 为一大于 0 的常数，λ_i 和 μ_i 均为拉格朗日乘子。由此 SVM 的算法求解问题就变成了一个凸二次规划问题。

支持向量机同样在许多研究领域中具有十分重要的应用价值。例如，支持向量机学习及其在癌症基因组应用的未来前景；采用支持向量机方法固有的三层机制来降低皮肤癌检测决策支持系统的泛化错误率和提高计算效率等。

五、集成学习

集成学习即为通过合并几个弱监督模型而获得一种更全面更精准的强监督模型，其核心思想在于其他的弱分类器都能够将某一种弱分类器所得出的错误分析结果加以修正，保证整体预测的准确性。不管对什么规模的数据集，集成学习都有非常好的处理策略：针对大型的数据集，集成学习会先将它分割为几个小型数据集，然后训练多个模型并进行合并；针对较小规模的数据集，集成学习通常会使用 Bootstrap 方式随机抽样获取多个数据集，然后分别训练多个模型再加以组合。

集成学习的常用方法包括 Bagging、Boosting 以及 Stacking 等。

Bagging 方法是 Bootstrap AGGregatING 的缩写。Bagging 方法的基本思路是，利用 Bootstrap（基于自助抽样法）技术手段，对整体数据集利用抽样检验技术进行再放回式抽取，从中抽取得到的 N 个子数据集，然后再在各个数据集中分别训练出一个模型，而最后的预测结果就是根据上述 N 种模型输出结果加以综合得出的。对于分类问题而言，Bagging 使用了 N 种模型预测投票的方式；而对于回归问题而言，Bagging 使用了 N 种模型预测平均的方式。

Boosting 方法则是另一种常用的集成学习算法，它也有助于减少监督学习过程中产生的误差。Boosting 方法的主要思路是通过学习多种弱分类器，并将其整合为一种强分类器。AdaBoost 是 Boosting 方法中的最具特色的算法，其训练过程为：在刚进行训练时对每一次训练例赋一定的权重，而后利用该算法对训练集训练 t 轮，每一次训练后，对训练中失败的训练例赋以最大的权重，也就是为了让算法在一次训练后更重视学错的样本，并由此得到多个预测函数。

Stacking 算法的主要思想是通过训练一个模型来组合其他各个模型。Stacking 方法首先训练多个不同的模型，再将之前训练的各个模型的输出作为输入来训练一个新模型，从而得到一个最终的输出。理论上，只要采用合适的模型组合策略，Stacking 便可以表示上面提到的两种方法，但在实际中 Stacking 通常使用 logistic 回归作为组合策略。

Bagging、Boosting 等集成学习在很多领域得以应用。例如，使用交替决策树（ADTree）以及基于 GIS 的新的集成技术来绘制滑坡易感性；基于梯度法和 Adaboost 分类的汽车后视实时检测系统，能够用于自适应巡航控制系统的应用。

六、概率图模型

概率图模型是对一种模型的统称，这一种模型都是用图的方法表达一个基于概率相关联系的模式。概率图模型是把概率论和图论的基本知识相结合，进而通过它来描述与模型相关的变量的联合概率分布问题。近年来，概率图模型已经成为不确定性推理的研究重点，在机器学习、人工智能、计算机视觉等方面都有着广泛的应用前景。

基本的概率图模型大致可以划分为贝叶斯网络（Bayesian network）和马尔可夫随机场（Markov random field）两种类型，这两种类别网络的重要差别是用来表现变量之间关系的图的类型是不同的：贝叶斯网络使用有向无环图来表现因果，马尔可夫随机场则使用无向图（undirected graph）来表现变量内部的作用。这两种模型在构造与推断上存在的一些细微差别，就是这些构造上的差异造成的。一般而言，由于贝叶斯网络的每一节点都会映射到某个先验概率分布或条件概率分布，所以网络中所有节点映射的条件分布的乘积形成了该贝叶斯网络整体的条件联合分布。而因为变量间缺乏明显的关系，马尔可夫场的联合概率分布，一般被描述成一种势函数（potential function）的乘积。一般情形下，由于这个乘积的数值并不等于1，所以，必须对其归一化才能产生一个合理的概率分布，而这个问题也常常在实际使用时对参数估计造成相当大的麻烦。

概率图模型还具有许多良好的特性，例如，概率图模型给出了一个最简便的科学计算可视化概率模型的方式，从而可以设计并开发新模型；概率图模型也可用来描述复杂的逻辑推理与学习运算，简化数学表达式等。

概率图模型的应用十分广泛，例如，将概率图模型应用于问题回答中的答案排序问题；利用数据驱动的概率图形模型来预测建筑能源性能。

第三节　无监督学习

考核知识点及能力要求：

- 掌握 K 均值聚类算法的主要流程；
- 了解数据降维方法的基本思想。

一、K 均值聚类

无监督学习中一个有效的聚类算法是 K 均值聚类算法，该算法实现简便，同时聚类效果不错,因此在众多机器学习任务中得到了广泛的应用。K均值方法的主要思路是,针对指定的样本集,把样本集按照样本间的距离大小划分成K个簇,划分的基本原理就是把簇中的样本节点尽可能紧密地连在一起,并使簇之间的距离也尽可能增大。

K值的正确选取对K均值算法来说非常关键。在选取K数值时通常都会以对数值的先验经验为依据选取一个恰当的数值。如果先验知识缺乏,也可利用交叉验证的方式选取一个恰当的K值。在选定了K的个数之后,就必须选取K个初始化的质心。因为是启发式方法,K个初始化的质心的位置选取对最终的聚类分析结果和算法执行时间都有很重要的影响,必须选取恰当的质心,并且这些质心间的相距也不可以太近。

K均值聚类的算法流程为:①从数据集中随机选择K个样本作为初始的K个质心向量;②计算输入样本距离每个质心的距离,将其划分为距离最近的簇中;③重新计算每个类簇的质心;④重复步骤②③,循环迭代得到最终的簇划分。

K均值聚类算法的应用范围十分广阔。例如,可以基于K均值聚类设计学生成绩分析系统,采用标准的统计算法,根据学生的成绩水平对成绩数据进行排序;还可以根据客户的购物历史、兴趣等来对客户特点进行刻画,对客户类别进行划分,以帮助营销人员改善其客户群。

二、降维

降维表面上和压缩十分相似,也是为了在尽可能保存相关的结构的同时降低数据的复杂度。降维的主要技术有主成分分析法等。

在机器学习的高维度空间中,可以为这个空间选择一个向量,然后根据这个向量选择若干个最重要的向量。这些相互正交的基向量被称为主成分,可以选择其中一个子集构成一个新空间,它的维度比原来的空间少,但同时又保留了尽可能多的数据复杂度。主成分一般通过计算数据的方差得到按照方差最大这一指标给向量进行排序并进行选择,这就是主成分分析法的基本原理。

主成分分析法的算法流程为:①对所有特征进行去中心化;②求所有特征对应的协方差矩阵,得到协方差矩阵的特征值及其对应的特征向量;③对特征值进行排序,选取所需数量的特征向量;④将原始特征投影到选取的特征向量上,得到降维后的新特征。

降维的方法在很多领域中都有借鉴。例如，将检验统计量与标准主成分分析技术结合应用到故障检测和识别中；对波兰降雨的监测结果使用主成分分析等方法进行全面的统计评价和化学计量分析。

第四节　半监督学习

考核知识点及能力要求：

- 了解自训练方法的相关知识；
- 了解生成模型的相关知识；
- 熟悉半监督支持向量机的相关知识；
- 了解图论方法的基本思路；
- 了解多视角算法的基本概念。

一、自训练方法

自训练方法的工作原理相对简单：①将有标注数据划分为测试集和训练集，先在有监督的条件下训练出一个模型；②将在有监督条件下训练出的模型用来预测所有未标注数据实例的类标签，在这些预测的类标签中，预测概率最高的类标签被认为是"伪标签"或将所有预测的标签可以同时作为"伪标签"使用，通过预测的置信度对"伪标签"进行加权；③将具有"伪标签"的数据与原来有标注的训练数据结合形成一个新的训练集，在上述训练集上重新训练，得到一个新训练好的分类器；④将上述新训练的分类器来预测已标注的测试数据实例的类标签,并使用度量函数来评估分类器性能;⑤重复上述步骤直到得到一个优秀的模型,即为自训练方法的算法流程。

二、生成模型

当数据集具有部分标注数据时,若使用生成模型,假定这些标准数据产生于某一个分布,因此在基于现有数据去得到分布的参数时,仅是在一小部分有标记数据上得到的。原本在有限数据集上衡量的已经存在经验误差,无法代表整个数据空间,而此时这个给定的数据集中只有一小部分可以用来生成模型的参数,显然得出的分布参数不具有代表性,当无标注数据出现并给定最终标注时会发现模型参数相去甚远。在这种情况下,半监督学习能够帮助生成模型修正参数来更好地调整决策边界。

数据集中的标注数据,相当于已经确定了一簇类别,无论无标记数据如何,这一部分都会划分在各自类别空间中。在基于一个大的前提——相同的类别数据在其空间中有相似分布时,可以将未标记数据按照之前有标记数据产生的分布来做一个归属,从而修正之前的模型参数,对此过程做迭代来优化生成式模型。

三、半监督支持向量机

半监督支持向量机,是支持向量机在半监督学习中的应用。相比于需要寻找最大间隔的超平面的支持向量机,半监督支持向量机只考虑了无标记的样本的数据,设法寻找能够把有标记数据分离,并进入数据低密度区的划分超平面。

相较于支持向量机而言,半监督支持向量机的算法与其基本相同,差别在于算法的策略。半监督支持向量机首先利用有标注的数据集训练得到一个SVM模型,然后利用该模型预测无标注数据集中样本的输出结果,将该结果作为伪标注信息使用。下面以本章第二节中用支持向量机求解软间隔问题的方法为例,详细说明半监督支持向量机的算法流程:

(1)利用有标注与无标注数据集、生成的伪标注信息以及两个数据集各自初始化

的常数 C，求解得到参数（ω，b，ξ）；

（2）判断是否存在同时满足 $y_iy_j<0$，$\xi_i>0$，$\xi_j>0$，$\xi_i+\xi_j>2$ 的情况，若存在则对 y_i 和 y_j 同时取负值，并重新求解得到参数（ω，b，ξ），直到上述判别式为假时脱离循环，并给无标注数据集的 C 重新赋值；

（3）将上述过程反复迭代循环，直到满足无标注数据集的 C 满足某一阈值为止。

半监督支持向量机与支持向量机一样有着广泛的应用。例如，将跟踪问题视为前景/背景分类问题，可以使用一种在线半监督学习框架解决该问题；采用半监督学习技术设计计算机辅助诊断系统。

四、图论方法

图论方法的一般思路是以流行假设为前提，通过样例间的几何关系构造关系图，将样例通过传播途中的各个节点进行表达，并让样例标注的标签根据关系图中的邻接关系，从有类标签的样本向无类标记的样本进行传递。

图论方法中的经典算法最小割法是一个基于图论的半监督训练算法。在最小割法的图中，有标签与无标签的所有训练信息均由节点进行描述，两个节点之间训练信息的相似性则通过节点和节点之间边权重的关系来描述。最小割法的主要目标是寻找该图的最小割，使得所有互相联系的节点都拥有同样的标签。在最小割法中，无标签数据的类别由多数添加了随机噪声后的边权重投票决定。无标记数据类别确定方法的基本原理和 bagging 方法相似，同时形成了一种软最小割。最小割法使用了离散的预测函数，给所有的标记数据都分配了一种可能的标签。随后的研究者们又引入一系列的预测方法，利用高斯随机场模拟曲线上预期函数的情况，并通过分析结果证实了含有最低能量的预期函数应该带有谐波特性，利用这样的谐波特性在图中设计出标签传递方法，即标签由标记节点传递给无标记节点。

然而，大多数基于图的半监督学习方法往往会忽略一个关键性的问题：如何构建一个反映实例之间基本相似性的图才是影响学习效果的关键所在，而不是如何在给定图上进行半监督学习。

五、多视角算法

多视角算法一般根据这样的假设：在实际输入空间中表现关于某个样例的两种不同类型的表述，叫作视图（实质上就是属性集）。这种视图可以利用不同类型的物理源/感应器获取，或是经过不同方式的特征提取方法而导出，这些视图可以同时提供有关例的各种类型的区分信息：在视觉目标识别等各项任务中，能够使用图形和纹理来描绘图像；在情感识别任务中，能够从语言和脸部表情中辨别出情感。

多视角学习算法主要分为下述三种类型：

（1）协同训练（co-training）：在两个不同视角的无标记数据上交替进行训练，来最大化它们之间的共同协定；

（2）多核学习（multi-kernel learning）：开发对应于不同视角的内核，并线性或非线性地对这些内核进行组合，以提高学习性能；

（3）子空间学习（subspace learning）：假设输入视图是由一个共享的潜子空间生成的，从而获得多个视图共享的潜在子空间。

第五节 强 化 学 习

考核知识点及能力要求：

- 熟悉马尔可夫决策过程；
- 了解 Q-Learning 算法的主要思想；
- 熟悉 Policy-Gradient 算法的基本知识；
- 了解 PPO 算法的主要内容。

一、马尔可夫决策过程

马尔可夫决策过程,是指决策者周期或持续地观测具有马尔可夫特性的随机动态过程,进而作出判断与决策。具体来说,马尔可夫决策过程就是智能个体为改变自己的状态而采取行动,并获得奖励,与环境互动的循环式活动。而马尔可夫决策过程的马尔可夫特性则表现为决策完全依赖当前状况。

基于在每个时间观测到的状况,马尔科夫决策过程在行动集合中选取了一项适当的动作进行决定,在作出决定之后下一个状态就会是随机的状态,而随机状态的时间转移概率也存在着马尔可夫性。马尔科夫决策过程就会根据新的状态,作出新的决定,如此反复进行。

马尔可夫决策过程在很多领域有着广泛的应用。例如,基于马尔可夫决策过程的对话系统随机模型,将对话策略设计问题表述为一个优化问题,并使用多种方法解决;现货市场环境下供应商的投标决策问题,该问题可表述为马尔可夫决策过程,以此对所有其他供应商的投标参数进行建模,并给出相应的概率。

二、Q-Learning

Q-Learning是强化学习算法中基于价值的方法。Q-Learning方法中Q的意思是在经过一定时间的情况下,如果选择了某一种行为而可以达到最大收益的目标,环境就将通过智能体的行为反馈相应的最大收益。所以,Q-Learning方法的核心思想就是构造一个Q-table,里面包括一个状态和行为之间的键值对,从而达成了存储Q值的目的,然后再通过Q值来选择可以达到最大的回报的行为。

Q-Learning的应用十分广泛。例如,基于Q-Learning的自适应自抗扰参数提取方法,可应用于受风、浪和海流扰动的船舶航向控制中;深度Q-Learning可应用于轮式移动机器人避障技术。

三、Policy-Gradient

根据第一节中的概述,可知Policy-Gradient就是基于算法的策略来做梯度下降从而优化强化学习模型。Policy-Gradient算法的主要思想是使用执行选择的动作后得到的反馈来判定本次的策略优劣,从而让智能体尽量选择较好的动作去执行。

在监督学习中,我们会使用交叉熵来比较两个分布的差异,进而使用梯度下降法来逼近我们想要的梯度。而在强化学习中没有对应的标注信息,因此算法会基于Reward来充当数据的标注信息。

在算法流程中,多次运行智能体,智能体会基于概率而采样选择不同的策略。假设一次状态行为序列为 $\tau = \{s_1, a_1, r_1, s_2, \cdots, s_t, a_t\}$,其中 s_t 表示位于 t 时刻的状态,a_t 代表位于时刻 t 时候所做出的动作,r 代表回报。基于不同的动作策略,会得到不同回报 $R(\tau)$,使用如下的式子作为损失函数进行计算:

$$L(\theta) = -\frac{1}{N} \sum_\tau R(\tau) \ln \pi_\theta(\tau) \tag{6-9}$$

其中 $\pi_\theta(\tau)$ 表示采取 τ 策略的发生概率,N 为采样 τ 的数目。相较于交叉熵的梯度下降,这里相当于在出现的概率上加了一个回报系数。

Policy-Gradient方法同样具有非常广泛的应用。例如,利用Policy-Gradient方法,可以设计一个放置在模拟公路环境中的运动学车辆模型,并对其进行端到端行为控制。

四、PPO

PPO算法是一种新型的Policy-Gradient算法。传统的Policy-Gradient算法对步长十分敏感,在训练过程中新旧策略步长的变化差异如果过大则不利于学习,然而合适的步长又十分难选择。针对此问题,PPO算法提出了新的目标函数,从而能在多个训练步骤实现小批量的更新。

PPO算法的优化目标为策略 τ_{k+1}:

$$\tau_{k+1} = \arg \max_\theta E\left[\min\left(\frac{\pi_\theta(a|s)}{\pi_{\theta_k}(a|s)} A^{\pi_{\theta_k}}(s, a), g(\epsilon, A^{\pi_{\theta_k}}(s, a))\right)\right] \tag{6-10}$$

上式中 $g(\cdot)$ 函数为:

$$g(\epsilon, A) = \begin{cases} (1+\epsilon)A, & A \geq 0 \\ (1-\epsilon)A, & A \leq 0 \end{cases} \tag{6-11}$$

其中 ϵ 是一个较小的超参数，大概地描述新策略与旧策略相距多远。PPO 算法主要在训练过程中添加了约束，来衡量新策略与旧策略间的相似度。

思考题

1. 请简述监督学习、非监督学习以及半监督学习的区别和联系。

2. 常见的监督学习算法有哪些？各自有什么特点？

3. 请推导支持向量机（SVM）的求解过程。

4. 请列举常见的集成学习方法并阐述其各自的侧重点。

5. 概率图模型有哪些基本类别？

6. 请简述半监督学习的自训练方法。

7. 强化学习有哪些基本要素？适用于解决什么问题？

第七章
深度学习基础算法

深度学习是用于实现人工智能的关键技术,是目前机器学习领域最受关注的分支。传统的机器学习用人工进行特征提取,深度学习的特征提取方式更加智能,可以自动从简单特征中提取、组合更复杂的特征,并使用这些组合特征解决问题。

- **职业功能:** 人工智能的关键技术。
- **工作内容:** 本章主要介绍深度学习的发展史,深度学习的实际应用,深度学习的基本网络结构,深度学习的调优技巧,卷积神经网络,循环和递归网络,深度生成网络。
- **专业能力要求:** 能够学习相应的网络模型知识,理解深度网络模型结构和原理,能理解并会使用网络模型进行相应的实验。
- **相关知识要求:** 深度学习导论部分涉及深度学习的历史背景和实际应用场景;深度神经网络部分涉及神经元、全连接网络、正向和反向传播、损失函数和激活函数以及梯度下降;深度学习调优技巧部分涉及学习率设置、参数初始化、正则化、注意力机制和优化器;卷积神经网络部分涉及卷积神经网络的基本原理和结构,以及部分经典的卷积网络模型;循环和递归网络部分涉及循环神经网络的基本原理和结构、反向传播、常用模式和改进，递归神经网络的基本原理和结构，长短期记忆网络和门控循环单元；深度生成模型部分涉及受限玻尔兹曼机、玻尔兹曼机、深度信念网络、有向生成网络和生成随机网络。

第一节 深度学习导论

考核知识点及能力要求:

- 了解深度学习的发展历史;
- 认识深度学习的基本知识;
- 熟悉深度学习的实际应用。

一、深度学习的发展历史

通过历史背景了解深度学习是最为简单的方式,谈到深度学习的历史就不得不追溯到神经网络技术。神经网络在深度学习崛起之前发展并不是一帆风顺的,神经网络的三个不同发展阶段之间经历了两个寒冬时期。本节将从历史长河中的神经网络引入,详细介绍深度学习的发展历程。

(一)神经网络的第一次高潮

感知机概念的提出带来了神经网络的第一次高潮。1957 年,弗兰克·罗森布拉特(Frank Rosenblatt)提出了感知机的概念,为日后神经网络和支持向量机的发展奠定了基础。感知机是一种用算法构造的"分类器",是一种线性分类模型,其原理是通过不断试错以期寻找一个合适的超平面把数据分开。1958 年,一篇名为《电子"大脑"可以自学》的文章正式把该算法取名为"感知机",如图 7-1 所示。

在提出感知机之后,弗兰克·罗森布拉预言说,感知机最终可以"学习、做决定、翻译语言",并对此十分自信。而美国各大投资机构十分相信弗兰克·罗森布拉的预

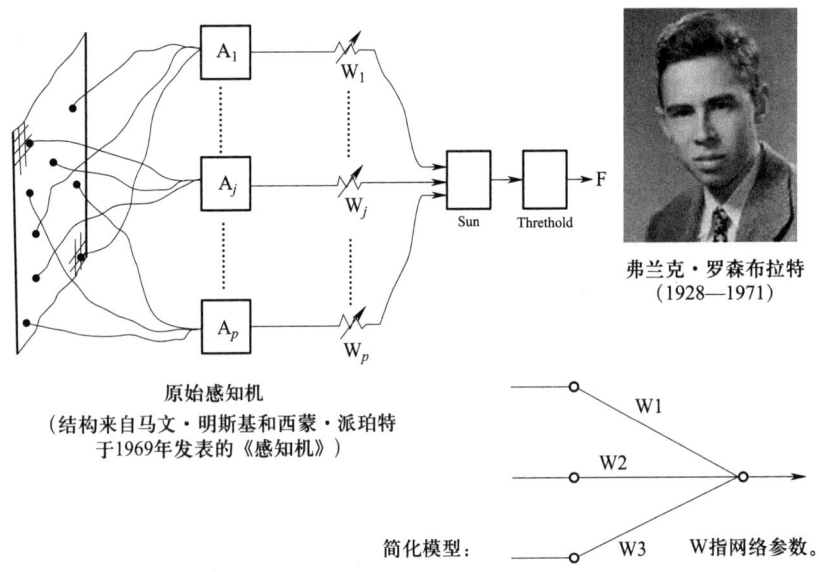

图 7-1 弗兰克·罗森布拉特和感知机模型

测,纷纷为他投资。例如,美国海军曾出资支持他,并期待感知机可以"自己走、说话、看、读、自我复制,甚至拥有自我意识"。这可以被认为是神经网络研究的起源与第一次高潮。

(二)神经网络的第一次寒冬

虽然单层感知机简单且优雅,但它显然能力有限,仅能分类线性问题,对于异或问题束手无策。什么是线性问题呢?简单来说,就是用一条直线将图形分割成两类。比如逻辑"或"和逻辑"与"问题,我们可以用一条直线来分割0、1,如图7-2所示。

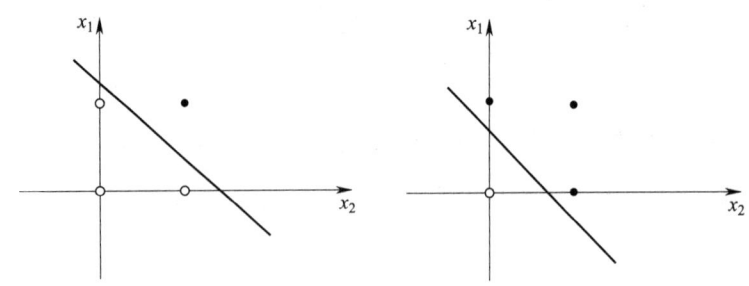

图 7-2 逻辑"与"和逻辑"或"的二维样本分类图

1969年,马文·明斯基(Marvin Minsky)通过系统地论证发现,以感知机为代表的单层神经网络存在功能上的局限性,例如,感知机不能解决简单的异或(见图 7-3)等线性不可分问题,并在《感知器》一书中直接地指出,"大部分关于感知机的研究都是没有科学价值的"。此时距离感知机大热已过去十年,人们过高的期待与感知机的能力并不相符,因此单层感知机在这次打击中彻底失去了人们的追捧。

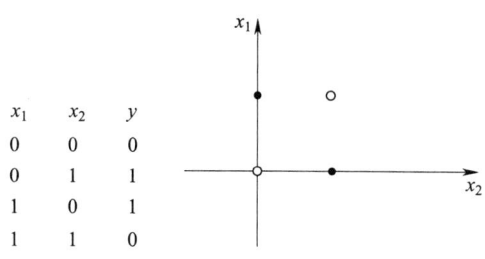

图 7-3 逻辑"异或"的非线性不可分

为了解决马文·明斯基指出的单层感知机无法解决非线性问题的局限,人们试图创造拥有多层隐含层的多层感知机,其结构如图 7-4 所示。多层感知机在结构上与神经网络十分类似,是最简单的前馈神经网络的结构。

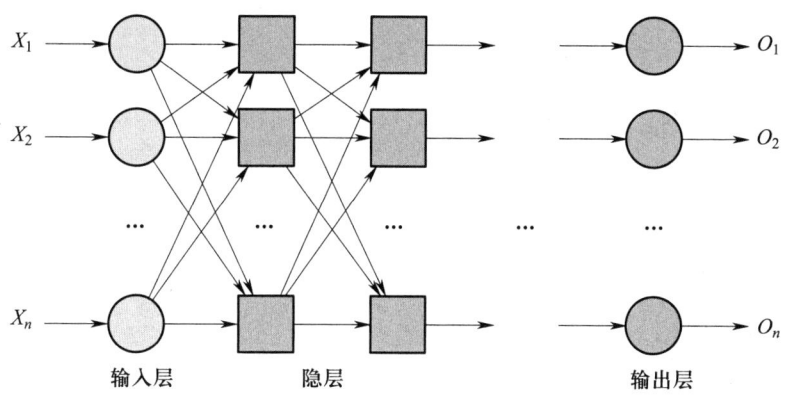

图 7-4 多层感知机

众多对于多层感知机的研究表明,区域形成形状的任意性随着隐藏层的层数而增加,因此通过增加隐藏层数可以解决任何复杂的分类问题。实际上,苏联数学家柯尔莫戈洛夫(Kolmogorov)曾指出:过多的隐藏层是不必要的,双隐层感知器就足以解决任何复杂的分类问题。隐藏层的增加确实会带来分类器性能上的提升,但是隐藏层的权值怎么训练的问题也更加突出,因为我们无法通过感知机的学习规则来训练没有期望输出的各隐藏层节点,而人们一直没能找到可靠的学习算法来解决这一问题。因为面对感知机瓶颈的束手无策,以及马文·明斯基等科学家对感知机的大肆批评,人工神经网络的发展逐渐进入了第一个低谷期。

（三）神经网络的第二次高潮

真正解决了感知机的局限性的后向传播算法（BP 算法），再一次将神经网络带向高潮。当神经网络进入第一次低谷期的时候，杰弗里·辛顿（Geoffrey Hinton）刚刚获得了心理学学士学位，准备读研究生。凭借着对脑科学的着迷，他将人工智能作为自己的研究方向，并决定继续攻读博士学位。1982 年，加州理工的生物物理学家约翰·霍普菲尔德（John Hopfield）提出了一种反馈型神经网络（Hopfield 网络），这一网络成功地解决了一些识别和约束优化的问题，振奋了神经网络领域的研究者。1986 年，Hinton 和鲁梅尔哈特（David Rumelhart）合作在 Nature 杂志上发表论文系统简洁地阐述了后向传播算法（BP 算法）的原理，并详细说明了后向传播算法在神经网络模型上的应用。作者在文中指出，在神经网络里增加一个所谓的隐层（hidden layer）是后向传播算法能够解决感知机无法实现异或分类难题的关键所在，从而大大提升了神经网络在做诸如形状识别之类的简单工作时的效率。加之计算机运行速度的提高，使一层以上的神经网络进入了实用阶段。为了证明 BP 神经网络具备很强的学习能力，谢诺沃斯基（Sejnowski）和罗森博格（Rcsenberg）设计了一个基于 BP 神经网络的英语课文阅读学习机的实验，实验中机器成功学习了 26 个英文字母的发音，并输出连接到语音合成装置。此后，学习能力得到提升后的神经网络重新得到社会的关注。

（四）神经网络的第二次寒冬

神经网络的第二次高潮持续了很长时间，在这期间研究人员不断寻找 BP 网络的应用场景，深度学习也在这一时期开始萌芽。1989 年，Yann LeCun 尝试用美国邮政系统提供的近万个手写数字的样本来训练神经网络系统。经过测试发现，训练好的系统在独立的测试样本中，错误率只有 5%。后来，他基于 BP 算法提出了第一个真正意义上的深度学习，也是目前深度学习中应用最广的神经网络结构——卷积神经网络（CNN），开发出了用于读取银行支票上的手写数字的商业软件，该支票识别系统在 20 世纪 90 年代末占据了美国市场近 20% 的份额。

BP 算法把神经网络引入到实际应用中，但是它仍然有许多不足之处。首先是表层约束，研究表明，在距离输出层次较远的神经网络中难以进行训练，而且分层越多，问题就会越来越突出，称为"梯度爆炸"。同时，由于在当时的计算机系统中，大数据集都非常少，很难适应深度网络的需求。尽管神经网络的发展缓慢，但传统的机器学习方法却有了新的突破。在贝尔的实验室，杨立昆（Yann LeCun）的同事弗拉基米尔万普尼克（Vladimir Vapnik）长期从事支持向量机（SVM）的工作。该方法不仅能实现线性分类，而且当采样值呈线性关系时，该方法利用一种称为核函数的非线性变换方法，将线性、不可分割的采样信号转换为高维特征量，从而实现了采样的可分割。在手写邮件的问题上，此方法在1998年将误码率降低至0.8%以下，大大超越了同类方法的性能，很快就成了当时的研究热点。与支持向量机相比，神经网络由于原理上的不清楚等缺陷陷入了第二次严酷的境地。

（五）深度学习来临

神经网络又一次进入了寒冬，社会对这一领域也仿佛彻底失去了耐心，投资公司将视线纷纷转移到其他领域。Hinton等人与神经网络相关的文章虽然屡屡被拒，但他们依然没有放弃。直到2006年，Hinton在一篇文章中提出了一个关于深度信念网络的概念，并且给出了一个能够成功地进行训练的方法。深度信念网络的出现，立即击败支持向量机，使很多学者把注意力转向了神经网络。本研究中，作者基于深度信念网络的研究对神经网络进行了改良，从而突破了BP神经网络的发展瓶颈。Hinton认为：多层人工智能网络模型具有较好的特征性，其结果具有较好的对原数据的表现性，从而极大地提高了分类和识别的效率，并在此基础上提出了一种基于分层学习的算法来求解最优化问题。利用已有的训练成果，可以获得较低层次的初始化值。由此，神经网络实现了一次新的突破——深度学习。从目前的研究成果来看，只要数据足够大、隐藏层足够多，即使没有任何的预判，深度学习也能得到更好的结果，反映了大数据与深度学习相辅相成的内在关系。

二、深度学习全景介绍

深度学习的诞生伴随着更优化的算法、更高性能的计算能力（GPU）和更大数据集的时代背景,一出现就引起了巨大的轰动。首先要提到的就是算法的优化,以Hinton在2006年提出深度信念网络并成功训练多层神经网络为起点,后来的研究人员在这一领域不断开拓创新,提出越来越优秀的模型,并把它们应用到各种场景,具体的应用实例将在本节第三部分介绍。深度学习崛起的另一条件是强大计算能力的出现,以前提到高性能计算人们能想到的都是CPU集群,而现在进行深度学习研究使用的都是GPU集群。使用GPU集群可以将原来一个月才能训练出的网络模型加速到几个小时就能完成训练,训练时间上的大幅缩短使研究人员可以训练大量的网络。除了硬件的飞速发展为深度学习的诞生提供了条件外,深度学习还得到了充分的燃料——大数据。相较传统的神经网络,尽管在算法上确实简化了深度架构的训练,但最重要的进展是有了成功训练这些算法所需的资源。人工智能只有在数据的驱动下,才能实现深度学习,并不断迭代模型,变得越来越智能。因此想要持续发展深度学习技术,算法、硬件和大数据缺一不可,切不可顾此失彼。

早期的深度学习受到了神经科学的启发,可以理解为传统神经网络的拓展(相关介绍在本章第二节展开),如图7-5所示。早期深度学习使用的深层神经网络的层次构造类似于神经网络:是由输入层、隐层和输出层组成的多层网络。

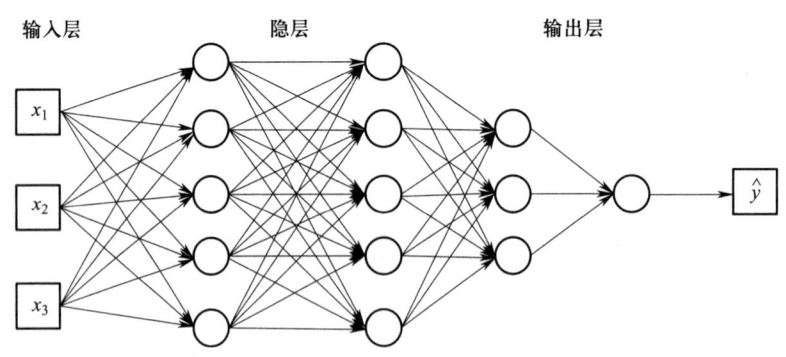

图7-5 深层神经网络

从上述的说明中,我们可以把深度学习看作是一种以大量的数据作为输入的多层次神经网络的一种自适应的学习算法。与浅层相比较,深层次的神经网络有何优点?一方面,它通过对中间级运算单位的反复使用,极大地降低了对参数的设置。它利用一个简单的网络构造来近似一个复杂的函数，具有很好地从海量的非标记的样本中提取和分析的特性。深度学习能够更好地表达出资料的特性，并且模型层次深，表达能力强，能够对大量的资料进行分析。对于图像、语音等直接特性不是特别显著（必须人工制作，而且许多都没有直接意义）的问题，在大量的训练资料中，可以得到较好的结果。与此同时，深度学习也并非无所不能，与其他的学习方式一样，它必须将某些领域内的先验知识相融合，并与其他方式相配合以达到最佳效果。而且，和神经网络相似，它的缺点是可解释性不强，就好像一个"黑箱子"，很难用语言来描述它的作用，也很难找到合适的方法来改善它。

三、深度学习的应用

在 AI 兴起的今天，深度学习对机器学习技术的发展起到了巨大的推动作用，已经引起了很多高技术企业和学者的关注，图像、语音和自然语言是目前深度学习应用最广泛的三个领域，在 AI 诞生了近半个世纪以后，人类终于看到深度学习进入应用阶段的希望。如今，深度学习在很多领域都有出色的表现，下面主要介绍它在图像与视觉处理、语音识别、自然语言处理和个性化推荐场景下的应用。

（一）图像与视觉处理

图像与视觉处理是深度学习最早尝试的领域。1989 年，第一个深度学习模型——卷积神经网络（CNN）在识别手写邮政编码上的应用上有出色的表现。然而当时的 CNN 只适用于小尺度的图像，一旦像素很大就无法取得理想结果，这使得 CNN 未能在机器视觉领域得到足够重视。2012 年 10 月，Hinton 教授和他的学生采用了更深层的卷积神经网络，将 ImageNet 图像分类的错误率大幅下降到了 16%。此前，在 ImageNet 的数据集合中，常规的机器学习方法的错误率是 26%。这一方面是因为 Hinton 教授在该方法上做了一些修改，引入了一个权重衰减的思想，从而减少了在网络中的权重幅度，避免了过拟合，另一方面是因为 GPU 的发展提高了计算机的运算性能，提高了系统的性能。在图像和可视方面，深度学习最终在图像与视觉处理领域获得了压倒性的胜利。

近年来，我国各大互联网公司纷纷将最新的技术运用到了人脸识别和自然图像识别的研究中,并陆续开发了相应的技术。目前,深度学习模型可以识别普通的影像,不但可以极大地改善图像的识别准确度,而且还可以减少从人像中抽取人脸的花费,从而大大提高系统的工作效率。目前基于深度学习的图像识别技术遍布我们的生活,安检时的人脸识别、以图搜图技术,以及现在深受关注的无人驾驶等,使我们的生活越来越便利,将来这一技术或许可以被应用到更多领域。

(二)语音识别

虽然图像识别是深度学习最先尝试的领域之一,但语音识别是第一个成功的领域。2009 年,深度学习的概念被引入了语音识别领域,2011 年,微软研究院的邓立、俞栋和 Hinton 合作的产品发布,该产品使用深度学习技术击败了传统的高斯混合模型(GMM),取得了不错的结果。2012 年谷歌的语音识别模型已经全部由深度学习模型替换了原先的 GMM 模型,并成功将谷歌的语音识别错误率降低了 20%,改变幅度超过了过去很多年的总和。这一巨大突破主要是因为高斯混合模型是一种浅层学习网络模型,其建模数据特征维数较小,特征的状态空间分布和特征之间的相关性不能够被充分描述。采用深度神经网络后,在数据中可以自动提取更有效且复杂的特征,样本数据特征间相关性信息得以充分表示,将连续的特征信息结合构成高维特征,通过高维特征样本对深度神经网络模型进行训练。

由于深度学习在语音识别上的卓越性能,许多公司都在积极开发新的技术。苹果公司已经发布了 Siri,它可以提供超过 20 种不同的语言,其中包含中文。微软公司也在技术上实现了重大的突破,并在此基础上发展了一套深度学习的同步翻译体系。目前,百度在语音技术方面取得了巨大的突破,在 2016 的时候,它的语音识别精度达到 97%,并且被《麻省理工评论》(MIT Technology Review)评为 2016 年十大突破技术之一。

(三)自然语言处理

自然语言处理是深度学习另一个重要的应用领域。起初由于人类语言的复杂度很高,机器很难对语义进行刻画,因此自然语言处理领域取得的成果一直未能与图像与视觉处理和语音识别方向比肩。2016 年是深度学习大潮冲击自然语言处理的一年,经过这一年的努力，深度学习逐渐在自然语言处理领域站稳了脚跟。深度学习在自然语言处理领域的应用主要有：情感分析、聊天机器人、文本生成、语言翻译等。上文曾提到同声传译技术取得了巨大突破，这一成就正是依赖于自然语言处理与语音识别的交互作用。微软甚至还推出了可以写诗的程序，它通过"阅读"大量的诗集，学会了自己写诗，甚至逐渐形成了自己的文风。不久以后，以深度学习为基础的自然语言处理，一定会有更大的突破。

（四）个性化推荐

个性化推荐是大数据和深度学习时代的重要产物。当今时代，互联网规模迅速扩大，海量信息"轰炸"人们的大脑；电子商务产业不断发展，千万种商品使人们眼花缭乱。面对日益严重的信息超载问题，获取有价值信息的难度大大增加，人们迫切希望能够获取到自己感兴趣的信息和商品，推荐系统应运而生。

传统的推荐类型有基于内容过滤推荐和协同过滤推荐等，然而它们在不同应用场景下有时会受限制。基于内容推荐主要为用户推荐其感兴趣商品的相似商品，缺少用户评价信息的利用，并且不能有效为新用户推荐。协同过滤推荐通过计算目标用户与其他用户的相似度来预测目标用户对特定商品的喜好程度，可以为用户推荐其未见过的产品，然而对于历史数据稀疏的用户一样难以起到作用。个性化推荐系统是一种高级的、智能的信息过滤系统，它的应用范围很广，搜索网页精准的 Feed 流推荐、音乐网站和电商平台的推广，都是对用户进行个性化的推荐的实际应用的案例。该系统是对消费者的消费习惯和产品属性进行分析、挖掘，从而发现消费者的偏好和个性化的需要，向消费者提供有价值的产品或服务。该系统有别于基于使用者需要而被动地反馈的搜索引擎，而是依据使用者的过往行动，主动地向使用者提供准确的建议。

随着深度学习的逐渐成熟，越来越多的人希望把深度学习引入点击通过率（click-through-rate，CTR）预估领域，通过对 CTR 的预估来衡量推荐效果的好坏。将深度学习技术应用于 CTR 预估，可以为搜索引擎提供更为合理的广告排序机制，从而使得收益最大的广告能够获得更高频次的展示，最终使得广告平台利益最大化。

第二节 深度神经网络

考核知识点及能力要求:

- 了解深度神经网络的基本单元神经元以及最基本结构;
- 熟悉深度学习正向和反向传播过程;
- 掌握深度神经网络常用的损失函数和激活函数;
- 熟悉深度学习的梯度下降原理。

一、神经元

早期的神经网络是希望通过模仿人类大脑的神经系统,利用神经元构成神经网络系统,以实现机器的运算及决策的能力。

人工神经元的基本结构是,输入一定维数的数据,每个输入先乘上相应的权重并求和,其作用可以视为对每一输入的加权,即每一个神经元对该数据的重视程度不同。加权后再加上一个偏置项,最后由非线性激活函数转换为神经元的最终输出值。图 7-6 展示了神经元的基本结构。

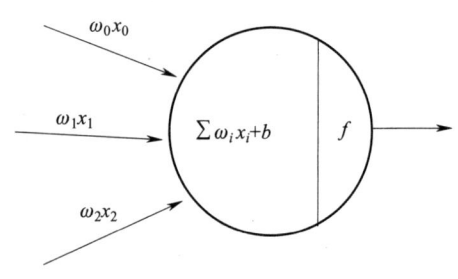

图 7-6 神经元的基本结构

二、全连接网络

全连接网络结构(fully connected netural network,FC)是最常见的神经网络/深度

神经网络层，它认为每个层次的输入与前一层次的输出相关联。在初期，全连接层法用于对所提取的图像进行分类。由于全连接层所有的输出与输入都是相连的，因此一般情况下全连接层的参数是最多的，这需要相当大的存储和计算空间。传统的基于简单 FC 的神经网络模型因其参数具有较大的冗余特性，很难在更复杂的场景下得到广泛的使用。FC 大多作为卷积神经网络的"防火墙"，当训练集与测试集有较大差异时，保证较大的模型有良好的迁移能力。常规神经网络一般用于依赖所有特征的简单场景，例如房价预测模型和在线广告推荐模型使用的都是相对标准的全连接神经网络。由 FC 组成的常规神经网络如图 7-7 所示。

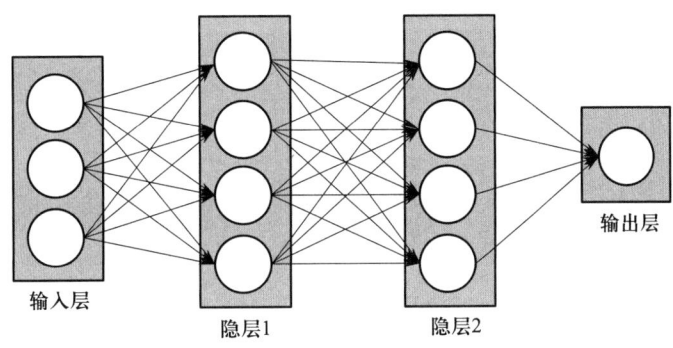

图 7-7 常规神经网络

三、正向传播

神经网络的每个节点都需要经过两个顺序的步骤：线性变换和激活。

第一步是线性变换。以社交障碍节点 a_1 为例，它的两个输入值是儿童生理状况和儿童日常行为，其线性变换的过程是：

$$z_1^{[1]} = （权重系数1 \times 儿童生理状况 + 偏移量1）+$$
$$（权重系数2 \times 儿童日常行为 + 偏移量2）$$

其中，上角标方括号用于区分不同的层，在本章计算中［1］代表第一层，即隐藏层，［2］代表第二层，即输出层；$z_1^{[1]}$ 表示第一层的第一个中间结果。权重系数和偏移量分别用字母 w 和 b 表示，w 用于表示影响程度，b 用于结果的修正。将其代入可得：

$$z_1^{[1]} = (w_{11}^{[1]} \cdot x_1 + b) + (w_{12}^{[1]} \cdot x_2 + b') = w_{11}^{[1]} \cdot x_1 + w_{12}^{[1]} \cdot x_2 + b_1^{[1]} \quad (7-1)$$

其中，$w_{11}^{[1]}$，$w_{12}^{[1]}$表示第一层第一个节点的权重向量的第一和第二个分量，$b_1^{[1]}$表示第一层的第一个节点的偏移量。上式可以进一步简化，令$w_1^{[1]} = (w_{11}^{[1]}, w_{12}^{[1]})^T$，$x = (x_1, x_2)^T$，注意到$w_1^{[1]}$和$x$都是维度为$2 \times 1$的向量，因此可以使用向量相乘的形式来简写，注意向量相乘时的转置：

$$z_1^{[1]} = w_1^{[1]T} x + b_1^{[1]} \quad (7-2)$$

至此完成了线性变换的过程，计算$a_1^{[1]}$还需一步激活。本例中，隐藏层的激活函数使用的是双取正切函数，记作 t（），于是有：

$$a_1^{[1]} = t(z_1^{[1]}) \quad (7-3)$$

其中，$a_1^{[1]}$表示第一层中第一个节点激活后的值，计算完毕后会被当作下一步的输入沿着网络传递下去。

隐藏层中其他节点的计算过程同$a_1^{[1]}$，但是它们具体的值各不相同。对于隐藏层节点（三大典型症状），每个节点受x_1和x_2的影响程度不同，因此权值w和偏移量b也不同，隐藏层的每个节点$a_i^{[1]}$都有自己的$w_i^{[1]}$和$b_i^{[1]}$。为了更加方便的表示这些数据，可以把这些数据组织为向量或矩阵形式，$W^{[1]} = (w_1^{[1]}, w_2^{[1]}, w_3^{[1]})^T$表示权重组成的矩阵（其维度是3行2列），$b^{[1]} = (b_1^{[1]}, b_2^{[1]}, b_3^{[1]})^T$表示偏移的向量（维度是3行1列），$z^{[1]} = (z_1^{[1]}, z_2^{[1]}, z_3^{[1]})^T$表示中间值的向量（维度是3行1列），$a^{[1]} = (a_1^{[1]}, a_2^{[1]}, a_3^{[1]})^T$表示本节点计算后的值（维度是3行1列）。$z$为中间值，是线性组合的结果$z^{[1]} = W^{[1]} x + b^{[1]}$，$a^{[1]}$是中间值激活后的结果。$z^{[1]}$和$a^{[1]}$的计算过程如式（7-4）和（7-5）所示。

$$z^{[1]} = \begin{pmatrix} z_1^{[1]} \\ z_2^{[1]} \\ z_3^{[1]} \end{pmatrix} = \begin{pmatrix} w_1^{[1]T} \cdot x + b_1^{[1]} \\ w_2^{[1]T} \cdot x + b_2^{[1]} \\ w_3^{[1]T} \cdot x + b_3^{[1]} \end{pmatrix} = \begin{pmatrix} w_1^{[1]T} \cdot x \\ w_2^{[1]T} \cdot x \\ w_3^{[1]T} \cdot x \end{pmatrix} + b^{[1]} = W^{[1]} x + b^{[1]} \quad (7-4)$$

$$a^{[1]} = \begin{pmatrix} a_1^{[1]} \\ a_2^{[1]} \\ a_3^{[1]} \end{pmatrix} = \begin{pmatrix} t(z_1^{[1]}) \\ t(z_2^{[1]}) \\ t(z_3^{[1]}) \end{pmatrix} = t \begin{pmatrix} z_1^{[1]} \\ z_2^{[1]} \\ z_3^{[1]} \end{pmatrix} = t(z^{[1]}) \quad (7-5)$$

上面描述的是隐藏层正向传播的具体细节，下面来描述输出层正向传播的相关细节。对于输出层的计算,儿童自闭症的诊断受到三个典型症状的影响,程度各有不同,因此同样有"线性变换"和"激活"两步。线性变换也可以理解为加权、修正,如下式:

$$z_1^{[2]} = (系数1 \times 社交障碍 + 偏移量1) +$$
$$(系数2 \times 语言障碍 + 偏移量2) +$$
$$(系数3 \times 刻板行为 + 偏移量3)$$

代入相应字母并且将 b 合并为向量:

$$\begin{aligned}z_1^{[2]} &= (w_{11}^{[2]} \cdot a_1^{[1]} + b') + (w_{12}^{[2]} \cdot a_2^{[1]} + b'') + (w_{13}^{[2]} \cdot a_3^{[1]} + b''') \\ &= w_{11}^{[2]} \cdot a_1^{[1]} + w_{12}^{[2]} \cdot a_2^{[1]} + w_{13}^{[2]} \cdot a_3^{[1]} + b_1^{[2]}\end{aligned} \quad (7-6)$$

由于输出层只有一个节点,因此有 $W^{[2]} = (w_1^{[2]})^T$, $b^{[2]} = (b_1^{[2]})^T$, $z^{[2]} = (z_1^{[2]})^T$, $\hat{y} = (\hat{y}_1)^T$,将上式中的权重改写为向量形式,令 $w_1^{[2]} = (w_{11}^{[2]}, w_{12}^{[2]}, w_{13}^{[2]})^T$,将上式向量化可得:

$$\begin{aligned}z^{[2]} &= (z_1^{[2]})^T \\ &= w_{11}^{[2]} \cdot a_1^{[1]} + w_{12}^{[2]} \cdot a_2^{[1]} + w_{13}^{[2]} \cdot a_3^{[1]} + b_1^{[2]} \\ &= (w_{11}^{[2]}, w_{12}^{[2]}, w_{13}^{[2]}) \begin{pmatrix} a_1^{[1]} \\ a_2^{[1]} \\ a_3^{[1]} \end{pmatrix} + b_1^{[2]} \\ &= w_1^{[2]T} a^{[1]} + b^{[2]} \\ &= w^{[2]} a^{[1]} + b^{[2]}\end{aligned} \quad (7-7)$$

由于输出层只有一个节点,因此有 $W^{[2]} = (w_1^{[2]})^T$, $b^{[2]} = (b_1^{[2]})^T$, $z^{[2]} = (z_1^{[2]})^T$, $\hat{y} = (\hat{y}_1)^T$,将上式中的权重改写为向量形式,令 $w_1^{[2]} = (w_{11}^{[2]}, w_{12}^{[2]}, w_{13}^{[2]})^T$,将上式向量化可得:

$$\begin{aligned}z^{[2]} &= (z_1^{[2]})^T \\ &= w_{11}^{[2]} \cdot a_1^{[1]} + w_{12}^{[2]} \cdot a_2^{[1]} + w_{13}^{[2]} \cdot a_3^{[1]} + b_1^{[2]} \\ &= (w_{11}^{[2]}, w_{12}^{[2]}, w_{13}^{[2]}) \begin{pmatrix} a_1^{[1]} \\ a_2^{[1]} \\ a_3^{[1]} \end{pmatrix} + b_1^{[2]} \\ &= w_1^{[2]T} a^{[1]} + b^{[2]} \\ &= w^{[2]} a^{[1]} + b^{[2]}\end{aligned} \quad (7-8)$$

在完成了线性变换和向量化后,就可以开始激活步骤。激活过程就是代入公式:患病概率 = σ(中间值)。本例中,输出层的激活函数使用的是 Sigmoid 函数,记作 σ( )。具体数学表示如式(7-9),其中 $\hat{y}$ 表示最终的计算结果。

$$\hat{y} = (\hat{y}_1)^T = \sigma(z^{[2]}) \quad \hat{y} = (\hat{y}_1)^T = \sigma(z^{[2]}) \tag{7-9}$$

完成了输出层的激活,意味着完成了整个神经网络的计算,在此做个小结。对于一个双层的神经网络的结构,它的计算过程如下:

$$x \xrightarrow{W^{[1]}, b^{[1]}} \begin{pmatrix} z^{[1]} = W^{[1]}x + b^{[1]} \\ a^{[1]} = t(z^{[1]}) \end{pmatrix} \xrightarrow{W^{[2]}, b^{[2]}} \begin{pmatrix} z^{[2]} = W^{[2]}a^{[1]} + b^{[2]} \\ \hat{y} = \sigma(z^{[2]}) \end{pmatrix} \tag{7-10}$$

（输入 —加权,激活→ 隐藏层 —加权,激活→ 输出层）

这里需要注意的是维度问题,这是非常容易出错的地方。$W^{[1]}$ 是 3×2 的矩阵,x 是 2×1 的列向量,$b^{[1]}$ 是 3×1 的列向量,因此 $z^{[1]}$ 和 $a^{[1]}$ 均为 3×1 的列向量;而 $w^{[2]}$ 为 1×3 的行向量,由于第二层(即输出层)只包含一个节点,因此 $b^{[2]}$ 只包含 $b_1^{[2]}$,看作维度是 1×1 的列向量,同理 $z^{[2]}$ 和 $\hat{y}$ 看作长度为 1 的列向量。

四、损失函数

在深度学习中,模型需要定义一个损失函数(loss function or error function)来估计模型的预测值与真实值的不一致性,同时,还对权重 w 和偏移 b 进行了优化。作为一个非负值函数,损失值越小,表示模型的鲁棒性越好。损失函数是经验风险函数的核心部分,也是结构风险函数的重要组成部分。损失函数的选择需要逐案分析,不同的问题场景使用不同的函数。

(一)对数损失函数

对数损失函数(logarithmic loss function)经常在深度学习的回归问题中用作损失函数。对数损失函数又称对数似然损失函数(log-likelihood loss function)。其公式如下:

$$L(\hat{y}, y) = -(y\log\hat{y} + (1-y)\log(1-\hat{y})) \tag{7-11}$$

对数损失函数可以起到测量预测值与实际值差异性的作用。函数值越小,表示模型越好,也就是参数 w 和 b 越好。相比于普通的平方损失函数,它的优势在于能够让参数的优化变成凸优化问题，更适合寻找全局最优解。

（二）交叉熵损失函数

交叉熵损失函数用来描述两个概率分布之间的距离。如式（7-12），交叉熵刻画的是通过概率分布 q 来表达概率分布 p 的困难程度，其中 p 为真实分布，q 为预测，交叉熵越小，两个概率分布越接近。

$$H(p, q) = -\sum p(x) \ln(q(x)) \tag{7-12}$$

在深度学习中，二分类通常通过 Sigmoid 函数作为预测的输出，得到预测的分布，而对于多分类则使用 Softmax 函数：

$$\text{Softmax}(y_i) = \frac{e^{y_i}}{\sum_{j=1}^{n} e^{y_j}} \tag{7-13}$$

神经网络经过 Softmax 之后，将输出转化为一种概率分布，从而可以通过交叉熵来计算预测的概率分布与真实分布之间的距离。该函数为一凸函数，且该曲线总体呈现出一种单调的特征，损失越大，梯度越大，在逆向传输过程中，便于迅速地进行优化。

五、激活函数

激活函数对输入作非线性映射，可以增加模型的非线性，以解决更复杂的问题，在神经网络中起到很重要的作用。

（一）Sigmoid 函数

Sigmoid() 函数主要作用是将某实数映射到区间（0，1）内，当值较大时，函数值趋近于1，当值较小时，函数值趋近于0。在定义域中，Sigmoid 是处处可导的，两侧的导数也是逐渐接近 0 的。具有这类性质的激活函数被定义为软饱和激活函数，具体的函数表达式为：

$$\sigma(x) = \frac{1}{1 + e^{-x}} \tag{7-14}$$

（二）双曲正切函数

双曲正切函数 tanh 激活函数范围在 –1 ~ 1，随着 x 的增大或减小，函数趋于平缓，导函数趋近于 0。tanh 激活函数表达式为：

$$T(x) = \frac{\sinh(x)}{\cosh(x)} \quad T(x) = \frac{\sinh(x)}{\cosh(x)}$$
$$= \frac{e^x - e^{-x}}{e^x + e^{-x}} \quad = \frac{e^x - e^{-x}}{e^x + e^{-x}} \tag{7-15}$$

对比 Sigmoid 激活函数，可以发现 tanh 激活函数可以由 Sigmoid 函数移动穿过零点后，重新标度获得，tanh 函数值范围在 -1 到 1 之间，平均值更接近 0，有类似数据中心化的效果，工业界也更流行使用 tanh 激活函数；如果希望输出在 0 到 1 之间，可以使用 Sigmoid 函数，具体视情况而定。

（三）线性修正单元函数

线性修正单元函数 ReLU 是目前深度神经网络最常用的默认选择激活函数。当 $x<0$ 时，ReLU 硬饱和，而当 $x>0$ 时，则不存在饱和问题。因此，在 x 为正值的情况下，ReLU 可以在任意时刻保持梯度不衰减，从而减轻了梯度消失的问题。这让我们能够直接以监督的方式训练深度神经网络，而无需依赖无监督的逐层预训练。ReLU 激活函数表达式为：

$$\text{ReLU}(x) = \max(0, x) \tag{7-16}$$

然而，随着训练的不断进行，有些输入会落入硬饱和区，从而使对应权重难以得到及时的更新。这种现象被称为"神经元死亡"。与 Sigmoid 类似，ReLU 的输出均值也大于 0，偏移现象和神经元死亡会共同影响网络的收敛性。

针对在 $x<0$ 的硬饱和问题，我们对 ReLU 做出相应的改进，得到 Leaky-ReLU，其表达式为：

$$\text{Leaky\_ReLU}(x) = \max(\alpha x, x) \tag{7-17}$$

六、反向传播

反向传播算法又称 BP 算法，主要用于优化参数 (w, b)。上文介绍了损失函数，BP 算法就是利用损失函数进行反向求导优化，求出损失函数最小时的参数 (w, b) 的值。本部分主要使用图 7-8 所示的抽象神经网络讲解求导过程。

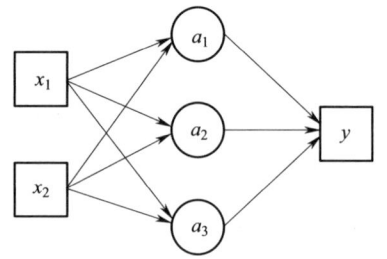

图 7-8 抽象神经网络

（一）单样本双层神经网络反向传播算法

本部分讨论只输入一组样本的情况下 BP 算法的计算过程。为了研究逆向传播，需先明确正向传播的过程，因为逆向传播建立在正向传播基础上。式（7-18）呈现的是图 7-8 中神经网络的正向计算过程，这里只关注一组样本时正向传播的计算流程。算法的输入是 X，输出是损失函数，其中 $\hat{y}$ 表示模型的计算值（即预测值），y 表示数据集中的标注值（即真实值）。

$$x \xrightarrow{W^{[1]}, b^{[1]}} \begin{pmatrix} z^{[1]} = w^{[1]}x + b^{[1]} \\ a^{[1]} = t(z^{[1]}) \end{pmatrix} \xrightarrow{W^{[2]}, b^{[2]}} \begin{pmatrix} z^{[2]} = w^{[2]}a^{[1]} + b^{[2]} \\ \hat{y} = \sigma(z^{[2]}) \end{pmatrix} \xrightarrow{y} (L(\hat{y}, y))$$

（7-18）

正向传播算法只有在确定参数 (w, b) 的情况下才能算出损失函数。换言之，正向传播能够运行的前提假设就是参数 (w, b) 是已知的。然而实际情况是无法事先知道参数。事实上，深度学习反复求索的就是最优的参数 (w, b)，一旦找到了最优的参数，深度学习也就停止了。换言之，参数 (w, b) 确定了，模型也就确定了，"学习"过程也就结束了。

寻求模型参数依靠的就是梯度下降思想。首先，拟定初始参数 (w, b)，一般是一组接近 0 的数；然后，输入样本值 x，通过正向计算得到 $\hat{y}$，由 $\hat{y}$ 可得损失函数 $L(\hat{y}, y)$。接着，对参数进行调整，根据上次的参数值计算得到本次参数值。根据梯度下降算法，其过程为：

$$W = W - \alpha \frac{\partial L}{\partial W} \quad （7-19）$$

$$b = b - \alpha \frac{\partial L}{\partial b} \quad （7-20）$$

其中，等式右边的 W 和 b 均为上一次迭代时的参数值，α 为超参数。等式左边为这次迭代准备使用的参数值。最后，在更新了参数 (w, b) 后，再进行上述步骤反复迭代，得到最优的参数 (w, b)。事实上，"最优"是很难达到的，通常只要满足了停止标准就会停止算法。停止的标准有很多，例如达到了限制迭代次数或者相邻两次迭代误差差别很小等。注意到等式右边有一个系数 α，α 被称作学习率，是一个标量，它是深度学习算法调优时常用的手段。

偏导数的求解过程既是 BP 算法的重点也是难点。对于一个输入样本 X，正向传播结束时得到损失函数为 $L(\hat{y}, y)$。BP 算法就是从损失函数开始求解偏导数 $\frac{\partial L}{\partial W}$ 和 $\frac{\partial L}{\partial b}$。其思路与逻辑回归一样，通过链式法则求得。值得注意的是，在逻辑回归中使用的损失函数是对数似然损失函数，而这里采用平方差函数：

$$L(\hat{y}, y) = \frac{1}{2}|y - \hat{y}|^2 \qquad (7\text{-}21)$$

其中，式子中乘以 1/2 仅仅是为了计算方便。

逐步求解偏导数的过程就是逐步应用链式法则从右至左计算的过程。首先求损失函数 $L(\hat{y}, y)$ 对 $\hat{y}$ 的偏导数，得 $\mathrm{d}\hat{y} = \frac{\partial L}{\partial \hat{y}} = \hat{y} - y$。接下来求损失函数 L 对 $z^{[2]}$ 的偏导数，记作 $\mathrm{d}z^{[2]}$，公式为 $\mathrm{d}z^{[2]} = \frac{\partial L}{\partial z^{[2]}}$。观察发现，$z^{[2]}$ 是函数 $\hat{y} = \sigma(z^{[2]})$ 的自变量，而 $\hat{y}$ 是损失函数的 $L(\hat{y}, y)$ 自变量，于是使用偏导数的链式法则可得（⊙表示逐元素相乘）：

$$\mathrm{d}z^{[2]} = \frac{\partial L}{\partial z^{[2]}} = \frac{\partial L}{\partial \hat{y}} \cdot \frac{\mathrm{d}\hat{y}}{\mathrm{d}z^{[2]}} = \mathrm{d}\hat{y} \odot \sigma'(z^{[2]}) = (\hat{y} - y) \odot (\hat{y}1 - \hat{y})) \qquad (7\text{-}22)$$

BP 算法最终的目标是计算出偏导数 $\frac{\partial L}{\partial W}$ 和 $\frac{\partial L}{\partial b}$。更进一步，在 $z^{[2]} = W^{[2]}a^{[1]} + b^{[2]}$ 的计算式中包含了 $W^{[2]}$ 和 $b^{[2]}$。特别要注意，$\frac{\mathrm{d}z^{[2]}}{\mathrm{d}W^{[2]}} = a^{[1]\mathrm{T}}$。继续使用链式法则：

$$\begin{aligned}
\mathrm{d}W^{[2]} &= \frac{\partial L}{\partial W^{[2]}} \\
&= \frac{\partial L}{\partial z^{[2]}} \cdot \frac{\mathrm{d}z^{[2]}}{\mathrm{d}W^{[2]}} \\
&= \mathrm{d}z^{[2]} \cdot \frac{\mathrm{d}z^{[2]}}{\mathrm{d}W^{[2]}} \\
&= \mathrm{d}\hat{y} \odot \sigma'(z^{[2]}) a^{[1]\mathrm{T}} \\
&= (\hat{y} - y) \odot \sigma'(z^{[2]}) a^{[1]\mathrm{T}}
\end{aligned} \qquad (7\text{-}23)$$

$$\begin{aligned}
\mathrm{d}b^{[2]} &= \frac{\partial L}{\partial b^{[2]}} \\
&= \frac{\partial L}{\partial z^{[2]}} \cdot \frac{\mathrm{d}z^{[2]}}{\mathrm{d}b^{[2]}} \\
&= \mathrm{d}z^{[2]} \cdot \frac{\mathrm{d}z^{[2]}}{\mathrm{d}b^{[2]}} \\
&= \mathrm{d}z^{[2]} \\
&= (\hat{y} - y) \odot \sigma'(z^{[2]})
\end{aligned} \qquad (7\text{-}24)$$

其中，d$\hat{y}$ 前面已经计算得到 d$\hat{y}=\hat{y}-y$，$a^{[1]T}$ 是前向传播中第一层运算后得到的向量。计算出 d$W^{[2]}$ 和 d$b^{[2]}$ 之后，后向传播在输出层的计算就完成了。

计算完输出层之后，后向传播继续，开始处理隐藏层。BP 算法在隐藏层需要得到 d$W^{[1]}$ 和 d$b^{[1]}$，其中 $W^{[1]}$ 是矩阵，$b^{[1]}$ 是向量，如下所示：

$$W^{[1]} = (w_1^{[1]},w_2^{[1]},w_3^{[1]})^T = \begin{bmatrix} w_1^{[1]T} \\ w_2^{[1]T} \\ w_3^{[1]T} \end{bmatrix} = \begin{bmatrix} w_{11}^{[1]},w_{12}^{[1]} \\ w_{21}^{[1]},w_{22}^{[1]} \\ w_{31}^{[1]},w_{32}^{[1]} \end{bmatrix} \quad (7-25)$$

$$b^{[1]} = \begin{bmatrix} b_1^{[1]} \\ b_2^{[1]} \\ b_3^{[1]} \end{bmatrix} \quad (7-26)$$

$W^{[1]}$ 可以视作 3×1 的向量，其三个分量都是向量，其意义为隐藏层的三个节点的权值向量。$W^{[1]}$ 也可以视作矩阵，其规模为 3×2，其意义为隐藏层的所有的权值组成的矩阵。$b^{[1]}$ 是一个列向量，其三个分量都是标量，其意义为隐藏层的三个节点的偏置。

下面严格按图索骥地推导公式，最终求出 d$W^{[1]}$ 和 d$b^{[1]}$。由 $z^{[1]}=W^{[1]}x+b^{[1]}$ 可知 $W^{[1]}$ 和 $b^{[1]}$ 是 $z^{[1]}$ 的自变量，于是可得：

$$\mathrm{d}W^{[1]} = \frac{\partial L}{\partial W^{[1]}} = \frac{\partial L}{\partial z^{[1]}} \cdot \frac{\partial z^{[1]}}{\partial W^{[1]}} \quad (7-27)$$

$$\mathrm{d}b^{[1]} = \frac{\partial L}{\partial b^{[1]}} = \frac{\partial L}{\partial z^{[1]}} \cdot \frac{\partial z^{[1]}}{\partial b^{[1]}} \quad (7-28)$$

观察上式可知，关键点在于求出 $\frac{\partial L}{\partial z^{[1]}}$、$\frac{\partial z^{[1]}}{\partial W^{[1]}}$ 和 $\frac{\partial z^{[1]}}{\partial b^{[1]}}$ 这三项。而 $\frac{\partial z^{[1]}}{\partial W^{[1]}}$ 和 $\frac{\partial z^{[1]}}{\partial b^{[1]}}$ 这两项很容易求，由于 $z^{[1]}=W^{[1]}x+b^{[1]}$，所以可得 $\frac{\partial z^{[1]}}{\partial W^{[1]}}=x^T$、$\frac{\partial z^{[1]}}{\partial b^{[1]}}=1$。稍有复杂的是求 $\frac{\partial L}{\partial z^{[1]}}$。

首先需要明确损失函数 $L(\hat{y},y)$ 和 $z^{[1]}$ 之间的关系。观察发现，$z^{[1]}$ 是 $a^{[1]}$ 的自变量，而 $a^{[1]}$ 是 $\hat{y}$ 的自变量，其函数关系如下：

$$\hat{y} = \sigma(z^{[2]})$$
$$z^{[2]} = W^{[2]}a^{[1]}+b^{[2]} \quad (7-29)$$

$$\hat{y} = \sigma(W^{[2]}a^{[1]} + b^{[2]})$$
$$a^{[1]} = t(z^{[1]})$$
$$z^{[1]} = W^{[1]}x + b^{[1]}$$
(7-30)

因为 $a^{[1]}$ 是 $\hat{y}$ 的自变量,所以使用链式法则可得:

$$\begin{aligned} da^{[1]} &= \frac{\partial L}{\partial a^{[1]}} \\ &= \frac{\partial L}{\partial z^{[2]}} \cdot \frac{\partial z^{[2]}}{\partial a^{[1]}} \\ &= W^{[2]T}dz^{[2]} \end{aligned}$$
(7-31)

其中,$dz^{[2]}$ 在上文中已经计算过。接下来探索 $dz^{[1]}$ 的值。注意到 $dz^{[1]}$ 是向量(也可视为矩阵),将其展开有:

$$dz^{[1]} = \begin{pmatrix} dz_1^{[1]} \\ dz_2^{[1]} \\ dz_3^{[1]} \end{pmatrix} = \begin{pmatrix} da_1^{[1]} \cdot t'(z_1^{[1]}) \\ da_2^{[1]} \cdot t'(z_2^{[1]}) \\ da_3^{[1]} \cdot t'(z_3^{[1]}) \end{pmatrix} = da^{[1]} \odot t'(z^{[1]})$$
(7-32)

其中,$t'()$ 表示激活函数 tanh 的导数。所有条件都已经准备好了,接下来向公式中代入值求得 $dW^{[1]}$ 和 $db^{[1]}$:

$$\begin{aligned} dW^{[1]} &= \frac{\partial L}{\partial W^{[1]}} \\ &= \frac{\partial L}{\partial z^{[1]}} \cdot \frac{\partial z^{[1]}}{\partial W^{[1]}} \\ &= da^{[1]} \odot t'(z^{[1]})x^T \\ &= [W^{[2]T}(\hat{y}-y) \odot \sigma'(z^{[2]})] \odot t'(z^{[1]})x^T \end{aligned}$$
(7-33)

$$\begin{aligned} db^{[1]} &= \frac{\partial L}{\partial b^{[1]}} \\ &= \frac{\partial L}{\partial z^{[1]}} \cdot \frac{\partial z^{[1]}}{\partial b^{[1]}} \\ &= dz^{[1]} \\ &= [W^{[2]T}(\hat{y}-y) \odot \sigma'(z^{[2]})] \odot t'(z^{[1]}) \end{aligned}$$
(7-34)

综上,对于单个样本的 BP 算法,总结 4 个核心公式如下:

$$\begin{aligned} dW^{[2]} &= dz^{[2]} \cdot a^{[1]T} = (\hat{y}-y) \odot \sigma'(z^{[2]})a^{[1]T} \\ db^{[2]} &= dz^{[2]} = (\hat{y}-y) \odot \sigma'(z^{[2]}) \\ dW^{[1]} &= dz^{[1]} \cdot x^T = [W^{[2]T}(\hat{y}-y) \odot \sigma'(z^{[2]})] \odot t'(z^{[1]})x^T \\ db^{[1]} &= dz^{[1]} = da^{[1]} \odot t'(z^{[1]}) = [W^{[2]T}(\hat{y}-y) \odot \sigma'(z^{[2]})] \odot t'(z^{[1]}) \end{aligned}$$
(7-35)

这四个公式也就是两层单样本神经网络 BP 算法的输出,至此 BP 算法完成了全部计算。

(二)多样本神经网络反向传播算法

前面介绍了对于单个样本如何使用 BP 算法,下面将介绍同时计算所有输入样本,如何利用 BP 算法求最优参数。

开始具体讨论算法之前先给出基本假设条件和数学符号的意义。假设有 n 个样本,同样使用圆括号上角标区分不同样本,于是第 i 个样本为 $x^{(i)}$。所有的样本共同组成向量(或者说矩阵)$X=(x^{(1)},...,x^{(n)})$。所有样本的预测值和真实值都分别组织为向量,于是 $\hat{Y}=(\hat{y}^{(1)},...,\hat{y}^{(n)})$ 表示预测值向量,$Y=(y^{(1)},...,y^{(n)})$ 表示真实值向量。使用的损失函数为 $L(\hat{Y}, Y)=\frac{1}{2}\sum_{i=1}^{n}|y^{(i)}-\hat{y}^{(i)}|^2$,那么成本函数 $J=\frac{1}{n}L$。

算法的目的同样是使总体损失 L 最小,并求得此时的参数 (w, b)。优化原理仍旧是采用梯度下降:

$$W = W - \alpha\frac{\partial J}{\partial W} = W - \frac{\alpha}{n}\frac{\partial L}{\partial W} \tag{7-36}$$

$$b = b - \alpha\frac{\partial J}{\partial b} = b - \frac{\alpha}{n}\frac{\partial L}{\partial b} \tag{7-37}$$

对应于上面的结论,表 7-1 给出多个样本情况下神经网络的 BP 算法核心公式。

表 7-1 n 个样本 BP 算法公式

一个样本的 BP 算法公式	n 个样本的 BP 算法公式
$dW^{[2]}=dz^{[2]}\cdot a^{[1]T}$	$dW^{[2]}=\frac{1}{n}dZ^{[2]}\cdot A^{[1]T}$
$db^{[2]}=dz^{[2]}$	$db^{[2]}=\frac{1}{n}\sum_{i=1}^{n}dz^{[2](i)}$
$dW^{[1]}=dz^{[1]}\cdot x^{T}$	$dW^{[1]}=\frac{1}{n}dZ^{[1]}\cdot X^{T}$
$db^{[1]}=dz^{[1]}$	$db^{[1]}=\frac{1}{n}\sum_{i=1}^{n}dz^{[1](i)}$

七、梯度下降

在求解深度学习算法的模型参数时,梯度下降(gradient descent,GD)是最常采用的方法之一。首先,在微积分中求得多变量函数的参数的偏导数,并将每个参数的偏导数写成向量的形式,即梯度。该梯度是指其函数的变化最迅速的区域,即沿着梯度向量的方向,更加容易找到函数的最大值,而沿着梯度向量相反的方向,梯度减小最快,更加容易找到函数的最小值。在使损失函数减至最小时,采用梯度下降法来迭代求解,可以获得最小的损失函数和模型的参数值。

梯度下降算法中,主要包含步长、特征、假设函数和损失函数几个概念。步长决定了在梯度下降迭代的过程中每一步沿梯度负方向前进的长度;特征是指样本的输入数据特征;假设函数是监督学习中为拟合输入样本引入的拟合函数;损失函数则是用来度量拟合程度的函数。

具体算法如下,设假设函数为 $h_\theta(x_0, x_1, \cdots, x_n) = \theta_0 x_0 + \theta_1 x_1 + \cdots + \theta_n x_n$,其中 θ 为模型参数,$X=(x_0, x_1, \cdots, x_n)$ 为样本特征,则损失函数为 $J(\theta) = \frac{1}{2}(h_\theta - Y)^T(h_\theta - Y)$,其中 Y 为输入样本的真值。

首先确定当前位置的损失函数的梯度 $\frac{\partial}{\partial \theta}J(\theta)$;然后将步长 α 和损失函数的梯度相乘,得到当前位置下降的距离;确定 θ 向量的每个元素值在梯度下降后的距离是否都小于 ε(指定阈值),如果小于 ε 则该算法结束,当前模型参数即为最终结果,否则更新参数向量 θ,更新公式为 $\theta = \theta - \alpha \frac{\partial}{\partial \theta}J(\theta)$。

批量梯度下降(batch gradient descent,BGD)算法是一种在机器学习领域应用十分广泛的优化算法,他的主要目的是通过不停的迭代来训练网络,优化网络中各个可学习的参数,以此来不断地向模型的目标函数趋近,或者收敛到最小值。梯度下降法往往与反向传播算法结合来对网络模型进行优化。该算法希望使模型的损失函数得到一个最小值,所以就需要找到一个能够让该函数变小的最快速的方向。已知一元函数的梯度就是函数的微分,而多元函数的梯度是一个向量,该向量的方向就是函数在该位置上升最快的方向,由此函数沿着当前位置的梯度方向的反向是收敛最迅速的方向，所以需要不停地进行迭代计算，得到当时每个位置的梯度，如此反复来收敛到一个极小值。该极小值大概率为局部最小值，很少的情况下会收敛到全局最小，但是一般来说局部最小值已经可以满足任务的需求，所以梯度下降法在很长一段时间内都是非常受欢迎的优化算法。但是进入深度学习时代之后，随着训练数据的巨幅增加，批量梯度下降法的速度受到了数据量的严重干扰，该算法每更新一次参数就要将全部的数据训练一遍，这在深度学习领域是无法接受的，因为花费的时间过于巨大。

批量梯度下降算法虽然被广泛使用，但其在训练时间上有着非常严重的缺陷，于是产生了随机梯度下降（stochastic gradient descent，SGD）算法。随机梯度下降算法与批量梯度下降算法相比是另一个极端，它每轮迭代训练时仅读取一个样本数据作为输入，即每读取一个数据就更新一次网络模型的参数。随机梯度下降算法的训练速度很快，因为读取的数据量小，所以网络模型可以快速地更新参数，但是也因为它读取的数据太少了，仅使用一个样本就可以改变梯度的方向，这样网络的迭代速度虽然很快但是收敛的速度却很慢，有时甚至很难收敛到一个局部最小值。

小批量梯度下降（mini-batch gradient descent，MBGD）算法是目前使用最为广泛的优化算法之一，它兼顾了原始的梯度下降法的收敛速度，同时也具备随机梯度下降法的快速训练的能力。它每次从数据集中随机抽取一小批数据，每迭代完这一小批数据就更新一次网络参数。经过上述的算法改良，小批量随机梯度下降算法已经是一种很成熟且实用的优化算法了，但是依旧存在不少的缺点。首先无论哪一种梯度下降算法都需要设置一个超参数学习率，网络的参数更新就是通过梯度和学习率进行计算的。所以网络模型能否收敛以及收敛的速度基本取决于学习率的取值，在实际的实验中学习率的取值往往只能靠经验选择，即通过试错获得相对最佳的学习率。这又导致了另一个连锁的问题，即在某个任务上表现得很好的训练完的模型无法在其他任务上具有相同的表现，因为学习率的设置是因任务而异的。随着应用该算法的实验逐渐增多，研究者发现在一些形如马鞍面的函数上，该算法有可能被困在鞍点处无法收敛，鞍点即马鞍面上各个方向上梯度均为零的点。

第三节 深度学习调优技巧

考核知识点及能力要求：

- 掌握深度学习的学习率设置；
- 掌握深度学习网络参数初始化；
- 掌握深度学习中的正则化；
- 熟悉深度学习中的注意力机制；
- 熟悉深度学习模型的优化器。

一、学习率

学习率是一个大多数优化算法都会涉及的重要的深度学习超参数，用于控制深度神经网络权值的调整速度，其中网络权值是基于损失梯度进行调整的。学习率越大，损失梯度下降的速度就越快，收敛速度就越快，通常网络参数的权值更新公式如下：

$$新权值 = 旧权值 - 学习率 \times 代价函数对旧权值的梯度 \quad (7-38)$$

学习率的调整方法一般是基于经验的，目前较为主流的设置方式是随着时间的推移让学习率动态变化，通常为学习率设置较大的初始值，随着训练轮数的迭代逐步减小学习率。

二、参数初始化

如需使用梯度下降算法进行调优，首先需要对网络参数的权重 w 和偏置 b 进行初始化。一般情况下，深度学习模型中的 w 和 b 应该初始化为一个很小的数，逼近但不为 0。因为凸函数优化问题，所以无论初始化在曲面上的哪一点，最终都会收敛到同一点或者相近的点。

当权重 w 和偏置 b 完成初始化之后，就可以开始迭代训练的过程了。迭代过程就是通过不断更新参数，使误差函数从初始值开始不断减小，直到满足要求时停止。

三、正则化

在深度学习中，正则化是对学习算法的修改——旨在减少泛化误差而不是训练误差。深度神经网络具有非常优秀的拟合能力，通过训练不断迭代更新网络参数，可以令训练集上的准确率提高到非常优秀的水平，但过度学习训练集数据中的知识会导致过拟合。为了避免过拟合发生，需要通过正则化的方法来提高模型的泛化能力。

在传统机器学习算法中，会通过在损失函数中加入 $L1$ 或 $L2$ 范数等方法，对模型的复杂度进行限制以提高泛化能力。限制模型复杂度的方法也会在神经网络算法中运用，但是在具有大量参数的深层神经网络中，尤其是网络模型参数的数量远大于训练数据数量时，$L1$ 和 $L2$ 正则化的效果通常会弱于在浅层机器学习模型中的表现。因此在训练深层神经网络时，丢弃和早停等其他正则化方法会更多地被运用。

（一）$L1$ 和 $L2$ 正则化

和绝大多数的机器学习方法一样，$L1$ 和 $L2$ 正则化在神经网络中通过约束网络模型权重的 $L1$ 或 $L2$ 范数，惩罚模型的高复杂度，以此缓解模型在训练集上的过拟合问题。

为了在最小化训练误差的基础上，尽可能减少模型的复杂度，以此来提高模型的泛化能力，将 $L1$ 和 $L2$ 正则化项加入到损失函数中，公式可写为：

$$\theta^* = \underset{\theta}{\operatorname{argmin}} \frac{1}{N} \sum L(y^{(n)}, f(x^{(n)}, \theta)) + \lambda l_p(\theta) \tag{7-39}$$

其中，N 为训练样本数量，$f(\cdot)$ 为待学习的神经网络模型，θ 表示权重，λ 是正则化参数，$l_p(\theta)$ 表示范数函数，$p \in \{0, 1\}$。

（二）丢弃

在训练深层神经网络模型的过程中，通过随机丢弃一部分神经元及其对应的连接边来避免出现过拟合的方法,被称为丢弃(dropout)。通常算法在神经网络的隐层中使用丢弃,其实现方式可以通过对每个神经元设置一个固定的概率 p 来判断是否保留。同时,算法在训练阶段和测试阶段会使用不同的方法进行丢弃。

为神经网络层 $y=f(Wx+b)$ 引入一个丢弃函数 $drop(\cdot)$,使得 $y=f(Wd(x)+b)$。丢弃函数定义为:

$$d(x) = \begin{cases} m \odot x \\ px \end{cases} \quad (7-40)$$

在训练过程中,d 表示丢弃掩码,$m \in \{0, 1\}$,p 表示服从 0-1 分布随机生成的通过概率。通常简单地设置 p 值为 0.5 就可以获得较为优秀的表现效果,也可以利用验证集来选取一个最优值。选择合适的通过概率后,训练时激活神经元的平均数量会变为原始数量的 p 倍。

经过丢弃,在反向传播时与部分被丢弃神经元相关的权重的梯度会变为 0。由于使用了丢弃的正则化方法,在训练时每个隐含层的神经元都有 p 的概率被丢弃,因此神经元之间的依赖性会被降低,输出层得到的计算结果也无法对任何一个隐含层神经元过度依赖,由此过拟合现象可以得到有效缓解。而在测试阶段,为了模型能够得到更稳定且可以复现的结果,通常会让所有神经元都可以被激活,不会丢弃神经元,而这会导致网络在训练和测试时的输出不一致。为解决这一问题,一般会在测试时把不同的神经网络进行平均,即将每一个神经元的输出都乘以概率 p,用这种方式使网络在输出上让测试和训练阶段保持一致。

(三)早停

早停(early stopping)就是在训练中迭代了多轮后,观察到错误率不再下降时,或误差下降到一定程度时,提前停止迭代,在预设的最大迭代次数前停止神经网络的训练。

当使用梯度下降法优化网络模型参数时,可以设置一个称为验证集的独立于训练集的样本集合。每次进行迭代时,先在验证集上测试新学习到的模型,并计算错误率,用验证集上的错误来代替期望错误。验证集上的错误率通常会先下降后上升,其曲线拐点处预示着模型开始过拟合。因此经过多轮迭代后,当模型在验证集上的错误率不再下降甚至反而升高时,就停止迭代。由上述训练过程可知,在使用早停来解决过拟合时，需要同时或交叉进行训练和验证。

四、注意力机制

研究者从人类注意力机制中获取的灵感，开展了深度学习中的注意力机制（attention mechanism）的相关研究。人的大脑在所接受外界多种多样的信息中，只关注重要的信息而忽略无关紧要的信息，这就是注意力的体现。注意力机制能帮助神经网络选择关键重要的信息进行处理，不仅能减少神经网络中的计算量，而且使模型能做出更加准确的预测。近年来，注意力机制已被广泛应用于多项任务中，如视频及图像的分类和检测、自然场景文本检测与识别、情感分类、机器翻译等。

注意力机制是一种用来学习输入对输出影响大小的特殊结构，目前是多种神经网络的重要组成部分之一。对于序列输入数据来说，无论是视频序列，还是语音序列、文本序列，大脑都会在多个层面上实现关注，消除不需要的背景信息，以便仅选择要处理的重要信息，使大脑可以高效地处理信息。当神经网络面对类似的大量序列信息时，同样可以使用注意力机制减小神经网络的计算负担。计算注意力分布和计算加权平均是注意力机制计算的两个组成步骤。

以 N 个输入信息 $X=[x_1, \cdots, x_N]$ 为例，给定查询向量 q 和输入信息 X，选择第 i 个输入信息的概率注意力分布 α_i（即第 i 个输入信息受到的关注程度）的计算公式为：

$$\alpha_i = \text{softmax}(s(x_i, q)) = \frac{\exp(s(x_i, q))}{\sum_{j=1}^{N} \exp(s(x_j, q))} \quad (7-40)$$

其中 $s(x_i, q)$ 为注意力打分函数，其计算可通过加性模型、点积模型和双线性模型等多种模型进行。通过 $\text{att}(X, q) = \sum_{i=1}^{N} \alpha_i x_i$ 对输入的信息进行汇总，示意图如图 7-9 所示。

五、优化器

上文简单介绍过一系列批量梯度下降算法，但使用其

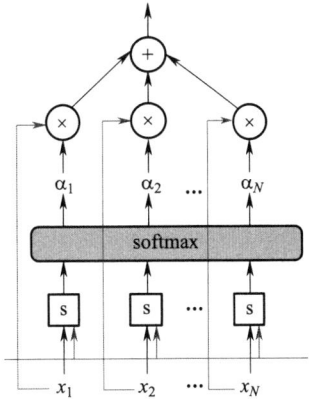

图 7-9 注意力机制示意图

中最好用的小批量随机梯度下降算法时依旧会出现一个很难解决的问题，即遇到病态曲率的情况。所谓病态曲率就是指在一个曲面上出现了一道低谷，该低谷向着最小值点延伸，但是向着最小值方向的梯度远小于低谷顶端向着谷底变化的梯度，这种情况下随机梯度下降法会在低谷的"两壁"上不停地反弹，以至于向最小值移动的速度非常缓慢，难以收敛甚至看起来几乎停滞不前。

于是引入了动量（momentum）优化算法，该算法是小批量随机梯度下降算法的一个变种，动量优化算法利用历史上使用过的梯度，对这些梯度进行累积并对将它们作用于当前的梯度上。具体地，我们相当于对所有经过的梯度步长求了一个指数平均值，所以距离当前时间越远的梯度对当前的梯度的走向影响就越小。在上述的病态曲率的问题中，我们可以知道，由于梯度方向的更新是沿着低谷"两壁"反弹的，其轨迹是一个锯齿形，其梯度方向实际上是存在两个分量的，其一是向着最小值方向的反向，其二则是向着对侧"谷壁"的方向的反向，而锯齿状的反弹则说明在两侧反弹时它们中的第二个梯度方向分量是互为反向的，于是动量优化算法就起到了作用，因为它在计算梯度时使用了历史梯度方向，即每次反弹时的梯度分量二都可以互相抵消很大一部分，而梯度方向分量中的第一部分则会被积累保留下来，所以此时的梯度方向的反向就基本是向着曲面最小值的方向了。动量优化算法消除了震荡，解决了病态曲率问题，同时还可以加速收敛的速度。该优化算法还具有一个超参数，用来作为历史梯度方向的权值。

与动量优化算法类似，RMSProp（root mean square propagation）算法也致力于解决梯度在下降方向上呈现锯齿状震荡的问题。但与前者不同，该算法虽然也引入了历史梯度作为计算当前梯度的一部分，但它是针对每一个参数进行单独迭代的。

RMSProp 计算梯度：

$$g = \frac{1}{m} \nabla_\theta \sum_i L\left(f(x^{(i)}\theta), y^{(i)}\right) \qquad (7-41)$$

平方梯度积累：

$$r = pr + (1-\rho) g \odot g \qquad (7-42)$$

计算参数更新：

$$\Delta\theta = -\frac{\varepsilon}{\sqrt{\delta + r}} \odot g \qquad (7-43)$$

更新参数：

$$\theta = \theta + \Delta\theta \qquad (7-44)$$

其中，x 为样本，y 为标签，m 为样本个数，p 为学习率的衰减速率，ϵ 为全局学习率，θ 为参数。

RMSProp 算法计算了历史梯度的平方和，并进一步将该值的平方根作为参数更新学习率的分母，又设计了一个全局学习率，将其两者相乘即可独立计算每个参数的动态学习率。"震荡"的具体表现，就是参数更新的取值在某一范围内摆动，而该算法通过动态调整每个参数的学习率来控制参数更新时的震荡现象。通常来讲，一个参数之前的变化越平缓，其历史梯度平方和的值就会越小，作为分母就会使更新时的动态学习率越大，于是更新的速度就越快，以此来快速地向着梯度减小的方向收敛，以达到一个最优解。该算法同样减小了梯度在训练过程中的震荡问题，使其收敛的曲线变得相对平滑，这也加快了网络模型收敛的速度。

自适应矩估计算法（Adaptive Moment Estimation，Adam 算法），是一种在深度学习领域中替代随机梯度下降法的优化算法。随机梯度下降法有一些缺点，其中较为关键的一点是需要选择一个合适的学习率。学习率过小会使得网络模型在训练时以非常缓慢的速度收敛，而过大的学习率又会导致大幅的梯度变化，难以收敛。梯度下降法在训练时还可能会被困在鞍点处（鞍点即马鞍面上各个方向梯度均为 0 的平坦点）导致训练的结果较差；同时梯度下降法对任何参数都使用相同的学习率，不会进行动态的变化。Adam 算法则会自适应地调整每个参数的学习率，该算法通过计算梯度的一阶矩估计和二阶矩估计，将其作为学习率的权值，使得不同的参数的学习率发生变化。Adam 算法具有几个超参数，分别为 β_1、β_2、ϵ 以及学习率 lr，其中 β_1、β_2、ϵ 这三个超参数一般使用优化器的设计者推荐的参数即可，不需要进行调整，需要调整的超参数仅有学习率 lr 这一项。研究者在调整学习率时通常会使用模拟退火算法，即设定一个迭代步长以及学习率的衰减率，每经过迭代步长一次就在原学习率上乘上一个衰减率，以此来对学习率进行宏观的调整。相较于梯度下降算法，Adam 算法的收敛速度会更快，而且不容易收敛到局部最小值。

第四节 卷积神经网络

考核知识点及能力要求：

- 了解卷积神经网络的基本概念；
- 熟悉卷积神经网络的基本结构；
- 熟悉部分经典卷积神经网络模型。

一、卷积神经网络简介

卷积神经网络（CNN）是一种专门用来处理如图像类具有二维结构的数据的神经网络。与全连接网络不同的是，CNN 中的相邻层神经元之间并不都可以直接连接，而是通过"卷积核"作为中介，通过共享"卷积核"来使隐含层的参数量大幅下降。最基本的 CNN 是由一系列串联的层构成的，每个层都通过一个可微函数将一个量转化为另一个量。上述串联的层主要包括卷积层（convolutional layer）、池化层（pooling layer）和全连接层（FC）。卷积神经网络在诸多领域被广泛地应用并且均具有优秀的效果表现，在大型图像处理的场景下表现尤为出色。图 7-10 展示了 CNN 的基本结构形式，一个神经元以三维排列组成卷积神经网络，包含宽度（width）、高度（height）和深度（depth）等基本特性。如图 7-10 中一个层展示的那样，CNN 的每一层都将 3D 的输入量转化成 3D 的输出量。

卷积神经网络目前已被应用于各大领域，覆盖了诸多任务，包括：图像处理领域的静态目标检测、图像识别和分类、图像标注等；视频处理领域中的视频分类、目标跟踪、动态目标检测、事件检测等；自然语言处理领域中的文本分类、机器翻译等。

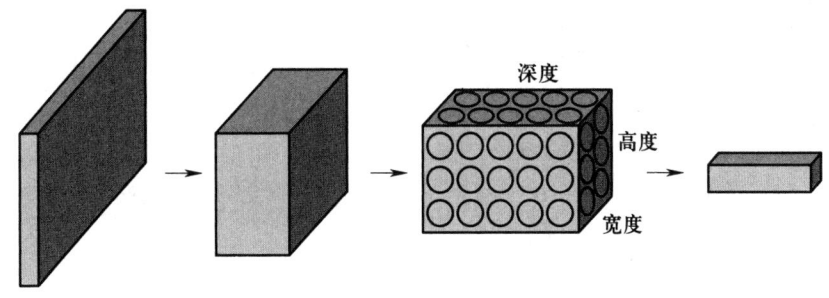

图 7-10　CNN 网络结构

相比于全连接网络，卷积神经网络主要具有以下两个优势：

（一）参数共享

通常一个模型的多个函数均使用相同的参数被称为参数共享。在传统的神经网络中，权重矩阵中的每个元素在计算当前层的输出时只会使用一次；而在卷积神经网络中，在"卷积核"滤波器滑动过程中所覆盖的输入数据的每个位置上，滤波器中的元素都会被重复使用。卷积运算使得网络不需要对每一位置都学习一个单独的参数集合，而是对所有的位置只需要学习一个公共的参数集合，这就是所谓的参数共享，当参数共享被用于卷积神经网络时可以显著减少模型的参数量。

参数共享更直观的意义在于，如果一个特征在某个空间位置的计算中能够发挥作用，那么它在参与另一个不同位置的计算时也能发挥作用。举例来讲，假如对于目标任务来说图像的纹理特征很重要，而我们针对特定局部区域训练得到了一个可以提取局部纹理特征的神经元，那么由于图像结构具有平移不变性，该神经元同样可以作用于其他局部区域得到对应的局部纹理特征。图 7-11 是亚历克斯·克里谢夫斯基 Alex Krizhevsky 等人学习到的滤波器示例。

（二）局部连接

局部连接也可以称为稀疏连接，由于处理高维度输入时，让每个神经元都与前一层中的所有输出相连接并不现实，因此可以让神经元只与输入的一个局部区域相连，使每个位置的输出仅依赖于输入数据的一个特定区域。上述与神经元连接的局部区域

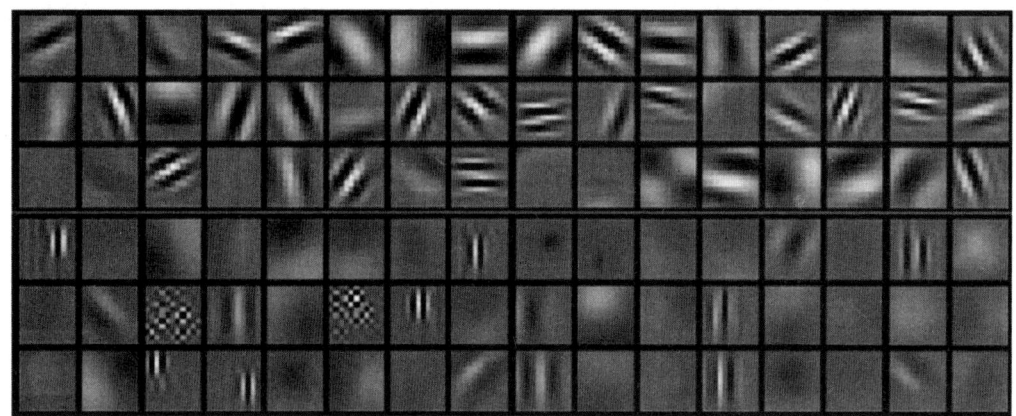

图 7-11　Alex Krizhevsky 等人学习到的滤波器例子

的大小被称为神经元的感受野（receptive field），感受野的大小是网络模型的一个超参数。同时需要强调的是，局部连接是针对由宽度和高度构成的空间维度来说的，单个神经元在通道数目上的尺寸和输入数据的通道数总是保持一致。局部连接的使用同样可以使卷积神经网络中的参数数量显著降低。

二、卷积神经网络结构

在结构上，卷积神经网络一般由一个或多个卷积层、池化层以及全连接层组成，本部分主要介绍卷积层、池化层、分类层的作用和特点。

（一）卷积层

本部分主要介绍卷积层的相关知识点：首先概要性地介绍卷积层和滤波器，接着结合具体的例子进一步解释二维卷积操作和三维卷积操作，然后介绍卷积层的主要超参数，最后说明卷积层的两个主要特点（参数共享和局部连接）。

1. 概述

卷积层由一系列参数可学习的滤波器集合构成，其中滤波器的宽度和高度都相对较小，但其深度（即通道数）和输入数据相同。卷积层的基本作用是通过执行卷积操作提取底层到高层的特征，同时挖掘出输入数据在局部上的关联性和及其空间不变性。对于卷积神经网络第一层而言，一个典型的滤波器的尺寸是 $5\times5\times3$，其宽度和高度都是 5 像素，而通道数是 3，这是因为输入的彩色图像通常具有 3 个颜色通道。网络在正向传播的时候,每个滤波器都会在输入数据的宽度和高度上按一定步长进行滑动,滑动至某处便将滤波器和它当前所覆盖的输入数据区域的内积作为输出进行计算。当整张图片都进行过与滤波器的卷积之后,会得到一个二维的特征图(feature map),特征图显示了滤波器在图像每个空间位置处的响应。在一个完成训练的网络中,每当滤波器"看到"其期望类型的视觉特征时就会被激活,这些视觉特征可能是低层网络中的角点或者边界等,也可能是更高层网络中的网格状、蜂窝状纹理等图案。

通常每个卷积层都具有一组滤波器,每个滤波器都会生成一个对应的二维特征图,在不同通道上将这些特征图层叠起来就得到网络模型的输出数据。后面将结合具体的例子分别对二维和三维卷积操作进行说明,以使读者对卷积操作有更直观的理解。

上述内容从卷积操作的直观解释出发,给出了卷积层的基本定义;除此之外,深度学习领域也常常使用大脑和生物神经元来比喻解释其结构和原理。举例来说,卷积层生成的单张二维特征图中的每个数据项都可以被看作某个神经元的输出,而每个神经元通常只观察到部分输入数据,并且共享周围的所有神经元参数,单张二维特征图中的每个数字都是使用同一个滤波器得到的结果。在本章的后续内容中,为更形象地介绍卷积神经网络,也会基于神经元这一术语对一些概念进行阐述。

2. 滤波器

滤波器(filter)即一组固定的权重,如图 7-12 所示,矩阵框中的数值即为权重数值。如果属于同一层次的所有神经元在深度方向上都使用同一个权重向量,那么网络的卷积层在正向传播过程中,相当于对神经元权重和输入数据体进行了卷积运算,这就是"卷积层"名字的由来,也是将这些权重集合称为滤波器或卷积核(kernel)的原因。

滤波器的通道数应与输入数据体的通道数保持一致。对照图 7-12 中滤波器的两种基本形式,举例来说,当输入是一张大小为 32×32 的灰度图像时,对应的滤波器可以采用左侧所示的二维形式;而当输入是一张大小为 32×32×3 的彩色图像时,其中 3 表示颜色通道数,必须采用通道数同样为 3 的滤波器。

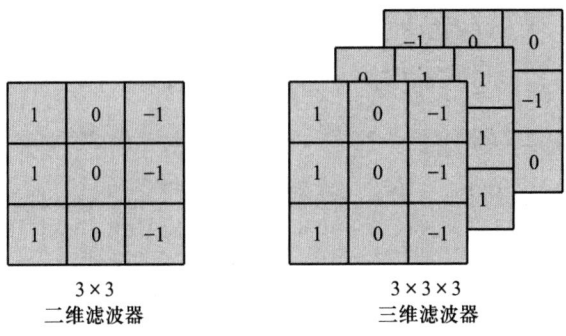

图 7-12 滤波器

卷积神经网络的构建在很大程度上就依赖于这些滤波器的参数学习。通过训练学习改变滤波器的权重值，使得这些滤波器对特定特征有较高的激活值，能够对这些特征进行识别，以达到利用卷积神经网络网络进行分类、检测等目的。

在卷积神经网络中，所在深度不同的卷积层所提取的特征会逐渐复杂化。通常认为，卷积神经网络的第一个卷积层的滤波器检测到的是如边、角、曲线等低阶特征，而第二层的滤波器会检测到如半圆、四边形等低阶特征的组合情况。如此累积递进，越深层的卷积神经网络越能够学习并检测到更为复杂、更抽象的特征。这实际上与人类大脑处理视觉信息时所遵循的从低阶特征到高阶特征的模式是一致的。

3. 二维卷积操作

结合前面的内容，下面将以图 7-13 为例来进一步解释二维卷积操作。

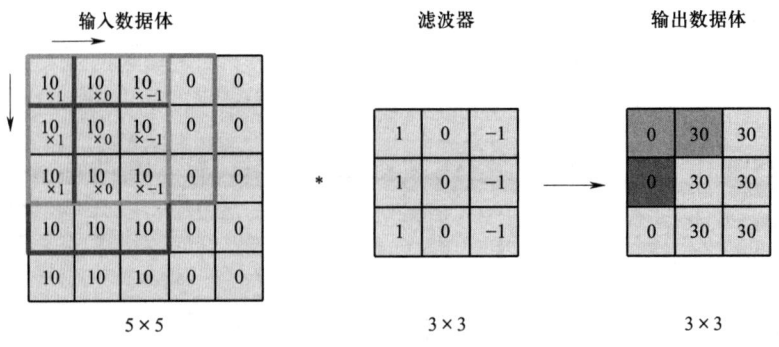

图 7-13 二维卷积操作

图中左侧是一个大小为 5×5 二维输入数据体（例如一张灰度图像）；对应地，选择的是一个大小为 3×3 的二维滤波器；两者间的"*"号表示卷积操作；而最终的输出数据体将是一个 3×3 的矩阵。下面是具体的计算过程。

为了计算得到输出数据体中的第一个元素（左上角第一个元素），将滤波器覆盖在输入数据体的对应位置（左上角 9×9 大小的区域），然后进行逐元素乘法并累加（每次操作包含 9 个元素对）。其计算过程（按行）为：

$$10×1+10×0+10×（-1）+10×1+10×0+10×（-1）+10×1+10×0+10×（-1）=0 \tag{7-45}$$

接下来，为了计算得到输出数据体中的第二个元素（第一行第二列对应的元素），将覆盖在输入数据体上的滤波器向右平移一格，然后执行相同的逐元素乘法累加操作，得到第二个元素 30，同理可以得到第三个元素为 30。而对于输出数据体中的第四个元素（第二行第一列的元素），可以通过将滤波器从左上角 9×9 大小的位置向下移动一格，接着用同样的方法计算得到其数值为 0。以此类推，可以得到输出数据体中的所有位置的值。

4. 三维卷积操作

当输入数据体是三维时，需要进行三维卷积操作。三维卷积和二维卷积的区别在于，输入数据体和滤波器的通道数不为 1（但两者的通道数始终一致）。如图 7-14 所示，左侧的输入数据体尺寸为 5×5×3（例如一张 3 通道的彩色图像），滤波器的尺寸为 3×3×3，而输出数据体尺寸与二维卷积操作中的例子一样，依然是 3×3。下面是具体的计算过程。

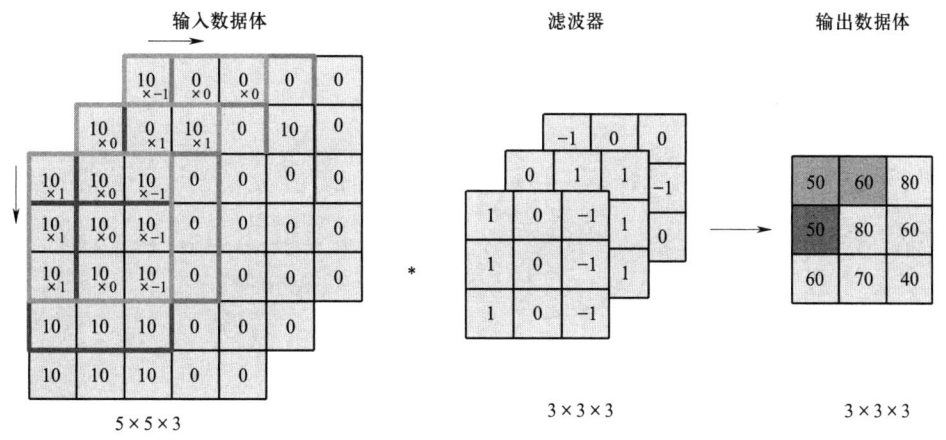

图 7-14　三维卷积操作

与二维卷积操作一致，对拥有3个通道的输入数据体和滤波器进行三维卷积操作时，同样是把滤波器覆盖在输入数据体的特定位置，然后执行逐元素乘法并求和，从而得到最终的输出数据体。与图7-13中二维卷积操作的不同之处在于，此处的三维卷积操作有27个元素对，而二维卷积操作只有9个元素对。

5. 超参数

通道（channel）：输出数据体的通道数量，也称深度（depth），是一个表示所使用的滤波器的数量的超参数。前面提到当滤波器"看到"输入数据中期望的特征时会被激活，而每个滤波器所期望的特征是不同的。举例来说，对于第一个卷积层中的滤波器，输入是原始图像，那么不同方向的角点或者边界可能激活在深度维度上的不同滤波器。

步长（stride）：在滑动滤波器的时候，平移的滑动距离称为步长。当步长为 k 时，滤波器每次滑动会平移 k 个像素。设置滑动滤波器步长会导致输出数据在空间尺寸上变小，并且步长越大输出数据的尺寸越小。

填充（padding）：在输入数据体边缘处填补特定元素的做法称为填充。其中最常用的是使用0元素进行填充，即零填充。填充的尺寸（即元素的数量）是一个超参数。填充操作具有能够控制输出数据的空间尺寸的良好性质，在期望保持输出数据的空间尺寸和输入数据相同时十分常用，此操作能够保留尽可能多的原始输入信息。

通过输入数据尺寸 $W×W$，卷积层中滤波器尺寸 $F×F$，步长 S 和零填充的数量 P 的函数可以计算输出数据在空间上的尺寸。假设输入数据的高度和宽度相等，则输出数据的宽度和高度为 $(W-F+2P)/S+1$。如图7-15所示例子，输入数据体尺寸为 $5×5$，滤波器尺寸为 $3×3$，当步长为1且不进行零填充时，$(5-3+2×0)/1+1=3$，得到一个 $3×3$ 的输出数据体；如果步长为2，零填充尺寸为1，$(5-3+2×1)/2+1=3$，得到的也是一个 $3×3$ 的输出。

需要注意的是，上述这些空间排列的

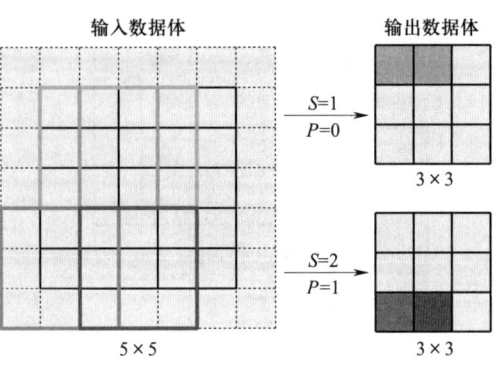

图 7-15 输出数据体尺寸计算

超参数之间在网络的设计中是相互限制的。例如，当其他超参数固定时，一般需要选择合适的步长和零填充数量来保证输出数据体的尺寸为整数；当公式（$W-F+2P$）$/S+1$ 的计算结果不为整数时，通常采用向下取整的方式来使得输出数据体的尺寸为整数。另一方面，输入和输出数据具有相同的高度和宽度这一特性需要得到保证。为此，当步长 $S=1$ 时，对应零填充的值是 $P=(F-1)/2$。

下面是一个真实案例：AlexNet 架构赢得了 2012 年的 ImageNet 挑战，其输入图像的尺寸是 $227×227×3$。在第一个卷积层，滤波器尺寸为 $F=11$，滤波器数量为 $K=96$，步长 $S=4$，不使用零填充 $P=0$。$(227-11)/4+1=55$，故卷积层的输出数据体尺寸为 $55×55×96$。有趣的是，原论文中提到，输入图像的尺寸是 $224×224$，但是 $(224-11)/4+1=54.25$ 不是整数。这个"错误"的由来在卷积神经网络的历史上引发了诸多猜想。一种猜测是作者 Alex 忘记在论文中指出自己使用了尺寸为 3 的零填充。

（二）ReLU 激活函数

激活函数是用来为神经网络加入非线性因素的重要组成部分，用以弥补线性模型表达能力不足的缺点。早期 AlexNet 网络架构提出使用线性整流单元（ReLU）非线性激活函数来代替传统的激活函数，可谓深度学习的一大进步。目前，ReLU 激活函数及其衍生已成为深度学习领域最常用且有效的激活函数。ReLU 的表达式为 $f(x)=\max(0, x)$，其图形如图 7-16 所示。

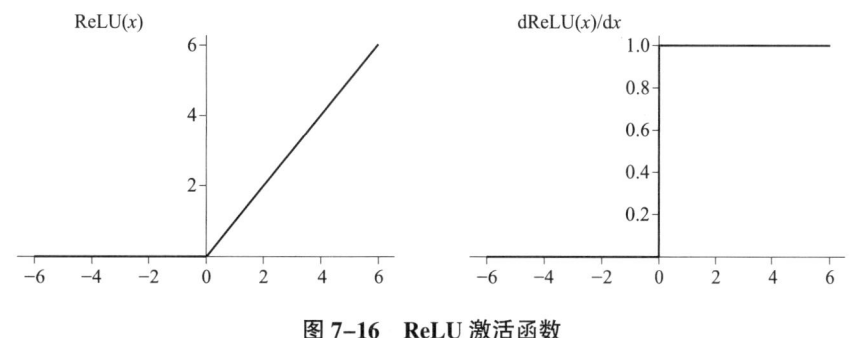

图 7-16 ReLU 激活函数

与传统的 Sigmoid 和 tanh 激活函数相比，ReLU 激活函数的优点主要在于：

（1）梯度不饱和。Sigmoid 激活函数的导数在正负饱和区的梯度都接近于 0，仅在 0 附近的区域有比较好的激活性，因此会造成梯度弥散的问题。而 ReLU 激活函数的梯度计算公式为：$\text{ReLU}(x) = \begin{cases} 0, & x<0 \\ 1, & x>0 \end{cases}$。由公式可知其大于 0 的部分梯度为常数，所以不会产生梯度弥散现象。由于 ReLU 激活函数的这种特性，神经网络前几层的参数在反向传播过程中也可以很快得到更新。

（2）稀疏激活性。ReLU 函数在负半区的导数值为 0，表示一旦神经元激活值进入负半区，这个神经元不会经历训练，即所谓的稀疏激活性。

（3）计算速度快。Sigmoid 和 tanh 函数在正向传播过程中计算激活值时需要计算指数，而 ReLU 函数仅需要根据阈值判断其激活值，即：$x<0$ 时，$f(x)=0$；$x>0$ 时，$f(x)=x$。该特性可以将正向传播的计算速度大幅加快，因此 ReLU 激活函数可以极大地加快收敛速度。

（三）池化层

通常卷积神经网络会在连续的卷积层之间周期性地插入一个 pooling（池化层）对特征图进行下采样，池化函数为池化层处理输入数据时的准则。当计算某一位置的输出时，池化函数会计算该位置相邻区域的输出的某种总体统计特征，并将该统计特征作为网络在该位置的输出。池化层的主要作用是将前向传播的数据的空间尺寸逐渐降低，从而减少网络整体的参数数量以及耗费的计算资源，同时池化操作也能对过拟合进行有效控制。

池化操作独立改变输入数据的每一个深度切片的宽度和高度尺寸。以最大池化（max pooling）为例，池化层使用的总体统计特征为取最大值操作，即用一定区域内输入的最大值作为该区域的输出。现有最大池化最常用的形式是使用尺寸为 2×2 的滤波器，并设置步长为 2 来对深度切片进行降采样，每个取最大值操作是从覆盖区域的 4 个数字中取最大值，以此将原本的 75% 的激活信息过滤掉，而保持数据体通道数不变。

除了最大池化，池化层还可以使用其他统计方法进行普通池化（general pooling），如平均池化（average/mean pooling）和 L2 范数池化（L2-norm pooling）。历史上平均池化曾经比较常用，但如今已很少使用了，其主要原因是在实践中发现最大池化的效果要好于平均池化。同时需要强调，在池化层很少使用填充操作。

如图 7-17 所示，左侧输入数据体尺寸为 224×224×64，采用的池化滤波器尺寸为2，步长为2，经过池化操作被降采样到了112×112×64，通道数不变。右侧图中，采用的是滤波器尺寸为2、步长为2的最大池化操作，即无重叠的从相邻4个数字中选取最大值作为输出。

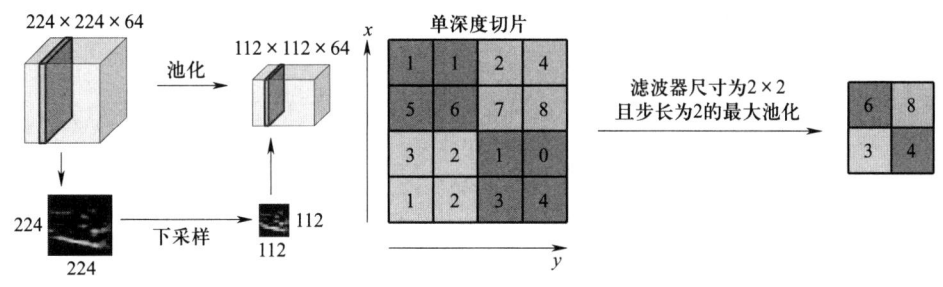

图 7-17　池化操作

（四）Softmax 分类层

1. 概念引入

用于分类的卷积神经网络模型最终目标是完成对输入数据的分类，输入数据在经过多步卷积和池化处理提取到特征后，将交由分类层进行最终的分类。Softmax 分类层因为计算简单、效果显著的特点而在卷积神经网络的结构设计中得到了广泛的应用。下面先简单描述一下 Softmax 的数学含义。

已知两个实数 a 和 b，若 $a>b$，则 $\max(a, b)=a$。但是在实际的分类应用中，一般情况下分类得分值越大表示属于对应类别的可能性越大，因此我们希望有更大概率取到分类得分值较大的类别，而分类得分值小的类别也有小概率可以被取到，选择两个类别的概率大小与它们的分类得分值大小正相关，这就是 Softmax 的直观数学含义。

2. Softmax 函数定义

Softmax 函数在神经网络中主要用于多分类过程，可以将该函数看作是逻辑回归二元分类器在多分类场景中的泛化。它将神经元计算输出的得分值映射到频率域，即（0，1）区间中，从而实现对输入数据的多分类。Softmax 函数定义的数学描述如下：

对于得分集合 S 中的第 i 个元素，其 Softmax 值（概率）为

$$y_i = \mathrm{Softmax}(S_i) = \frac{e^{S_i}}{\sum_j e^{S_j}} \tag{7-46}$$

通过上式可以保证数据样本属于各个类别的概率和为 1，即 $\sum_{i=1}^{C} y_i = 1$，其中 C 表示类别数目。

Softmax 函数的计算过程如图 7-18 所示。

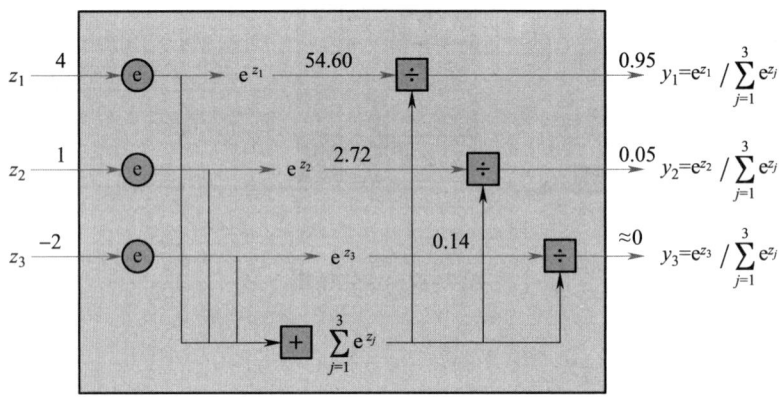

图 7-18　Softmax 计算过程示意图

3. Softmax 分类层的损失函数

通常使用交叉熵作为 Softmax 分类器损失函数。对于一个输入样本 i 而言，其数学表达式为：

$$\text{crossentropy}(\text{label}, S_i) = -\sum_{i=1}^{C} \text{label}_i \ln\left(\frac{e^{S_i}}{\sum_j e^{S_j}}\right) \tag{7-47}$$

从上式来看，样本正确类别的 Softmax 数值越大，样本被分为正确类别的概率值越大，其损失函数数值越小，符合损失函数的设计要求。训练集总体的损失是遍历训练集所有样本之后的均值。

三、卷积神经网络模型

下面将按照文章发表的时间线介绍几种经典的卷积神经网络架构。读者在了解卷积神经网络发展历史的同时，也可以深化对卷积神经网络组成的认识。

（一）LeNet5

LeNet5 诞生于 1994 年，是最早的卷积神经网络之一，该网络的出现推动了深度学习领域的发展。LeNet5 由被誉为"卷积神经网络之父"的 Yann LeCun 提出，网络名称中的 5 代表五层模型，其网络结构如图 7-19 所示。

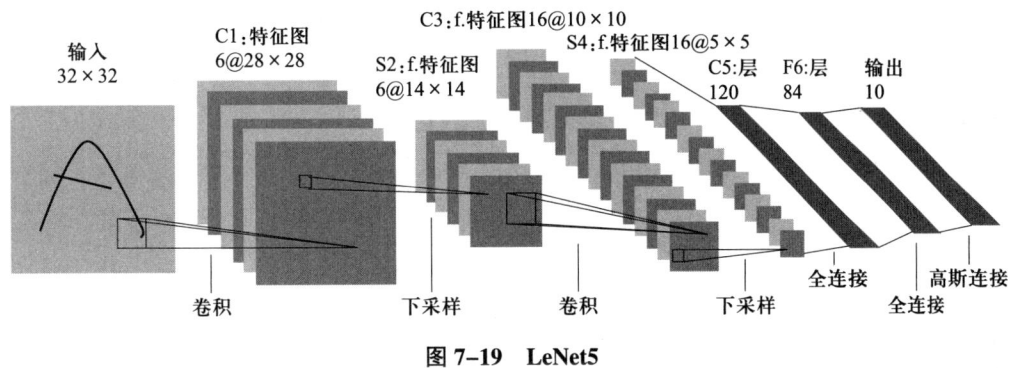

图 7-19 LeNet5

作者认为图像具有很强的空间相关性，而将单个像素作为输入的神经网络无法利用这些相关性。LeNet5 的设计者认为图像的特征分布在整张图像上，因此带有可学习参数的卷积操作是一种用少量参数在多个位置上提取相似特征的有效方式。LeNet5 利用卷积操作只需要少量参数就可以建立模型并获得很好的实验效果，这一点在计算资源极其匮乏的当时，是一个重大的突破。

LeNet5 网络的特点包括：

（1）卷积神经网络使用 3 个层作为一个序列：卷积、池化、非线性。

（2）使用卷积提取空间特征。

（3）使用映射到空间均值下采样。

（4）使用双曲正切（tanh 函数）或 S 型（Sigmoid 函数）形式的非线性激活函数。

（5）使用多层感知机（multi-layer perceptron，MLP）作为最后的分类器。

（6）层与层之间的稀疏连接矩阵避免了高额的计算成本。

LeNet5 的诞生标志着 CNN 的真正问世。LeNet5 可以说是近年来大量网络架构的起源，为现代深度学习领域的发展做了重要铺垫。

（二）AlexNet

以其作者 Alex Krizhevsky 名命名的网络架构 AlexNet 发表于 2012 年，它是一种更深更宽版本的 LeNet，并以显著优势赢得了颇具挑战性的 2012 年的 ILSVRC 比赛

（ImageNet Large-Scale Visual Recognition Competition，ImageNet 大规模视觉识别竞赛）。AlexNet 的结构设计如图 7-20 所示。

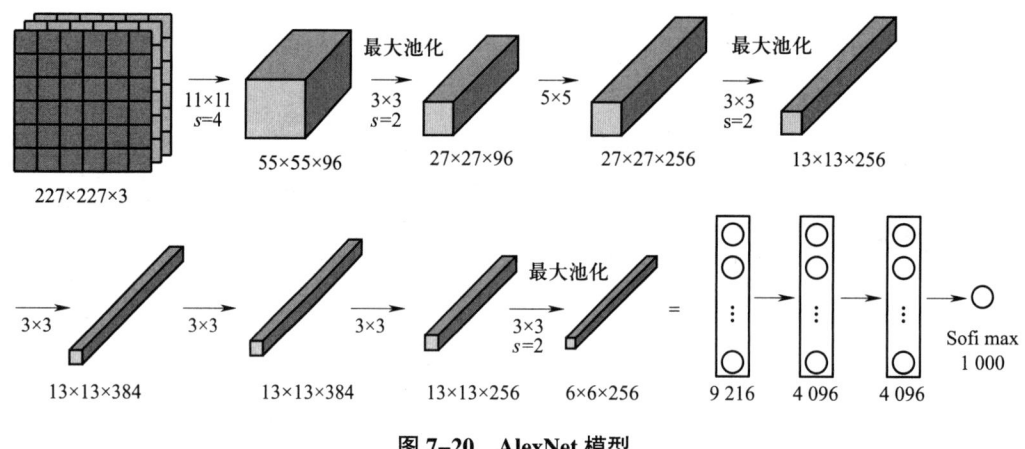

图 7-20　AlexNet 模型

AlexNet 将 LeNet5 的思想扩展到了能学习到更复杂的特征的神经网络上。它的主要贡献有：

（1）使用修正的线性整流单元作为网络的非线性激活函数。

（2）为避免模型过拟合，在训练的时候使用丢弃技术，按照一定概率随机地丢弃单个神经元。

（3）使用效果更好的最大池化代替平均池化。

（4）使用数据增强的方式对训练样本进行扩充。

（5）设计了利用邻近数据的局部响应归一化层。

（6）使用多 GPU 并行计算大幅度减少训练时间。

AlexNet 证明了卷积神经网络在复杂模型下的有效性。同时利用 GPU 大幅加速训练，使得模型能够在可接受的时间范围内得到优秀的结果。AlexNet 的成功极大地促进了卷积神经网络的研究和发展，掀起了一场卷积神经网络的研究热潮。

（三）VGG

作为 2014 年 ILSVRC 挑战的亚军，来自牛津大学计算机视觉组的 VGG（visual geometry group）网络很好地继承了 AlexNet 的衣钵，希望使用更深的网络来获取更好的训练效果。如今常用的更小的 3×3 滤波器是 VGG 网络首先在各个卷积层使用的,并把它们组合作为一个卷积序列进行处理的网络,其结构如图7-21所示。

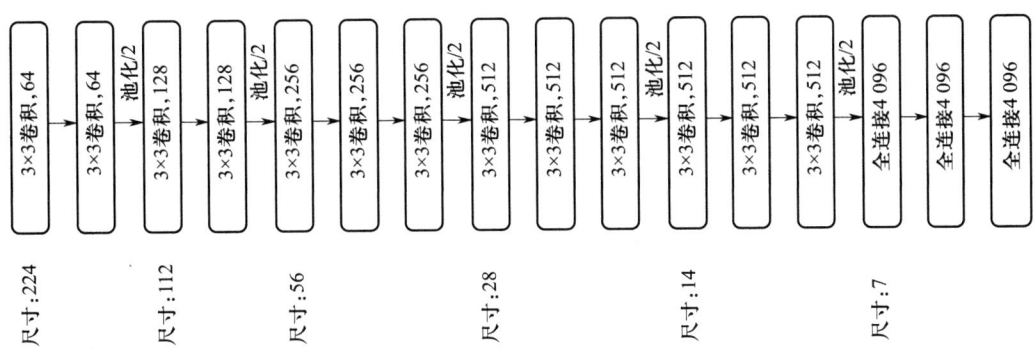

图7-21 基于ImageNet的VGG模型

不同于LeNet5以及AlexNet使用的滤波器,VGG使用的滤波器变得更小。这看似脱离了LeNet5的设计初衷,反而接近LeNet5竭力避免的卷积。但实际上VGG通过依次采用多个卷积,能够达到更大的感受野,以提取更多复杂特征以及这些特征的组合。这样的思想后来被许多新生网络采纳,如ResNet。目前,VGG网络仍然作为常用的骨干网络为其他视觉任务提取高质量的特征。

(四)GoogLeNet

GoogLeNet网络是以机构命名的网络模型,其在2014年的ImageNet挑战赛上获得了冠军。与VGG网络相比,GoogLeNet进一步阐释了"没有最深,只有更深"的道理。由于GoogLeNet模型由多组Inception模块组成,且模型的设计借鉴了NIN(Network in Network)的思想,因此在介绍该模型之前需要先介绍NIN模型和Inception模块。

NIN模型主要有以下两个特点:

(1)NIN模型引入了多层感知卷积网络(multi-layer perceptron convolution,MLPconv)来代替一层线性卷积网络。MLPconv通过在线性卷积后增加若干层的卷积,形成了一个微型多层卷积网络,该网络可用于提取高度非线性特征。

(2)通常传统的卷积神经网络最后几层都是包含较多参数的全连接层,而在NIN模型的设计中,最后一层卷积层包含维度大小等同于类别数量的特征图,并采用全局平均池化层替代全连接层，从而得到类别维度大小的向量，再据此进行分类，通过这样的设计减少参数数量。

Inception 模块如图 7-22 所示，左侧图对应最简单的基本设计，将三个卷积层和一个池化层的特征进行拼接得到输出结果。这种设计存在缺点，即池化层不会改变特征通道数，这将导致拼接后得到的特征通道数较大。这样的模块经过几层的堆叠后，会得到越来越大的特征通道数，参数和计算量也会随之增大。为了改善该问题，右侧图引入了3个1×1卷积层减少通道数来进行降维。另一方面，如在 NIN 模型介绍中提到的，引入1×1卷积还可用于修正线性特征。

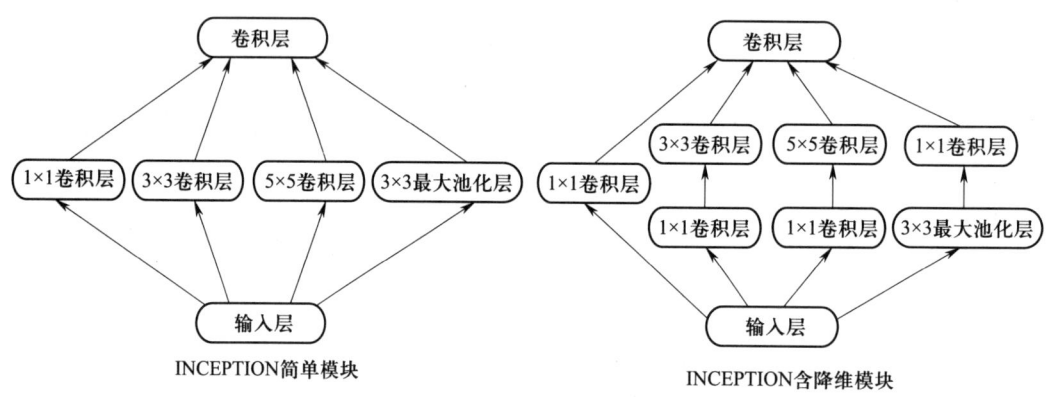

图 7-22 Inception 模块

GoogLeNet 由多组 Inception 模块堆叠而成，且和 NIN 网络一样，在网络的最后采用了均值池化层来替代传统的多层全连接层。但不同于 NIN，GoogLeNet 在池化层后接了一层全连接层以映射到类别数。除上两点设计外，GoogLeNet 考虑到网络中间层特征也具有一定的判别性，因此在中间层添加了两个用于在反向传播中增强梯度同时增强正则化的辅助分类器，整个网络的最终损失函数由这三个分类器的损失加权求和得到。

GoogLeNet 整体网络结构如图 7-23 所示，由 22 层网络构成：最开始为 3 层普通的卷积层；接下来为 3 组子网络，第1、2、3 组子网络分别包含 2、5、2 个 Inception 模块；然后接平均池化层和全连接层。

层类别	滤波器尺寸/步长	输出尺寸	深度	#1×1 滤波器数量	#3×3 前维度(降维)	#3×3 滤波器数量	#5×5 前维度(降维)	#5×5 滤波器数量	池化后投影维度
卷积层	7×7/2	112×112×64	1						
最大池化	3×3/2	56×56×64	0						
卷积层	3×3/1	56×56×192	2		64	192			
最大池化	3×3/2	28×28×192	0						
Inception (3a)		28×28×256	2	64	96	128	16	32	32
Inception (3b)		28×28×480	2	128	128	192	32	96	64
最大池化	3×3/2	14×14×480	0						
Inception (4a)		14×14×512	2	192	96	208	16	48	64
Inception (4b)		14×14×512	2	160	112	224	24	64	64
Inception (4c)		14×14×512	2	128	128	256	24	64	64
Inception (4d)		14×14×528	2	112	144	288	32	64	64
Inception (4e)		14×14×832	2	256	160	320	32	128	128
最大池化	3×3/2	7×7×832	0						
Inception (5a)		7×7×832	2	256	160	320	32	128	128
Inception (5b)		7×7×1 024	2	384	192	384	48	128	128
平均池化	7×7/1	1×1×1 024	0						
丢弃(40%)		1×1×1 024	0						
全连接层		1×1×1 000	1						
softmax		1×1×1 000	0						

图 7-23　GoogLeNet 模型

上面介绍的是 GoogLeNet 的第一版模型，称作 GoogLeNet-v1。它后续又产生了多个版本：GoogLeNet-v2 引入 BN（batch normalization）层；GoogLeNet-v3 针对一些卷积层做了分解，进一步深化网络并提高网络的非线性表达能力；GoogLeNet-v4 则引入了接下来要讲的 ResNet 的设计思路。每一版 GoogLeNet 的改进都使网络模型的准确度有进一步提升，限于篇幅，本书不再对后续版本的架构进行具体介绍。

（五）残差网络

残差网络（residual network，ResNet）是 2015 年 ImageNet 图像分类、图像物体定位和图像物体检测比赛的冠军。ResNet 针对加深网络会导致训练时准确度下降的问题，在包括采用 BN、小卷积核、全卷积网络层等已有设计思路的基础上，提出了采用残差模块的方法。如图 7-24 所示，每个残差模块包含两条路径：其中一条路径的设计借鉴了高速网络思想，在旁侧专门开辟一个使得输入可以直达输出的通道；另一条路径则是对输入特征做两到三次卷积操作得到该特征对应的残差 $F(x)$。最后再将两条路径上的输出相加，将优化的目标由原来的拟合输出 $H(x)$ 变成输出和输入的差 $F(x)=H(x)-x$。残差模块这一设计将要解决的问题由学习一个恒等变换转化为学习如何使 $F(x)=0$，使问题得到了简化。

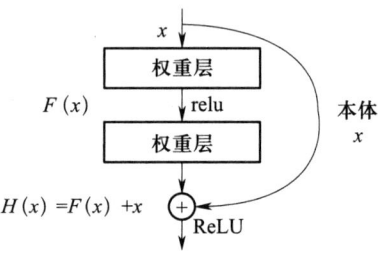

图 7-24 残差模块结构

图 7-25 展示了残差模块的不同模式：左侧是基本模块连接方式，由两个输出通道数相同的 3×3 卷积层组成；右侧是瓶颈模块（bottleneck）连接方式。在瓶颈模块中，先使用了 1×1 的卷积层来对输入进行降维（对应图中示例由 256 维下降至 64 维），然后又使用 1×1 卷积层来对输入进行升维（对应图中示例由 64 维上升至 256 维）。如此一来，相比原始的输入和最终的输出，中间 3×3 卷积层的输入和输出通道数都较小（对应图中示例由 64 维至 64 维），整体形似瓶颈，模块因此得名。

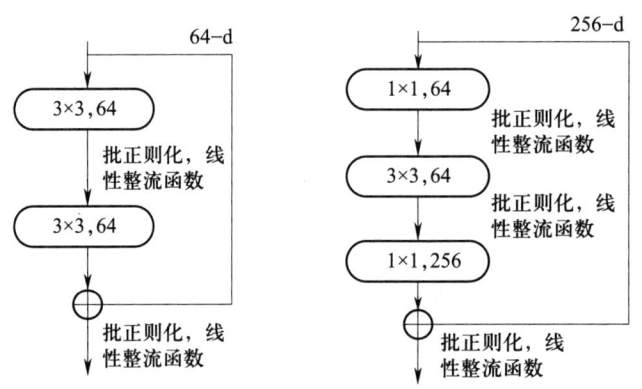

图 7-25 残差模块的不同模式

图 7-26 展示了基于 ImageNet 的 50、101、152 层 ResNet 网络的连接示意图，其中残差模块使用的是瓶颈模块。这三个模型的主要区别在于不同的残差模块重复次数，具体见图 7-26 右上角。通常网络随着层数不断加深，其在训练集上的误差会不断增大，而 ResNet 的结构设计使得训练误差会随着层数增大反而逐渐减小，加快模型训练的收敛速度，因而可用于训练上百乃至近千层的卷积神经网络。如今，ResNet 经常作为各种复杂任务网络模型的骨干网络，用于提取高质量的样本特征。

层名	输出大小	18层	34层	50层	101层	152层
卷积层 1	112×112	7×7, 64, 步长为 2					
卷积层 2_x	56×56	3×3 最大池化, 步长为 2					
		$\begin{bmatrix} 3\times3, 64 \\ 3\times3, 64 \end{bmatrix}\times2$	$\begin{bmatrix} 3\times3, 64 \\ 3\times3, 64 \end{bmatrix}\times3$	$\begin{bmatrix} 1\times1, 64 \\ 3\times3, 64 \\ 1\times1, 256 \end{bmatrix}\times3$	$\begin{bmatrix} 1\times1, 64 \\ 3\times3, 64 \\ 1\times1, 256 \end{bmatrix}\times3$	$\begin{bmatrix} 1\times1, 64 \\ 3\times3, 64 \\ 1\times1, 256 \end{bmatrix}\times3$
卷积层 3_x	28×28	$\begin{bmatrix} 3\times3, 128 \\ 3\times3, 128 \end{bmatrix}\times2$	$\begin{bmatrix} 3\times3, 128 \\ 3\times3, 128 \end{bmatrix}\times4$	$\begin{bmatrix} 1\times1, 128 \\ 3\times3, 128 \\ 1\times1, 512 \end{bmatrix}\times4$	$\begin{bmatrix} 1\times1, 128 \\ 3\times3, 128 \\ 1\times1, 512 \end{bmatrix}\times4$	$\begin{bmatrix} 1\times1, 128 \\ 3\times3, 128 \\ 1\times1, 512 \end{bmatrix}\times8$
卷积层 4_x	14×14	$\begin{bmatrix} 3\times3, 256 \\ 3\times3, 256 \end{bmatrix}\times2$	$\begin{bmatrix} 3\times3, 256 \\ 3\times3, 256 \end{bmatrix}\times6$	$\begin{bmatrix} 1\times1, 256 \\ 3\times3, 256 \\ 1\times1, 1\,024 \end{bmatrix}\times6$	$\begin{bmatrix} 1\times1, 256 \\ 3\times3, 256 \\ 1\times1, 1\,024 \end{bmatrix}\times23$	$\begin{bmatrix} 1\times1, 256 \\ 3\times3, 256 \\ 1\times1, 1\,024 \end{bmatrix}\times36$
卷积层 5_x	7×7	$\begin{bmatrix} 3\times3, 512 \\ 3\times3, 512 \end{bmatrix}\times2$	$\begin{bmatrix} 3\times3, 512 \\ 3\times3, 512 \end{bmatrix}\times3$	$\begin{bmatrix} 1\times1, 512 \\ 3\times3, 512 \\ 1\times1, 2\,048 \end{bmatrix}\times3$	$\begin{bmatrix} 1\times1, 512 \\ 3\times3, 512 \\ 1\times1, 2\,048 \end{bmatrix}\times3$	$\begin{bmatrix} 1\times1, 512 \\ 3\times3, 512 \\ 1\times1, 2\,048 \end{bmatrix}\times3$
	1×1	平均池化, 1 000-d 全连接层, softmax					
FLOPs		1.8×10^9	3.6×10^9	3.8×10^9	7.6×10^9	11.3×10^9

图 7-26 基于 Image 的 ResNet 模型

第五节 循环和递归网络

考核知识点及能力要求：

- 熟悉循环神经网络的基本概念；
- 熟悉循环神经网络的反向传播过程；
- 了解循环神经网络的常用模式；
- 了解循环神经网络的改进方法；

- 了解递归神经网络；
- 熟悉长短期记忆网络；
- 熟悉门控循环单元。

一、循环神经网络

循环神经网络（recurrent neural network，RNN）起源于20世纪八九十年代，是一种具有记忆力的网络，它允许信息长久保存在神经网络中。循环神经网络对具有前后依赖性的输入数据的处理具有出色表现。例如，在实现机器文本翻译任务的时候，输入的待翻译文本的前后依赖性和相关性较强，此时使用循环神经网络能够较好地处理该任务。循环神经网络可以应用于许多不同领域中，例如文本生成、机器翻译、情感分析、语音识别、视频理解等。

本书前面介绍的各类神经网络中，数据的传输都是从输入层到隐藏层再到输出层，网络中层与层之间相互连接，而每层的节点之间无连接。这种结构对于输入无前后相关性的问题具有较强的解决能力，但有时对于一些序列化问题无能为力。例如，当任务要求是给定一句话的前几个单词，让我们预测出下一个单词是什么的时候，我们的信息来源不仅仅是与待预测词最临近的前一个单词，而是要用到给出的所有词，因为一个句子中前后单词并不是独立的。因此，此类任务使用循环神经网络会有更好的表现。循环神经网络以序列数据作为输入，在序列演进方向上进行递归，网络中的所有节点按照链式方法连接，这种结构的最大的特点是之前时刻输入的信息会保存下来并应用于当前的计算中，也就是说隐藏层的节点是有连接的，即隐藏层的输入同时包含了输入层的输出信息和前一个隐藏层的输出信息。这种节点之间能连接的结构带来的一个与众不同的特点便是相比最初的神经网络而言，允许可变长度序列作为输入和输出。循环神经网络的结构如图7-27所示。

在循环神经网络中，我们通常将当前时间步记为t，上一时间步记为$t-1$，时间步t的输入记为X_t，对应的隐藏层的状态记为h_t。当前状态的计算公式为：

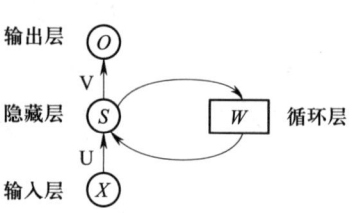

图7-27 循环神经网络结构示意图

$$h_t = f(W_{hh}h_{t-1} + W_{xh}x_t) \tag{7-48}$$

$$y_t = W_{hy}h_t \tag{7-49}$$

其中 f 代表激活函数，常见的有 ReLU、tanh 等。W_{hh}、W_{xh}、W_{hy} 是三个权重矩阵，每个权重矩阵都会通过网络的后向传播进行更新。y_t 是网络最终的输出。

二、循环神经网络的反向传播

RNN 的反向传播过程有时也叫作时序反向传播算法（back-propagation through time，BPTT），所有的参数 U、W、V、b、c 在网络的各个位置都是共享的。

成本函数：

$$L = \sum_{t=1}^{m} L^t \tag{7-50}$$

其中 m 是训练集的数据量。

对成本函数进行求导：

$$\frac{\partial L}{\partial o^t} = \sum_{t=1}^{m} (a^t - y^t) \tag{7-51}$$

参数 V、c 的梯度可以直接计算：

$$\begin{cases} \dfrac{\partial L}{\partial V} = \dfrac{\partial L}{\partial o^t} \dfrac{\partial o^t}{\partial V} = \sum_{t=1}^{m} (a^t - y^t)(h^t)^T \\ \dfrac{\partial L}{\partial c} = \dfrac{\partial L}{\partial o^t} \dfrac{\partial o^t}{\partial c} = \sum_{t=1}^{m} (a^t - y^t) \end{cases} \tag{7-52}$$

参数 W、U、b 的梯度计算可以仿照 DNN 的反向传播算法，定义辅助变量，也即隐藏状态的梯度：

$$\delta^t = \frac{\partial L^t}{\partial h^t} \tag{7-53}$$

则

$$\begin{aligned}\delta^t &= \frac{\partial L^t}{\partial o^t}\frac{\partial o^t}{\partial h^t} + \frac{\partial L^t}{\partial h^{t+1}}\frac{\partial h^{t+1}}{\partial h^t} + \cdots + \frac{\partial L^t}{\partial h^{t+k}}\frac{\partial h^{t+k}}{\partial h^t} + \cdots \\ &= V^T(a^t - y^t) + W^T\delta^{t+1} \odot (\tanh'(h^{t+1}))\end{aligned} \tag{7-54}$$

其中，只有当 $k=1$，也即只有 h^{t+1} 中才含有 h^t 分量，因此上式中最后的扩展项中，只

有 $\frac{\partial h^{t+1}}{\partial h^t}$ 这一项有结果,随后的所有项都为 0。

最后一项:

$$\delta^m = \frac{\partial L^m}{\partial o^m} \frac{\partial o^m}{\partial h^m} = V^T (a^m - y^m) \quad (7-55)$$

则参数 W、U、b 的梯度可以计算如下:

$$\begin{cases} \frac{\partial L}{\partial W} = \frac{\partial L}{\partial h^t} \frac{\partial h^t}{\partial W} = \sum_{t=1}^{m} \delta^t \odot (1-(h^t)^2)(h^{t-1})^T \\ \frac{\partial L}{\partial U} = \frac{\partial L}{\partial h^t} \frac{\partial h^t}{\partial U} = \sum_{t=1}^{m} \delta^t \odot (1-(h^t)^2)(x^t)^T \\ \frac{\partial L}{\partial b} = \frac{\partial L}{\partial h^t} \frac{\partial h^t}{\partial b} = \sum_{t=1}^{m} \delta^t \odot (1-(h^t)^2) \end{cases} \quad (7-56)$$

其中,$1-(h^t)^2 = \tanh'(h^t)$。

三、循环神经网络的常用模式

在不同类型的机器学习任务中,循环神经网络通常有不同的模式,主要分为以下三类:序列到类别、同步的序列到序列、异步的序列到序列。

(一)序列到类别的模式

序列到类别模式主要应用于序列数据的分类问题。该模式的输入为序列(T 个数据),输出为类别(一个数据)。这种模式一个最典型的例子就是文本分类任务,以单词序列作为输入数据(构成一篇文档),以该文本的类别作为输出数据。

假设某任务中,输入的样本 $x_{1:T} = (x_1, x_2, \cdots, x_T)$ 一个长度为 T 的序列,输出是一个类别向量 $y \in \{1, 2, \cdots, C\}$。将序列 $x_{1:T}$ 按不同的时刻输入到循环神经网络中去,我们可得到不同时刻的隐状态 $h_1, h_2, \cdots, h_T$,将最后时刻的隐状态 h_T 认为是整个序列的最终表示,将其输入到分类器 $g(\cdot)$ 中进行分类操作。

$$\hat{y} = g(h_T) \quad (7-57)$$

输入到分类器的最终序列除了选择最后时刻的隐状态 h_T 之外,还可以选择所有隐状态的平均序列,如式(7-54)所示:

$$\hat{y} = g\left(\frac{1}{T}\sum_{t=1}^{T} h_t\right) \quad (7-58)$$

这两种序列到类别模式的过程如图 7-28 所示。

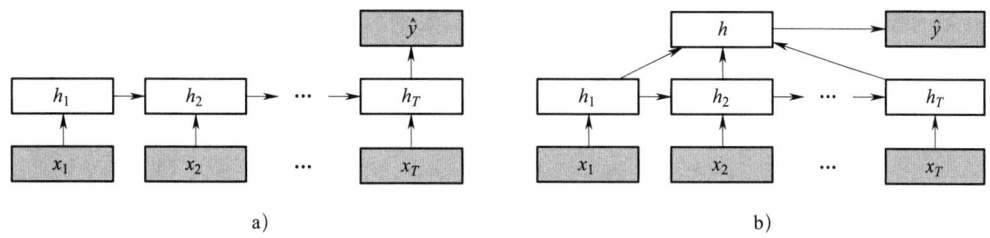

图 7-28　序列到类别模式示意图
a）正常模式　b）按时间进行平均采样模式

（二）同步的序列到序列模式

同步的序列到序列模式主要应用于序列标注任务。该模式中，每一时刻都有对应的输入和输出，并且二者对应序列的长度相同。例如，词性标注任务，对于输入的每个单词，需要对应标注出它的词性。又如，命名实体识别任务，对于输入的每个命名实体，输出它的命名实体标签。

假设输入的样本为一个长度为 T 的序列 $x_{1:T}=(x_1, x_2, \cdots, x_T)$，输出为对应长度的序列 $y_{1:T}=(y_1, y_2, \cdots, y_T)$。将样本 $x_{1:T}$ 按不同的时刻输入到循环神经网络中去，得到不同时刻的隐状态 $h_1, h_2, \cdots, h_T$，与序列到类别的模式不同，我们需要把每个时刻的隐状态输入给分类器 $g(\cdot)$，得到当前时刻的标签。图 7-29 展示了同步的序列到序列模式示意图。

$$\hat{y}_t = g(h_t), \quad \forall t \in [1, T] \quad (7-59)$$

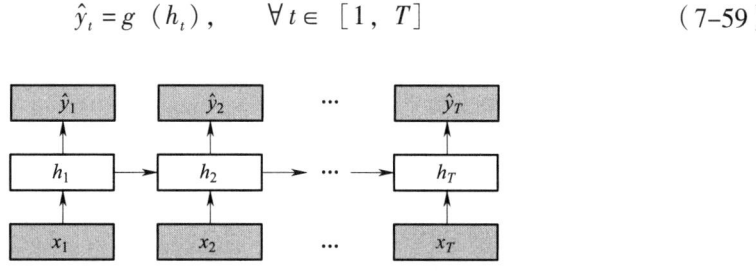

图 7-29　同步的序列到序列模式示意图

（三）异步的序列到序列模式

异步的序列到序列模式，一般也被称为编码器 – 解码器（encoder-decoder）模型。这种模式对输入、输出序列的对应关系和长度都没有严格限制。例如，在机器翻译任务中，以源语言的单词序列作为输入，以目标语言的单词序列作为输出，而由于语言的表述不同，输入和输出的单词长度无须相同，也无须保持固定的语序关系。

该模式中，设输入是一个长度为 T 的序列 $x_{1:T}=(x_1, x_2, ..., x_T)$，输出是一个长度为 M 的序列 $y_{1:M}=(y_1, y_2, ..., y_M)$，从输入到输出通过先编码后解码的方式实现。

首先，按不同时刻把样本 $x_{1:T}$ 输入到一个循环神经网络（编码器）中，得到样本的编码 h_t，然后将编码输入到另一个解码器中，得到输出序列 $\hat{y}_{1:M}$。解码器通常使用非线性的自回归模型，以建立输出序列之间的依赖关系。

$$\begin{aligned} h_t &= f_1(h_{t-1}, x_t) & \forall t \in [1, T] \\ h_{T+t} &= f_2(h_{T+t-1}, \hat{y}_{t-1}) & \forall t \in [1, M] \\ \hat{y}_t &= g(h_{T+t}) & \forall t \in [1, M] \end{aligned} \quad (7\text{-}60)$$

式（7-56）中，f_1 和 f_2 分别表示编码器以及解码器对应的 RNN，g 表示分类器。编码器与解码器的工作过程如图 7-30 所示。

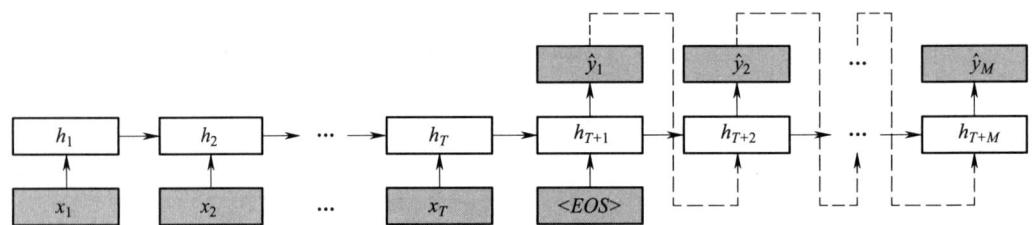

图 7-30 异步的序列到序列模式

四、循环神经网络的改进

（一）多层循环神经网络

在深度学习中，可以将许多全连接层堆叠，从而构成一个多层感知机（multi-layer perception）；也可以将许多卷积层堆叠，从而构成一个深度卷积网络；还可以将许多 RNN 层堆叠，构成一个多层 RNN 网络。

RNN 每读取一个新的输入的 x_T，会生成对应的状态向量 h_t，作为当前时刻的输出和下一时刻的输入状态。我们将 T 个输入 $x_0 \sim x_T$ 依次输入第一层 RNN，相应地会产生 T 个输出。第一层 RNN 输出的 T 个状态向量可以作为第二层 RNN 的输入，第二层 RNN 拥有独立的参数，依次读取 T 个来自第一层 RNN 的状态向量，会产生 T 个新的输出，类似地，这 T 个状态向量可以作为第三层 RNN 的输入，依此类推，最终可构成一个多层 RNN 网络。多层 RNN 的过程如图 7-31 所示。

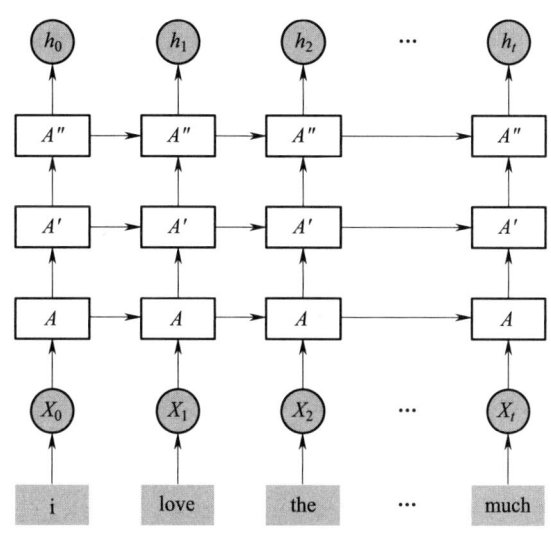

图 7-31 多层 RNN 示意图

在图中所示 3 层 RNN 网络中，输入为词嵌入 $x_0 \sim x_t$，状态向量 $h_1 \sim h_t$ 是最终的输出。最后一个状态向量 h_t 可以看作从最底层输入的文本中提取的特征向量。

通常情况下，当训练数据足够多时，多层 RNN 效果可能会比单层 RNN 效果好，可以尝试使用多层 RNN。

（二）双向循环神经网络

前面介绍的循环神经网络都是单向的，因此，模型在进行预测的时候只利用了这一时刻之前的信息，没有考虑到这一时刻之后的信息，导致模型错过一些重要信息，造成模型预测判别不准确。例如，对于 He said, "Tom was a good student." 这一句话，我们通过后面的 student 这一单词可判断出前面的 Tom 是人名。在单向循环神经网络中，仅根据前三个输入的单词 He、said、Tom 无法准确判断出 Tom 究竟指的是什么。双向循环神经网络（bidirectional recurrent neural network, BiRNN）在常规的 RNN 基础上增加了从后往前传递信息的结构，从而使网络可以获取到当前时刻之后的内容，其结构如图 7-32 所示。

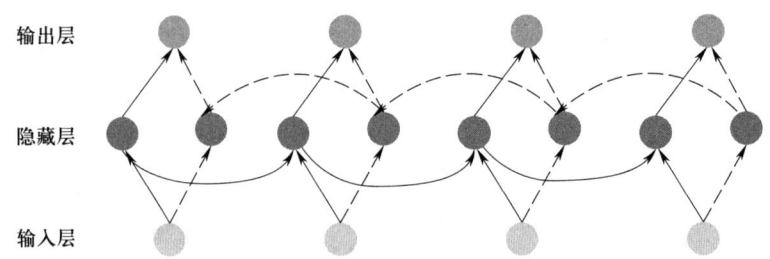

图 7-32 双向循环神经网络结构示意图

将当前时间步记为 t，将上一时间步记为 $t-1$，时间步 t 的输入记为 X_t，从前往后计算得到的隐藏层的状态记为 h_t^1，从后往前计算得到的隐藏层的状态记为 h_t^2，则有：

$$h_t^1 = f(W_{hh}^1 h_{t-1}^1 + W_{xh} x_t) \tag{7-61}$$

$$h_t^2 = f(W_{hh}^2 h_{t-1}^2 + W_{xh} x_t) \tag{7-62}$$

$$y_t = W_{yh} \times g(h_t^1, h_t^2) \tag{7-63}$$

其中 f 代表激活函数，常见的有 ReLU、tanh 等。W_{hh}^1、W_{hh}^2、W_{xh}、W_{yh} 是四个权重矩阵，每个权重矩阵都会通过网络的后向传播进行更新。g 表示将 h_t^1 与 h_t^2 两部分拼接起来。y_t 是网络最终的输出。

五、递归神经网络

递归神经网络（recursive neural network）最早提出于 1990 年，是一种具有树状阶层结构的人工神经网络，且其网络节点按其连接顺序对输入信息进行递归。

递归神经网络通常被视为循环神经网络的推广。递归神经网络中，当每个父节点都只与一个子节点相连接时，其结构等价于全连接的循环神经网络。递归神经网络可以通过引入门控机制来学习长距离依赖，它具有可变的拓扑结构且权重共享，适用于包含结构关系的机器学习任务，在自然语言处理领域较受关注，被比较多地应用在语音和文本的处理上，例如，写出像某歌手一样风格的歌词，默写唐诗等。

递归神经网络的结构如图 7-33 所示，网络的核心部分由呈阶层分布的各个节点构成，其中，高阶层的节点称为父节点，低阶层的节点称为子节点，最末端的子节点通常是输出节点，节点的性质类似树中的节点。在文献中，递归神经网络的输出节点一般位于树状图的最上方，其结构是自下而上绘制的，父节点位于子节点的下方。在递归神经网络中，每个节点都可以有数据输入，其中，对第 i 阶层的节点，其系统状态的计算公式为：

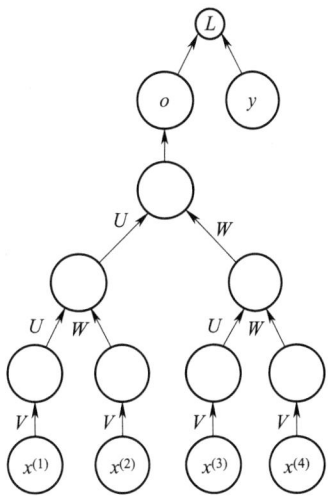

图 7-33　递归神经网络结构示意图

$$h^{(i)} = f\left(U^{\mathrm{T}} h_c^{(i)} + W^{\mathrm{T}} X + b\right) \tag{7-64}$$

式（7-60）中，$h^{(i)}$，$h_c^{(i)}$ 为该节点和其所有父节点的系统状态（system status），当该节点存在多个父节点时，$h_c^{(i)}$ 表示合并后的系统状态，X 是该节点的数据输入（如果该节点没有输入则不进行计算）；f 为激励函数或封装的前馈神经网络（对应门控算法和一些深度算法）；U，W，b 为权重系数，权重系数与节点的阶层无关，即递归神经网络所有节点的权重是共享的。

递归神经网络可以支持单输出和多输出。在单输出模式下，网络会通过输出函数（如分类器）得到最末端子节点的系统状态。而在多输出模式下，其输出取决于拓扑结构，理论上任意一个节点的系统状态都可以参与输出。

六、长短期记忆

循环神经网络虽然可以保存历史信息，但是对于更复杂的实际问题来说，当前时刻有时需要更先前的历史信息，而有时仅需要临近的历史信息。简单的循环神经网络无法处理这种复杂的情况，长短期记忆网络（long short term memory，LSTM）则解决了这一问题，使神经网络能够从输入数据中学习到长期依赖关系。例如在一个文本任务中，给定了如下句子作为输入——"I grew up in France... I speak fluent（French）."，任务要求预测括号中应该填哪个词。我们可以发现，要填的内容与上一个输入的单词

fluent 关系较小,反而跟很久之前输入的 France 有密切关系,此时便需要使用长短期记忆网络来学习长期依赖关系,进而实现预测任务。

传统的循环神经网络每一步的隐藏单元只执行一个简单的 tanh 或 ReLU 操作,如图 7-34 所示。而长短期记忆网络中,每个循环的模块内有四层结构:3 个 Sigmoid 层和 1 个 tanh 层。这四层结构组成了三种门单元——遗忘门、输入门和输出门,用于控制信息传递。此外,传统的循环神经网络只需传递一个隐藏状态 h_t,而长短期记忆网络除了传递隐藏状态之外,还需要传递候选状态 c_t 和候选内部状态 $\tilde{c}_t$。

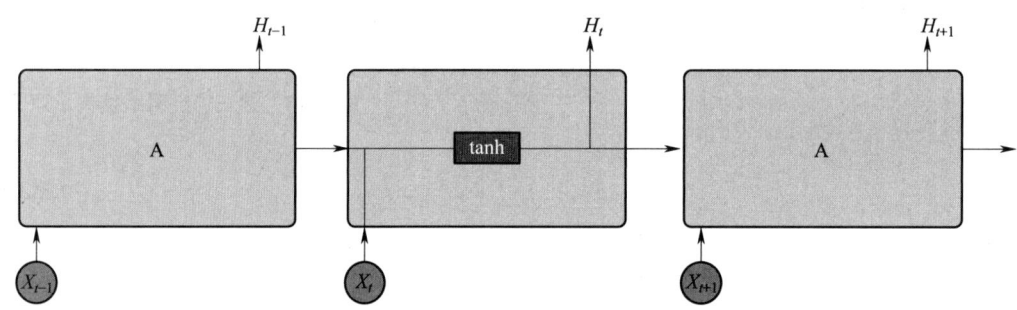

图 7-34 循环神经网络内部结构示例

长短期记忆网络的结构如图 7-35 所示,第一个 Sigmoid 层作为遗忘门,主要用于根据当前的输入以及上一时刻的隐藏输出来决定内部状态有多少被遗忘。第二个 Sigmoid 层和 tanh 层作为输入门,根据当前的输入以及上一时刻的隐藏输出来决定候选内部状态有多少被保留,从而得到最新的内部状态。第三个 Sigmoid 层作为输出门,主要用于根据当前的内部状态、输入以及上一时刻的隐藏输出来决定该时刻的隐藏输出。

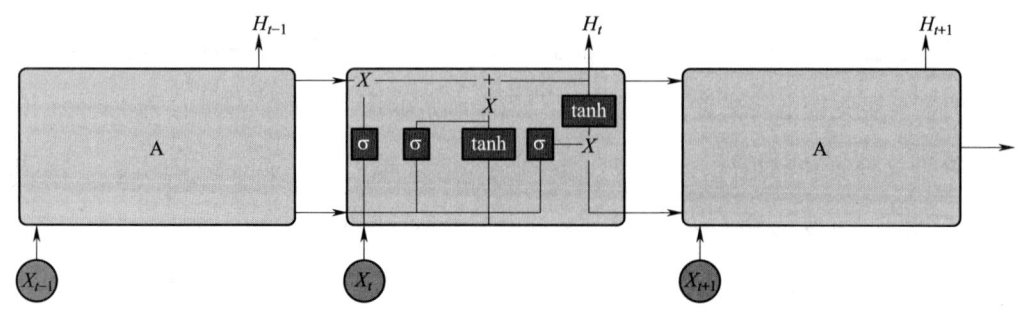

图 7-35 长短期记忆网络结构示意图

将遗忘门记为 f_t，输入门记为 i_t，输出门记为 o_t，则各个控制门和各个状态可以由以下公式计算：

$$i_t = \sigma(W_i x_t + U_i h_{t-1} + b_i) \tag{7-65}$$

$$f_t = \sigma(W_f x_t + U_f h_{t-1} + b_f) \tag{7-66}$$

$$\tilde{c}_t = f(W_{ct} x_t + W_{ch} h_{t-1} + b_c) \tag{7-67}$$

$$o_t = \sigma(W_o x_t + W_o h_{t-1} + W_{oc} c_t + b_o) \tag{7-68}$$

$$c_t = f_t \odot c_{t-1} + i_t \odot \tilde{c}_t \tag{7-69}$$

$$h_t = o_t \odot f(c_t) \tag{7-70}$$

上述公式中，W 和 U 表示权重，b 表示偏置，矩阵 σ 表示 logistic 函数，f 表示激活函数，$\odot$ 表示向量元素乘积。

七、门控循环单元

门控循环单元（gated recurrent unit, GRU）是循环神经网络的一种，它的内部思想与长短期记忆网络基本一致，都是希望通过内部模块的设定来控制信息的流动。因此，可以认为门控循环单元是长短期记忆网络的一个变体。两者都可以应用于需要学习长期依赖关系的场景（类似前述的填词"French"案例），两者相比而言，门控循环单元的内部更为简单，便于计算。长短期记忆网络中，遗忘门和输入门是互补的关系，通过一个门即可控制信息的流动。因此，门控循环单元中利用更新门实现输入门和遗忘门的主要功能，通过重置门来控制当前时刻的候选状态的计算是否依赖于上一个时刻，其网络结构如图 7-36 所示。在门控循环单元中，只需传递隐藏状态 h_t 和候选隐藏状态 $\tilde{h}_t$。

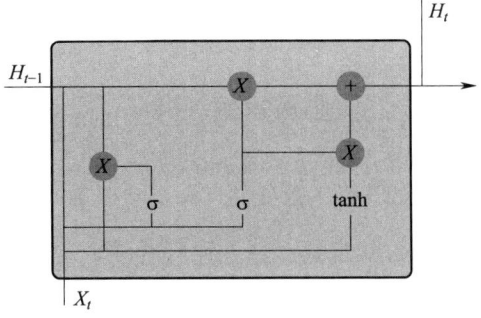

图 7-36 GRU 结构示例

我们将重置门记为 r_t，更新门记为 u_t，则各个控制门以及各个状态的计算公式为：

$$\tilde{h}_t = \tanh(W_h x_t + U_h(r_t \odot h_{t-1}) + b_h) \tag{7-71}$$

$$r_t = \sigma\ (W_r x_t + U_r h_{t-1} + b_r) \quad (7\text{-}72)$$

$$h_t = z_t \odot h_{t-1} + (1 - z_t) \odot \tilde{h}_t \quad (7\text{-}73)$$

$$u_t = \sigma\ (W_z x_t + U_z h_{t-1} + b_z) \quad (7\text{-}74)$$

上述公式中，W 和 U 表示权重，b 表示偏重，矩阵 σ 表示 logistic 函数，f 表示激活函数，$\odot$ 表示向量元素乘积。

第六节 深度生成模型

考核知识点及能力要求：

- 熟悉受限玻尔兹曼机的算法原理；
- 熟悉玻尔兹曼机算法原理；
- 了解深度信念网络原理和结构；
- 了解有向生产网络的算法原理；
- 了解生产随机网络的基本原理。

一、受限玻尔兹曼机

受限玻尔兹曼机（restricted boltzmann machine，RBM）最早由保罗·斯模棱斯基在 1986 年提出，是一种可通过输入数据集学习概率分布的随机生成神经网络。最初将该网络被命名为簧风琴（Harmonium），21 世纪初，杰弗里·辛顿及其合作者发明了快速学习算法，受限玻尔兹曼机开始变得更加知名，并在降维、分类、特征学习、主题建模以及协同过滤等领域中得到了广泛应用。在实际应用中，根据具体任务的不同，

RBM可以选择监督学习或者无监督学习完成训练。

在标准情况下，RBM由二值（布尔/伯努利）隐层和可见层单元组成，其结构如图7-37所示。

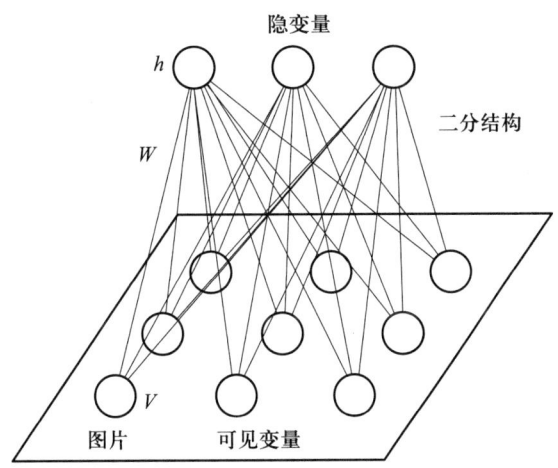

图7-37　受限玻尔兹曼机结构示意图

设v_i为RBM的可见层单元，h_j为隐层单元，RBM的权重矩阵$W=(w_{i,j})$指定了v_i和h_j之间边的权重，a_i和b_j分别表示可见层单元和隐层单元的偏置，是一种受RBM配置（即给定每个单元取值）的"能量"。(v, h)被定义为：

$$E(v, h) = -\sum_i a_i v_i - \sum_j b_j h_j - \sum_i \sum_j h_j w_{i,j} v_i \tag{7-75}$$

或者用矩阵的形式表示为：

$$E(v, h) = -a^T v - b^T h - h^T W v \tag{7-76}$$

通常情况下，RBM隐层、可见层的联合概率分布可以由能量函数得到：

$$P(v, h) = \frac{1}{Z} e^{-E(v, h)} \tag{7-77}$$

式中，Z表示配分函数，其定义为在节点的所有可能取值下$e^{-E(v, h)}$的和，即使得概率分布和为1的归一化常数。类似地，可以对所有隐层配置求和，计算得到可见层取值的边缘分布：

$$P(v) = \frac{1}{Z} \sum_h e^{-E(v, h)} \tag{7-78}$$

由于RBM是一个二分图，其层内没有边相连，因此，给定可见层节点取值，其隐层是否激活是条件独立的。同样地，给定隐层取值后，可见层节点的激活状态也是条件独立的。因此，假设有 n 个隐层节点和 m 个可见层节点，可以由式（7-75）计算得到可见层的配置 v 对于隐层配置 h 的条件概率：

$$P(v|h) = \prod_{i=1}^{m} P(v_i|h) \quad (7-79)$$

类似地，h 对于 v 的条件概率为

$$P(h|v) = \prod_{j=1}^{n} P(h_j|v) \quad (7-80)$$

其中，单个节点的激活概率为

$$P(h_j=1|v) = \sigma\left(b_j + \sum_{i=1}^{m} w_{i,j} v_i\right) \quad (7-81)$$

和

$$P(v_i=1|h) = \sigma\left(a_i + \sum_{j=1}^{n} w_{i,j} h_j\right) \quad (7-82)$$

其中 σ 代表逻辑函数。

RBM 从本质上可以认为是一个编码解码器，其编码过程为：将输入数据从可见层映射到隐藏层，并获取输入数据的隐含因子；解码过程为：使用隐藏层向量映射回到可见层，从而得到新的可见层数据。其优化目标是让解码后得到的新可见层数据尽可能地接近于原始输入数据。

RBM 的一个典型应用案例是用户喜爱的物品推荐：首先获取用户对物品的评分矩阵，然后使用 RBM 对评分矩阵进行编码 – 解码处理，从而获得已有评分物品对应的新评分，同时还可以对未评分的物品进行分数预测；最后将预测得到的物品分数从高到低进行排序，形成用户的物品推荐列表。

二、玻尔兹曼机

玻尔兹曼机（Boltzmann machine）是一种基于能量的模型，其对应的联合概率分布为：

$$P(x) = \frac{\exp(-E(x))}{Z} \quad (7-83)$$

从式中可以看出，能量 E 越小，对应状态的概率越大。Z 是配分函数，用作归一化。

对于一个给定的数据集，如果不知道其潜在的分布形式，那是非常难学习的，似然函数都写不出来。比如，如果知道服从高斯分布或者多项分布，那可以用最大似然函数来学习出对应参数，但是如果分布的可能形式都不知道，这个方法就行不通。统计力学的结论表明，任何概率分布都可以转变成基于能量的模型，因此，利用基于能量的模型的这个形式，可以作为一种学习概率分布的通用方法。

玻尔兹曼机的结构示意图如图 7-38 所示。它常用的能量函数 E 的形式为：

$$E(x) = -x^{\mathrm{T}}Ux - b^{\mathrm{T}}x \tag{7-84}$$

这个函数包含的假设是对于能量函数而言，单元状态、单元与单元之间的相互关系对能量的影响都是线性的

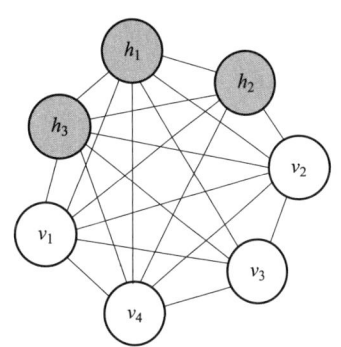

图 7-38　玻尔兹曼机的结构示意图

从本质来说，上述模型的表达能力是有限的，因为能量函数 E 是二阶多项式。它关于某个具体的 x_i 的边缘分布是线性关系（虽然比线性关系多了一个平方项，但是因为 x_i 取值是 0 或 1，因此平方项等于自身，还是只包含一次项）。变量与变量之间的关系是线性关系。

如果在玻尔兹曼机里加入隐变量，或者说不是所有变量都是可见的，那么其表达能力大大加强，可以逼近任何关于可见变量的概率分布函数。

在式（7-80）中，把变量分为可见变量 v 与不可见变量 h，则能量函数可以改写成：

$$E(v, h) = -v^{\mathrm{T}}Rv - v^{\mathrm{T}}Wh - h^{\mathrm{T}}Sh - b^{\mathrm{T}}v - c^{\mathrm{T}}h \tag{7-85}$$

对于玻尔兹曼机而言，训练任一连接两个单元的权重参数，只需用到对应的这两个单元的数据，而与其他单元的数据无关，即玻尔兹曼机的训练规则是局部的。

玻尔兹曼机是一个基于能量的模型，一般用最大似然法进行学习。玻尔兹曼机可以应用在许多学习概率分布的任务中，但在实际操作中难度较高，更适用于理论推演。

三、深度信念网络

深度信念网络是一种深度生成模型，最初由 Geoffrey Hinton 在 2006 年提出。深度信念网络可以通过训练其神经元间的权重，从而按照最大概率来生成训练数据。深度

信念网络在特征识别、数据分类以及数据生成等领域有着广泛应用。

深度信念网络一般由多层神经元构成,其中的神经元可以划分成显性神经元(显元)和隐性神经元(隐元),分别用于输入接收和特征提取,因此隐元被称为特征检测器(feature detectors)。深度信念网络最底层代表数据向量(data vectors),其中每个神经元代表数据向量的一维。

深度信念网络的基本组成元件是受限玻尔兹曼机。深度信念网络由多个RBM"串联"组成,上一个RBM的隐层即为下一个RBM的显层,上一个RBM的输出即是下一个RBM的输入,其结构示意图如图7-39所示。

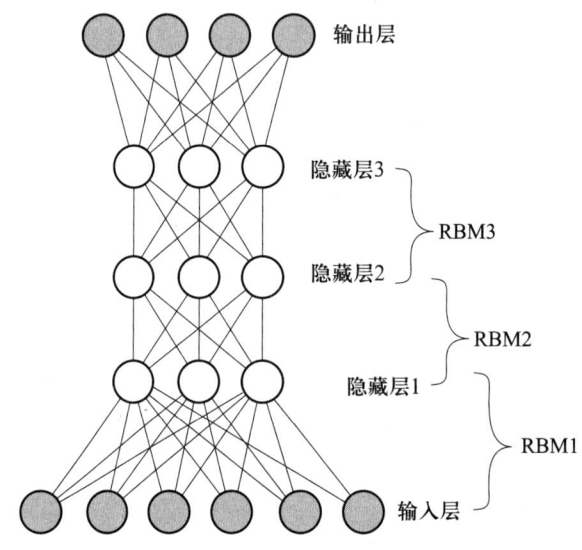

图7-39 深度信念网络结构示意图

DBN的训练过程分为两步:①分别单独无监督地训练每一层RBM;② BP网络接收RBM的输出特征向量作为它的输入特征向量,有监督地训练BP网络,最后BP网络还将错误信息传播至每一层RBM,微调整个DBN网络。

四、有向生成网络

有向生成网络包含众多优秀的实现算法,其中生成对抗网络(generative adversarial networks,GAN)为其中经典的算法之一。与传统的深度神经网络不同,GAN是一种全新的非监督式的网络架构,如图7-40所示。在通常情况下,GAN中包含两个网络:

一是需要训练的分类器,主要用于分辨输入网络中的是真实数据还是虚假数据;二是生成器,用于生成类似于真实样本的随机样本,并将其作为假样本。这两个网络将在训练中互相对抗来实现优化。

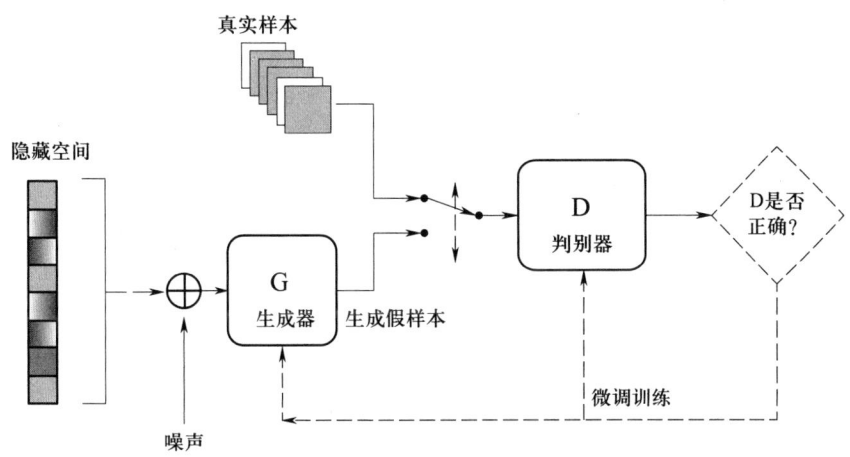

图 7-40　生成对抗网络结构示意图

在图 7-40 中,D 是一个图片分类器,G 是一个生成器,选取训练数据潜在空间中的元素进行组合,并加入噪声,从而生成与输入数据很相似的伪造数据以欺骗 D 网络的训练中,D 会接收到真实的训练数据和 G 产生的假数据,D 的任务是对这两种数据进行判断和区分。依据最后输出的结果,可以同时对两个网络的参数进行调优。如果 D 判断正确,便应该调整 G 的参数从而使得生成的假数据更加真实;如果 D 判断错误,则调节 D 的参数,从而实现更优的判断效果。GAN 的训练会一直持续,直到分类器和生成器进入到一个均衡和谐的状态。

GAN 训练完成后,可以得到一个质量较高的自动生成器和一个判断能力较强的分类器,生成器可以应用于机器创作,而分类器则可以用来机器分类。在数据集生成、图像风格迁移、现实或动画图像生成以及图像文字相互转化等任务中,对抗生成网络均表现出了非常强大的性能。

五、生成随机网络

生成随机网络(generative stochastic network,GSN)是去噪自编码器的推广,由两个条件概率分布参数化,GSN 除可见变量(通常用 x 表示)之外,在生成马尔可夫链中,还包括潜变量 h。GSN 在提出之初多被用于对观察数据 x 的概率分布 $p(x)$ 进行隐式建模。图 7-41 展示了它的结构示意图。

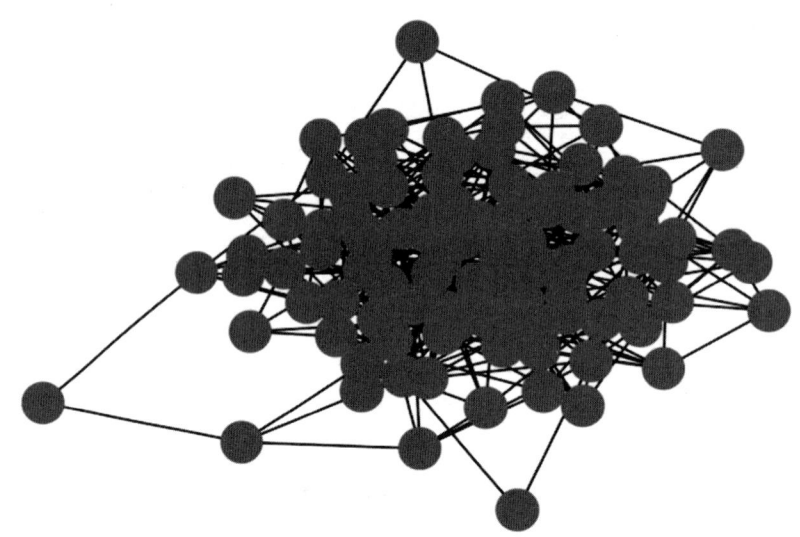

图 7-41 生成随机网络结构示意图

GSN 通常由以下两个条件概率分布参数化:

(1) $p(x^{(k)}|h^{(k)})$ 用于指示在给定当前潜在状态下,怎样产生下一个可见变量;

(2) $p(h^{(k)}|h^{(k-1)}, x^{(k-1)})$ 用于指示在给定先前的潜在状态和可见变量下,如何更新潜在状态变量。

去噪自编码器和 GSN 通常自己进行参数化过程,这点与经典的概率模型(有向或无向)通过可见变量和潜变量的联合分布的数学形式进行参数化不同。

我们可以想象 GSN 不同的训练准则。Bengio 等提出只对可见单元的对数概率进行重建,如应用于去噪自编码器,通过将 $x^{(0)}=x$ 夹合到观察到的样本并且在一些后续时间步处使生成 x 的概率最大化,即最大化 $\log p(x^{(k)}=x|h^{(k)})$,其中给定 $x^{(0)}=x$ 后,$h(k)$ 从链中采样。为了估计相对于模型其他部分的 $\log p(x^{(k)}=x|h^{(k)})$ 的梯度,Bengio 等使用了重参数化技巧。

我们可以通过回退训练过程来改善训练 GSN 的收敛性。

思考题

1. 如图 7-42 所示，在图中的神经网络中，假设输入 $x_1=2$，$x_2=5$，$y=4$，初始化参数 $w_1 \sim w_6$ 均为 1，激活函数使用 Sigmoid，损失函数使用均方误差，更新参数时采用梯度下降法，参数 $\alpha=0.01$。请利用反向传播算法完成一次参数更新，并写出计算过程。（均方误差计算公式：$\text{loss}(y, \hat{y}) = \frac{1}{2}(y-\hat{y})^2$）。

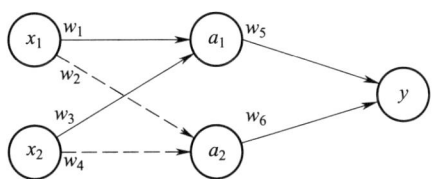

图 7-42 神经网络结构图

2. 请列举常见的模型优化器并阐述其各自优缺点。

3. 从几种典型的模型发展历程来看，人们不断追求网络层数的增加，这会带来哪些问题呢？针对这些问题，有没有什么较好的改进措施？

4. 给定 3×3 的二维滤波器，请写出下列输入矩阵经过二维卷积操作后的结果。

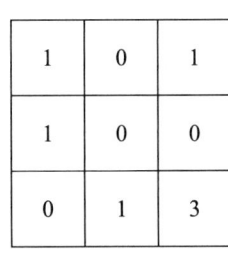

7	3	3	8	3
4	0	9	6	4
6	4	8	3	2
6	3	6	3	1
8	9	3	9	0

滤波器　　　　　　　　　输入矩阵

5. 简要阐述递归神经网络产生梯度消失的原因，并思考长短期记忆网络（LSTM）是否能够缓解梯度消失。

第八章
深度学习框架

深度学习凭借着强大的功能和出色的表现吸引了大量研究人员,对于学习者来说除了硬件(GPU)的基础环境外,与开发相关的软件资源也尤为重要。在这种趋势下,很多大公司和高校相继开发了自己的深度学习框架,这些框架在计算机视觉、语音识别、自然语言处理等领域得到了广泛的应用。本章对常见的深度学习框架进行简单的介绍,包括搭建、训练以及周边工具,最后介绍深度学习的实践应用。对深度学习框架的娴熟使用,能大幅提高开发的效率。

- **职业功能:** 深度学习框架的基础知识。
- **工作内容:** 深度学习框架涉及环境搭建,模型在深度学习框架下的训练方式,常用的工具套件,以及如何实践应用等。
- **专业能力要求:** 熟练使用至少一种国产深度学习框架,学会动手搭建深度学习环境,掌握深度学习模型的训练方式,并可以根据具体的需求灵活地选择合适的深度学习模型进行训练和应用。
- **相关知识要求:** 了解深度学习框架的基础知识;了解深度学习框架运行的基本软硬件环境要求,能够熟练搭建深度学习环境,了解静态图和动态图以及两者的区别;了解数据预处理的方法和神经网络的搭建,以及训练配置的选择;了解深度学习服务平台的使用和工具组件的相关知识;可以根据不同的实践应用要求灵活使用深度学习框架进行训练、测试和推理部署。

第一节　深度学习框架及环境搭建

考核知识点及能力要求：

- 了解深度学习框架的基础知识；
- 掌握深度学习环境的搭建方法；
- 了解静态图和动态图以及两者的区别。

一、常见的深度学习框架

最近几年，深度学习在计算机视觉、语音识别、自然语言处理、智能机器人等众多领域都有着十分出色的表现，得到了广泛的应用。在应对广泛且复杂的应用场景时，深度学习框架在解决冗繁的外围工作时能为建模者节省大量精力，从而使建模者能把更多的时间放在业务场景和模型设计本身。目前开源的深度学习框架种类较多，各种框架的侧重点也不尽相同，使用者可以根据自己的需求以及使用习惯进行选择。常见的深度学习框架主要有：飞桨、TensorFlow、PyTorch、MXNet、CNTK 等。各框架的名称及开发公司见表 8-1。

其中，飞桨作为产业级深度学习平台，是国内第一个功能完善、技术先进、开源开放的学习平台。在百度积累多年的深度学习技术研究和产业应用的背景下，飞桨将深度学习研究和应用过程中涉及的不同功能模块和平台融为一体，包括基础模型库、端到端开发套件、深度学习核心训练和预测框架、工具组件和服务平台等。飞桨是国内唯一功能完备且成熟稳定的深度学习平台，到目前为止，超过 150 万的开发者使用飞桨平台，6万家以上企业在使用平台并创建了超过16万个模型。

表 8-1　　　　　　　　　　常见的深度学习框架表

标识	名称（开发公司）	标识	名称（开发公司）
pip飞桨	飞桨 （Baidu）	TF	TensorFlow （Google）
PyTorch logo	PyTorch （Facebook）	mxnet	MXNet （Amazon）
CNTK	CNTK （Microsoft）		

飞桨相对于其他开源深度学习框架的优势主要体现在以下方面：

第一，开发的灵活性和高性能。飞桨有非常便捷的开发接口，也支持声明式和命令式编程。

第二，支持产业级超大规模（千亿特征、万亿参数、数百节点）深度学习模型的训练，相较于开源的 TensorFlow 和 PyTorch 等框架，飞桨大规模参数服务器技术处于领先地位。

第三，飞桨支持多端多平台的高性能推理部署，兼容其他开源框架训练的模型，还可以轻松地部署到不同架构的平台设备上，推理速度和对国产硬件的支持也超过 TensorFlow 和 PyTorch 等。

第四，飞桨对企业在实践中长期打磨过的主流模型都进行了支持，涵盖了多个领域的产业级开源模型库，同时开源开放200多个预训练模型，机器视觉、自然语言理解、强化学习等多领域模型曾在国际竞赛中夺得20多项第一。

二、深度学习环境搭建

飞桨目前支持多种形式的安装，分别是 pip 安装、conda 安装、Docker 安装和编译安装,但不支持 Window 系统通过 Docker 安装,请读者根据自己电脑的配置情况以及使用习惯任选一种方式,推荐使用 Docker 安装、pip 安装或 conda 安装。截至目前,飞桨已发布的最新稳定版本为 2.4。下面逐一介绍这三种安装方式,官网可以找到更详细的安装说明。

(一)pip 安装

读者需要先在电脑上安装 Python3.7.x 与 pip 工具,然后运行以下命令开始安装(此命令使用的是清华镜像源):

```
python3 -m pip install paddlepaddle -i https://pypi.tuna.tsinghua.edu.cn/simple
```

验证部分请参看下面的 Docker 安装步骤。

(二)conda 安装

读者需要安装好 Anaconda 或 Miniconda,推荐使用清华镜像源安装。在进入需要安装 PaddlePaddle 飞桨的环境后,可通过以下命令开始安装:

```
conda install paddlepaddle
```

验证部分请参看下面的 Docker 安装步骤。

(三)Docker 安装

首先需要读者在自己的电脑上安装 Docker,安装好后,在终端中输入以下命令获取 CPU 版本的飞桨官方镜像:

```
docker pull hub.baidubce.com/paddlepaddle/paddle: 1.7.2
```

或使用以下命令获取 GPU 版本,使用 GPU 版本需要电脑支持 CUDA10 或 CUDA9,并预先安装 CUDA 和 nvidia-docker,此处以 CUDA 10 为例:

```
nvidia-docker pull hub.baidubce.com/paddlepaddle/paddle: 1.7.2-gpu-cuda10.0-cudnn7
```

在上述命令执行完成后,可以验证是否安装成功,首先通过以下命令构建并进入 Docker 容器:

```
docker run --name paddle -it -v $PWD: /paddle hub.baidubce.com/paddlepaddle/
paddle: 1.7.2 /bin/bash
```

针对 GPU 的版本，首先需要通过 nvidia-docker 命令进入 Docker 容器：

```
nvidia-docker run --name paddle -it -v $PWD: /paddle hub.baidubce.com/paddlepaddle/
paddle: 1.7.2-gpu-cuda10.0-cudnn7 /bin/bash
```

在进入 Docker 容器后，可在终端进入 Python 解释器，然后执行以下程序：

```
import paddle.fluid
paddle.fluid.install_check.run_check()
```

如出现以下结果，则说明飞桨安装成功：

```
Your Paddle Fluid is installed succesfully!
```

三、静态图与动态图

计算图（computational graph）实质上是一个有向无环图，其中的节点代表函数的输入，边代表这个函数的操作。计算图可以视为一种描述函数的语言，可以用于大部分基础表达式建模。

深度学习框架中包含许多张量和基于张量的各种操作，随着操作种类的增多，多个操作中间的执行关系变得十分复杂。计算图可以更加精确地描述网络中的参数传播过程，程序员编写代码搭建计算图需要学习大量的知识，耗费很多时间，而深度学习框架可以帮助程序员很容易地搭建计算图。基于以上原因，人们普遍使用深度学习框架进行开发。

计算图根据搭建方式的不同，可以分为静态图和动态图。

（一）静态图

静态图从程序运行开始，先构建图，然后导入数据在计算图中流动。程序在编译执行时先生成神经网络的结构，再执行对应的操作。在理论方面，静态计算的机制可以使编译器进行大幅优化,但一般我们所希望的程序和编译器实际执行之间可能存在一些差异。例如,可能只有在代码执行到相应操作时,才能发现计算图的结构中存在的问题,也就是说,代码中的错误将更加难被发现。尽管相比于动态计算图,静态计算图在理论上具有更好的性能,但在大量的实践中,往往并不符合这样的预期。

(二)动态图

动态图从程序运行开始,逐行运行,一边计算一边构建图。动态计算对开发者往往更加友好,程序依照编写命令的前后顺序进行执行,这种机制对于开发者调试更加方便,同时使想法转化为实际代码变得更加容易。因此,目前越来越多的深度学习研究者和开发者开始使用基于动态图的深度学习框架。

第二节 深度学习模型训练方式

考核知识点及能力要求:

- 掌握数据预处理的常规方法;
- 掌握搭建神经网络和选择训练配置;
- 掌握根据具体场景设计模型、训练模型和应用模型。

一、数据预处理的常规方法

数据预处理的常规方法一般包括训练集和测试集划分、计算训练数据的最大值、最小值、平均值等统计量,记录训练数据的归一化参数,以及对数据进行归一化处理等。下面我们以房价预测数据集为示例来介绍飞桨框架数据预处理的常规方法。波士顿房价数据集是一个由美国人口普查局收集的美国马萨诸塞州波士顿住房价格的有关信息的公开数据集,其中只包含了506个案例,是一个规模较小的数据集。波士顿房价数据一共统计了13种可能影响房价的因素以及该类型房屋的均价,希望构造一个模型,以这13个影响因素为输入,预测房屋的价格。该数据集的14列数据说明见表8–2。

表8–2　　　　　　　　　　波士顿房价数据集说明

序号	属性名	属性含义	类型
1	CRIM	该镇的人均犯罪率	连续值
2	ZN	占地面积在2 322平方米以上的住宅用地比例	连续值
3	INDUS	非零售商业用地比例	连续值
4	CHAS	是否邻近Charles River	离散值:1=邻近;0=不邻近
5	NOX	一氧化氮浓度	连续值
6	RM	每栋房屋的平均客房数	连续值
7	AGE	建成时间在1940年之前的自有住房的比例	连续值
8	DIS	到波士顿5个就业中心的加权距离	连续值
9	RAD	到径向公路的可达性指数	连续值
10	TAX	全值财产税率	连续值
11	PTRATI	学生与教师的比例	连续值
12	B	B=1 000(BK−0.63)×2,公式中BK为黑人所占人口比例,此处利用经济学的方式对数据进行了预处理	连续值
13	LSTAT	低收入人群占比	连续值
14	MEDV	同类房屋价格的中位数	连续值

数据首先需要进行预处理,然后才可以输入到模型中。下方代码展示了数据预处理的全部过程。

数据预处理:

```
def load_data():
    # 从文件导入数据
```

```
datafile = './work/housing.data'
data = np.fromfile (datafile, sep=' ')
```

每条数据一共 14 项，其中前面 13 项是影响因素，最后一项是相应的房屋价格中位数
```
feature_names = [ 'CRIM', 'ZN', 'INDUS', 'CHAS', 'NOX', 'RM', 'AGE',
                  'DIS', 'RAD', 'TAX', 'PTRATIO', 'B', 'LSTAT', 'MEDV' ]
feature_num = len (feature_names)
```

将原始数据进行 reshape，变成 [N, 14] 这样的形状
```
data = data.reshape ([data.shape[0] // feature_num, feature_num])
```

将原数据集拆分成训练集（80% 的数据）和测试集（20% 的数据）
拆分的测试集和训练集必须是没有交集的
```
ratio = 0.8
offset = int (data.shape[0] * ratio)
training_data = data[:offset]
```

计算训练数据集中的最大值、最小值、平均值
```
maximums, minimums, avgs = training_data.max (axis=0), training_data.min (axis=0), training_data.sum (axis=0) / training_data.shape[0]
```

记录保存训练数据的归一化参数，在预测时对数据做归一化
```
global max_values
global min_values
global avg_values
max_values = maximums
```

```
        min_values = minimums
        avg_values = avgs


        # 对数据进行归一化处理
        for i in range (feature_num):
            #print (maximums[i], minimums[i], avgs[i])
            data[:, i] = (data[:, i] - avgs[i]) / (maximums[i] - minimums[i])

        # 训练集和测试集的划分比例
        training_data = data[:offset]
        test_data = data[offset:]
        return training_data, test_data
```

查看数据：

```
# 获取数据
training_data, test_data = load_data ()
x = training_data[:, :-1]
y = training_data[:, -1:]


# 查看数据
print (x[0])
print (y[0])
```

根据上述代码的运行结果，我们可以查看第一个训练样本数据：

```
[-0.02146321 0.03767327 -0.28552309 -0.08663366 0.01289726 0.04634817 0.00795597
-0.00765794 -0.25172191 -0.11881188 -0.29002528 0.0519112 -0.17590923]
[-0.00390539]
```

二、模型概览

在训练神经网络模型之前，首先需要搭建出模型的基本结构，对模型中不同网络层的参数进行初始化，并定义相应的前向计算函数。此外，还需要对模型的训练过程进行相关配置。

（一）搭建神经网络

线性回归模型实质上是一个全连接层（fully connected layer，FC），后接一个线性激活函数（linear activation）（见图 8-1）。因此，在飞桨中可以利用全连接层模型构造线性回归，一个全连接层可以视作一个简单的神经网络。

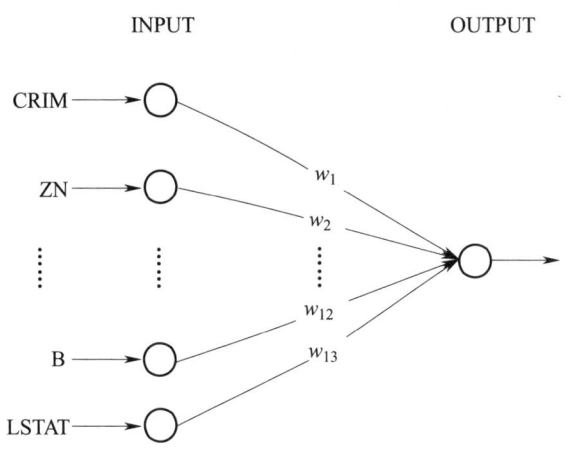

图 8-1 神经网络模型表示线性回归

神经网络的搭建过程类似于用积木搭建宝塔。在飞桨中，网络层（layer）是积木，而神经网络是要搭建的宝塔，通过对不同的网络层进行组合来搭建神经网络。本例中线性回归网络的搭建在飞桨中主要通过定义 Python 类的方式进行，具体包括定义 init 函数和 forward 函数。

顾名思义，forward 函数指的是实现神经网络前向计算逻辑的函数，它会在程序调用模型实例时自动执行。在 forward 函数内部使用的所有网络层都需要预先在 init 函数中进行定义。具体过程由以下两步组成：

- init 函数的定义：声明每一层网络的实现函数。对应在房价预测模型中，只需要定义一层全连接层。

- forward 函数的定义：通过依次调用不同的网络层实例，实现模型前向计算过程，最后返回预测结果。

配置网络结构：

```
class Regressor (fluid.dygraph.Layer):
    def __init__ (self, name_scope):
        super (Regressor, self).__init__ (name_scope)
        name_scope = self.full_name ()
        # 定义一层输出维度是1的全连接层，不使用激活函数
        self.fc = Linear (input_dim=13, output_dim=1, act=None)

    # 网络的前向计算函数
    def forward (self, inputs):
        x = self.fc (inputs)
        return x
```

在上述代码中，name_scope 变量可以在调试时追踪多个模型的变量，此处可忽略，飞桨 1.7 及之后版本，name_scope 的设置不是强制的。

（二）训练配置

训练配置过程包含四步：

（1）指定运行训练的机器资源：可以通过 guard 函数来指定运行训练所用的机器资源，当前实验中在 with 作用域下的程序均执行在本机的 CPU 资源上。设置 dygraph.guard，则在 with 作用域下的程序将会用动态图的模式执行（实时执行）。

（2）声明模型实例：首先声明之前定义好的回归模型 Regressor 实例，然后将模型实例的状态设置为训练。

（3）加载训练和测试数据：通过调用 load_data 函数，可以载入训练数据和测试数据。

（4）设置优化算法和学习率：设置优化算法为随机梯度下降（stochastic gradient descent，SGD），设置学习率为 0.01。

训练配置代码如下所示：

```
#定义飞桨工作环境为动态图
with fluid.dygraph.guard ():
    #声明定义好的线性回归模型
    model = Regressor ("Regressor")
    #开启模型训练模式
    model.train ()
    #加载数据
    training_data, test_data = load_data ()
    print (training_data[10:20])
    #定义优化算法为随机梯度下降 (SGD)
    #学习率设置为 0.01
    opt = fluid.optimizer.SGD (learning_rate=0.01, parameter_list=model.parameters())
```

在飞桨中，模型实例有训练状态（.train（））和测试状态（.eval（））两种状态。不同于测试时只需要执行正向计算，训练时要执行正向计算和反向传播梯度两个过程。出于以下两点原因，需要为模型指定运行状态：首先是 Dropout 和 Batch Normalization 等高级的算子在两种状态下执行的逻辑存在差异；其次是测试状态往往比训练状态需要更少的内存，并能够达到更好的性能。

声明模型、定义优化器等代码均在 with 创建的 fluid.dygraph.guard（）上下文环境（即飞桨动态图环境）中进行，在该环境下完成模型的声明、数据的转换和模型的训练等代码。

三、训练模型

训练过程可以分为内层循环和外层循环两个部分。

整个数据集在内层循环中,以分批次方式(batch)完成一次遍历。我们假设数据集总共包括 1 000 个样本,一个批次(batch)包含 10 个样本,可以计算出完整遍历一次数据集需要 1 000/10=100 个批次,也就是执行 100 次内层循环。batch 的大小会影响模型训练效果。如果 batch 过大,会增加内存消耗和计算时间,最后的效果可能并不会得到特别显著的提升;而 batch 过小的样本数据将缺失统计意义。我们观察到房价预测的训练数据集较小,可以将 batch 的大小设为 10。

内层循环的每次要执行都包含如下四个操作:

(1)准备数据:把一个批次大小的数据转换成飞桨指定的内置格式。

(2)前向计算:把一个批次的数据输入到网络中,输出预测的结果。

(3)计算损失函数:通过损失函数 square_error_cost 计算输出与真实房价之间的损失值。

(4)反向传播:执行梯度反向传播的函数,从后向前逐层计算每一层的梯度,然后根据我们设置的优化算法来更新参数。

外层循环通过 EPOCH_NUM 控制整个数据集的遍历次数。

定义训练过程的代码如下:

```
with dygraph.guard (fluid.CPUPlace ()):
    EPOCH_NUM = 10  # 设置外层循环次数
    BATCH_SIZE = 10 # 设置 batch 大小


    # 定义外层循环
    for epoch_id in range (EPOCH_NUM):
        # 在每轮迭代开始之前需要将训练数据的顺序进行随机的打乱
        np.random.shuffle (training_data)
        # 拆分训练数据,每一个 batch 有 10 条数据
        mini_batches = [training_data[k:k+BATCH_SIZE] for k in range (0, len(training_data), BATCH_SIZE)]
```

```python
    # 定义内层循环
    for iter_id, mini_batch in enumerate (mini_batches):
        # 获得当前批次训练数据
        x = np.array (mini_batch[:, :-1]).astype ('float32')
        # 获取当前批次训练标签，也就是真实房价
        y = np.array (mini_batch[:, -1:]).astype ('float32')
        # 把 numpy 数据转为飞桨动态图 variable 形式
        house_features = dygraph.to_variable (x)
        prices = dygraph.to_variable (y)

        # 前向计算
        predicts = model (house_features)

        # 计算损失
        loss = fluid.layers.square_error_cost (predicts, label=prices)
        avg_loss = fluid.layers.mean (loss)
        if iter_id%20==0:
            print ("epoch: {}, iter: {}, loss is: {}".format (epoch_id, iter_id, avg_loss.numpy()))

        # 反向传播
        avg_loss.backward ()
        # 最小化 loss，更新参数
        opt.minimize (avg_loss)
        # 清除梯度
        model.clear_gradients ()
# 保存模型
fluid.save_dygraph (model.state_dict (), 'LR_model')
```

观察代码运行结果日志,可以看出损失值在整体上呈现下降的趋势:

```
epoch: 0, iter: 0, loss is: [0.19169939]
epoch: 0, iter: 20, loss is: [0.14391404]
epoch: 0, iter: 40, loss is: [0.12920898]
epoch: 1, iter: 0, loss is: [0.06061528]
……
epoch: 8, iter: 40, loss is: [0.03340337]
epoch: 9, iter: 0, loss is: [0.05261706]
epoch: 9, iter: 20, loss is: [0.04158375]
epoch: 9, iter: 40, loss is: [0.00526562]
```

四、应用模型

为了预测或校验程序,需要将模型当前的参数数据(model.state_dict())保存到文件中,保存代码如下所示:

```
# 定义飞桨动态图工作环境
with fluid.dygraph.guard ():
    # 保存模型参数,文件名为 LR_model
    fluid.save_dygraph (model.state_dict (), 'LR_model')
    print (" 模型保存成功,模型参数保存在 LR_model 中 ")
```

保存了模型的参数后,就可以对模型进行测试和校验,这一过程和在应用场景中使用模型的过程相同,有如下三个步骤:

(1)配置模型预测的机器资源。

(2)将保存的训练好的模型参数载入到模型实例中。首先从保存的文件中把模型参数读取进来,然后把参数内容加载到模型中。参数加载完毕后,要将模型实例的状态设置成预测状态。通过之前的分析可以知道,处于训练状态时模型既需要支持前向计算又需要执行梯度反向传播,比较臃肿,但校验和预测状态的模型不需反向传播梯度，只需要支持前向计算，所以模型性能更好的同时也占用更小的内存。

（3）模型通过输入样本的特征数据，输出对应样本的预测结果。

详细实现代码如下：

```
def load_one_example (data_dir):
    f = open (data_dir, 'r')
    datas = f.readlines ()
    # 取出倒数第 10 条数据用于测试
    tmp = datas[-10]
    tmp = tmp.strip ().split ()
    one_data = [float (v) for v in tmp]

    # 对数据进行归一化处理
    for i in range (len (one_data)-1):
        one_data[i] = (one_data[i] - avg_values[i]) / (max_values[i] - min_values[i])

    data = np.reshape (np.array (one_data[:-1]), [1, -1]).astype (np.float32)
    label = one_data[-1]
    return data, label
```

然后开始测试，代码如下所示：

```
with dygraph.guard ():
    # 参数为保存模型参数的文件地址
    model_dict, _ = fluid.load_dygraph ('LR_model')
    model.load_dict (model_dict)
    model.eval ()

    # 参数为数据集的文件地址
```

```
test_data, label = load_one_example ('./work/housing.data')
# 将数据转为动态图的 variable 格式
test_data = dygraph.to_variable (test_data)
results = model (test_data)

# 对结果做反归一化处理
results = results * (max_values[-1] - min_values[-1]) + avg_values[-1]
print ("Inference result is { }, the corresponding label is { }".format (results.numpy (), label))
```

可以通过比较"模型预测值"和"真实房价"之间的差异来评价模型的预测效果。从以上代码的运行结果中,可以发现模型的预测与真实房价较为接近。

```
Inference result is [[15.21949]], the corresponding label is 19.7
```

第三节 深度学习服务平台和工具组件

考核知识点及能力要求:

- 了解深度学习服务平台和工具组件的基础知识,并学会安装使用;
- 掌握使用预训练模型解决问题。

一、预训练模型应用工具

PaddleHub 是飞桨生态下的预训练模型管理工具,旨在让飞桨生态下的开发者更便捷地享受到大规模预训练模型的价值。通过 PaddleHub，用户可以便捷地获取飞桨生态下的预训练模型，从而方便地管理模型和使用模型实现一键预测。除此之外，开发者可以通过使用 PaddleHub Fine-tune API，在大规模预训练模型的基础上快速实现迁移学习，让预训练模型在用户特定应用场景中更好地发挥作用。在 PaddleHub 上，到目前为止，预训练的模型包括图像分类、视频分类、目标检测、语义模型、词法分析、情感分析、语言模型、图像生成、图像分割等主流模型。

PaddleHub 可以通过 pip 工具安装。读者需要正确安装 Python 环境和飞桨，Python 版本应高于 3.5，飞桨版本应高于 1.7。使用以下命令即可安装 PaddleHub：

```
pip install paddlehub
```

（一）命令行工具

PaddleHub 可以通过命令行工具快速地完成模型的搜索、下载、安装、升级、预测等功能，这与 Anaconda 和 pip 等包管理工具的设计理念相近。具体命令见表 8-3。

表 8-3　　　　　　　　　　PaddleHub 命令行工具

命令	功能说明
install	用于将 Module 安装到本地
unstall	用于卸载本地 Module
show	用于查看本地已安装（或指定目录下）Module 的属性
download	用于下载百度提供的 Module
search	通过关键字搜索服务端中提供的 Module
list	列出本地已经安装的 Module
run	用于执行 Module 的预测
help	显示帮助信息
version	显示 PaddleHub 版本信息
clear	清空 PaddleHub 缓存数据
autofinetune	用于自动调整 Fine-tune 任务的超参数
config	用于查看和设置 paddlehub 相关设置

（二）Fine-tune API

大规模预训练模型通过结合 Fine-tune API，可以在非常短的时间内完成模型的训练，同时使模型具备较好的泛化能力。Fine-tune API 的架构图如图 8-2 所示。

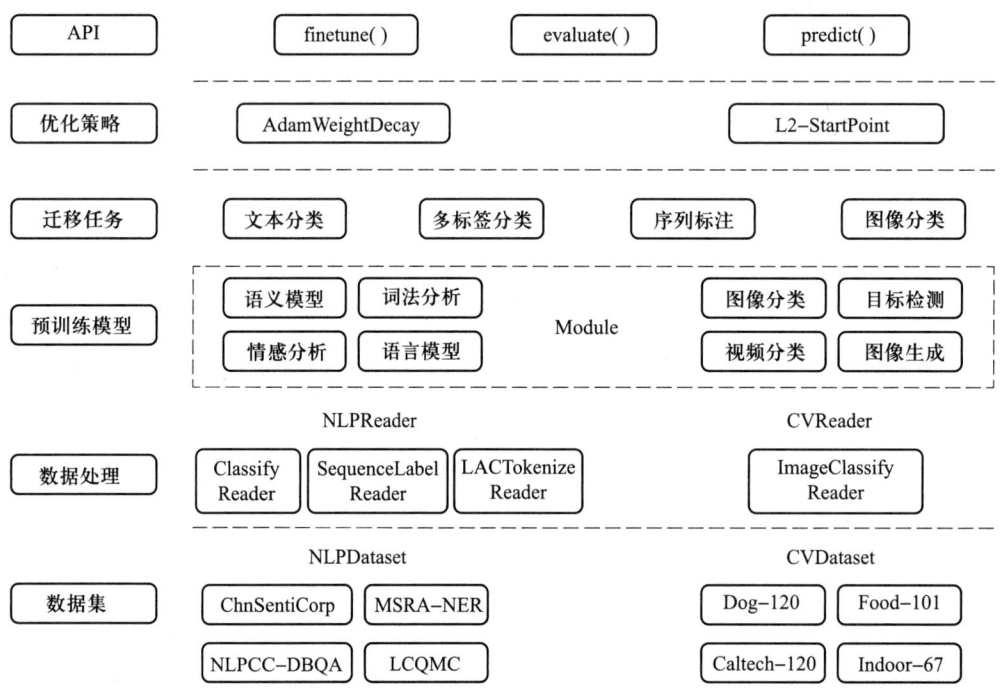

图 8-2 Fine-tune API 架构图

（三）应用案例

下面使用 PaddleHub 获取 YOLO v3 预训练模型，实现目标检测，预训练模型使用 COCO2017 数据集进行预训练。YOLO "之父"（Joseph Redmon）和其导师（Ali Farhadi）等人提出了单阶段检测器 YOLO v3，与传统目标检测方法相比，该方法在实现相同精度的前提下，可以达到快约两倍的推断速度。

1. 命令行预测示例

首先使用以下命令安装预训练模型：

```
hub install yolov3_coco2017
```

然后即可使用 PaddleHub 进行预测。预测单张图片时，可通过 --input_path 参数指定待预测图片的路径；当需要预测多张图片时，可将所有待预测图片的路径存储在文本文件中，在命令行中使用 --input_file 参数指定文本文件的路径。

使用 PaddleHub 对单张照片预测的代码如下：

```
# 单张照片预测
$ hub run yolov3_coco2017 --input_path "/PATH/TO/IMAGE"
```

使用 PaddleHub 对多张照片预测的代码如下：

```
# 多张照片预测
$ hub run yolov3_coco2017 --input_file test.txt
```

2. API 预测示例

YOLO v3 模型中的目标检测函数为 object_detection（data），该函数的使用说明如下：

- 参数值：data 为 dict 类型，key 为 image、str 类型；value 为待检测的图片路径，list 类型。
- 返回值：result 为 list 类型，list 中每个元素为对应输入图片的预测结果（dict 类型，其中包括了存放原输入图片路径以及检测结果，即检测框的左上角和右下角顶点坐标）。

使用 PaddleHub 中 YOLO v3 模型进行预测的代码示例如下：

```
import paddlehub as hub

yolov3 = hub.Module (name="yolov3_coco2017")

test_img_path = "/PATH/TO/IMAGE"
```

```
# set input dict
input_dict = {"image": [test_img_path]}

# execute predict and print the result
results = yolov3.object_detection (data=input_dict)
for result in results:
    print (result['path'])
    print (result['data'])
```

二、全流程开发工具

PaddleX 是飞桨的全流程开发工具。PaddleX 集飞桨核心框架、工具及组件、模型库等于一体，贯穿了深度学习开发的全部流程。PaddleX 为开发者用户提供一键下载安装的图形化开发客户端，同时也提供简单易懂的 Python API 以供调用。用户可根据实际开发的需求来选适合自己的开发方式，体验飞桨全流程开发的便捷。

PaddleX 的核心优势有以下四点：

（1）全流程打通：囊括了深度学习的各个阶段，如数据准备、模型训练、模型调优、多端部署等。

（2）易用易集成：提供了开源开放且简明易懂的 Python API，对于二次开发和二次集成非常友好。

（3）融合产业实践经验：结合飞桨的产业实践经验，精心挑选高质量的视觉模型方案，同时开放在实际中的案例教学。

（4）教程与服务：提供全流程开发文档说明和全流程的技术服务，用户可以通过多种方式直接与技术团队交流。

PaddleX 产品内核的主要构成包括：

（1）PaddleCV：涉及计算机视觉中的各类任务场景（如图像分类、语义分割、目标检测及实例分割等），涵盖了百度在机器视觉领域多年沉淀的算法、智能视觉工具、模型和数据（如 PaddleDetection、PaddleSeg 等端到端开发套件），可以帮助开发者快速、高效地实现计算机视觉中的各类任务。

（2）PaddleHub：为了让使用者通过少量样本数据的训练就可以获得泛化能力好的模型，PaddleHub 集成了众多高质量的预训练模型以供使用。AutoDL 技术可以自动搜索更优的参数配置，进一步提升模型训练的智能化。

（3）VisualDL：提供了完善的深度学习开发可视化工具集。用户可以以图或表的方式，查看模型中参数和指标实时的变化趋势，大幅提升调参效率和开发体验。

（4）PaddleSlim：集成了模型剪裁、定点量化、知识蒸馏等一系列技术领先的压缩策略和模型压缩工具，对于减小模型大小、提升推理部署速度等有显著效果，可以充分满足工业生产环境或移动端场景中的高性能推理需求。

三、工业化开发套件

百度推出的 EasyDL 是一个定制化深度学习训练和服务平台，为很多算法基础薄弱的用户定制高精度 AI 模型。到目前为止，EasyDL 可以提供物体检测、图像分类、图像分割等多类应用场景的定制解决方案。相对于传统深度学习的应用，EasyDL 有以下诸多特色和优势：

（1）可视化操作：对于零机器学习专业知识的开发者，提供从头到尾的全流程可视化，包括模型创建、数据上传、模型训练和模型发布。

（2）高精度效果：融合百度 AutoDL 和 AutoML 技术，可以针对用户数据自动选择最优网络和超参组合，只用少量数据就能获得较好效果的模型。

（3）端云结合：为了给开发者提供灵活适配各种使用场景及运行环境的便利，训练完成的模型可发布为云端 API 或离线 SDK。

（4）数据支持：对于数据集，支持在模型迭代过程通过训练数据地采集与标注，达到持续扩充数据集的作用，从而进一步提升模型效果。

在计算机视觉领域和自然语言处理领域的诸多应用场景中都能看到 EasyDL 的身

影。在计算机视觉领域,用户可以根据具体需求,使用 EasyDL 制定图片分类模型,判断图片是否合规,并定制个性化的内容审核策略,为视频、新闻等内容平台过滤不良信息。在工业生产中,使用产品照片进行瑕疵标注及模型训练,可将模型应用于产品质检,辅助人工提升质检效率,降低生产成本。在自然语言处理方面,EasyDL 定制的文本分类模型可用于舆情分析。

第四节 深度学习行业实战案例

考核知识点及能力要求:

- 了解深度学习框架在不同方向的应用实践;
- 熟悉飞桨框架在不同应用下进行数据处理、模型设计、损失函数设计、模型训练以及模型测试的方法。

一、深度学习在计算机视觉中的实践应用

本部分使用 MS-COCO 数据集来训练 Faster R-CNN 目标检测算法。

MS-COCO 数据集是微软构建的一个计算机视觉领域的数据集,收集了常见物体的日常场景图片。MS-COCO 数据集为每张图片提供了像素级别的实例标注,可以帮助开发者精确地评估检测和分割算法的效果。MS-COCO 适用于目标检测和场景分割任务的训练与测试。

用于检测任务的 MS-COCO 数据集的共包括 80 个类别,可以分为 train、val 和 test 等 3 个不同的划分,每个划分的样本数量分别为 80k、40k、40k。学术界一般使用

train 的全部数据和 val 的一个 35k 的子集作为训练集（trainval35k），而使用 val 部分的剩余数据作为测试集（minival）。此外，还有一部分的 test 数据由 COCO 官方预留，用于评测 COCO 检测比赛中不同方法的检测效果。

（一）代码准备

飞桨官方已经提供了利用 R-CNN 进行目标检测任务的代码，可从 github 中获取该代码：

```
git clone https://github.com/PaddlePaddle/models.git
```

在下载代码之后，可以开始对 R-CNN 进行训练和测试。

（二）数据准备

飞桨的 R-CNN 目标识别代码中提供了数据下载的脚本，可使用该脚本直接下载数据集。

```
cd dataset/coco./download.sh
```

MS-COCO 数据集的目录结构如下：

```
data/coco/
├── annotations
│   ├── instances_train2014.json
│   ├── instances_train2017.json
│   ├── instances_val2014.json
│   ├── instances_val2017.json
│   ...
├── train2017
│   ├── 000000000009.jpg
│   ├── 000000580008.jpg
│   ...
```

```
├── val2017
│   ├── 000000000139.jpg
│   ├── 000000000285.jpg
│   ...
```

其中，annotations 中包含每张图片的标签信息，train2017 与 val2017 中分别包含训练集与数据集的图片。

在下载好 MS-COCO 数据集后，使用 MS-COCO 数据集之前需要下载 COCO API。COCO API 可在 GitHub 上获取（https://github.com/cocodataset/cocoapi.git）。

```
git clone https://github.com/cocodataset/cocoapi.git
cd cocoapi/PythonAPI
# if cython is not installed
pip install Cython
# Install into global site-packages
make install
# Alternatively, you could install the cocoapi into local user site-packages
python2 setup.py install –user
```

（三）模型训练

数据集准备好之后，按照如下步骤训练模型：

1. 下载预训练模型

本案例中需要加载 ResNet-50 的预训练模型参数进行训练，预训练模型的下载可以通过如下代码进行：

```
sh ./pretrained/download.sh
```

可以在训练的初始化阶段或者参数微调时，加载预训练模型的参数。如果预训练模型加载不正确，训练过程中很有可能出现损失为 NAN 的情况。

2. 启动训练

完成预训练模型下载和数据集 API 安装之后，就可以开始训练模型了。本案例是目标检测任务，执行 Faster R-CNN 的训练脚本：

```
python -m paddle.distributed.launch --selected_gpus=0,1,2,3,4,5,6,7 --log_dir ./mylog train_dyg.py \
        --model_save_dir=output/ \
        --pretrained_model=${path_to_pretrain_model} \
        --data_dir=${path_to_data}
```

其中，model_save_dir 为训练好的模型文件存储位置，pretrained_model 为预训练模型的路径，data_dir 为数据集路径，MASK_ON 为选择训练 Faster R-CNN 模型还是 Mask R-CNN 模型，该项在本案例中为 False。

如果使用多 GPU 来并行训练，可以通过 export CUDA_VISIBLE_DEVICES=0,1,2,3,4,5,6,7 来给出可使用的 GPU 数量及 ID，通过参数项 --selected_gpus=0,1,2,3,4,5,6,7 来选择要使用的 GPU 的 ID。对于 Windows 用户，需要设置 parallel 为 False，将 fluid.ParallelExecutor 替换为 fluid.Executor。该脚本可以通过 help 命令查看参数项：

```
python train_dyg.py --help
```

在飞桨的 Faster R-CNN 模型的训练与测试中，可以通过更改 rcnn/config.py 中的参数来调整训练过程。

本案例采用的训练策略如下：

（1）采用 Momentum 优化算法训练，Momentum=0.9。

（2）权重衰减系数为 0.000 1，最大训练 180 000 轮，在前 500 轮训练中，学习率从 0.003 33 线性增加至 0.01。在 120 000、160 000 轮时用 0.1、0.01 的因子对学习率进行衰减。训练中的参数设置，例如最大轮数可以在 config.py 中对 max_iter 进行设置。

（3）设置非基础卷积层卷积的 bias 的学习率为模型整体学习率 2 倍。

(4)在基础卷积层中,res2 层参数和 affine_layers 参数不更新。

(四)模型评估

在训练结束之后,需要评估模型的性能指标。本案例采用 MS-COCO 官方评估。在项目代码中,eval_coco_map.py 是评估模块的主要执行程序,调用该程序进行模型评估:

```
#Faster R-CNN
python eval_coco_map.py \
    --dataset=coco2017 \
    --pretrained_model=${path_to_trained_model} \
    --MASK_ON=False
```

其中,pretrained_model 为训练好的模型的路径。

表 8-4 为模型评估结果。

表 8-4　　　　　　　　　　　　#Faster R-CNN

模型	RoI 处理方式	批量大小	迭代次数	mAP
Fluid RoIPool minibatch padding	RoIPool	8	180 000	0.316
Fluid RoIPool no padding	RoIPool	8	180 000	0.318
Fluid RoIAlign no padding	RoIAlign	8	180 000	0.348
Fluid RoIAlign no padding 2x	RoIAlign	8	360 000	0.367

(1)End2End Faster R-CNN:使用 RoIPool,不对图像做填充处理。

(2)End2End Faster R-CNN RoIAlign 1x 模型:使用 RoIAlign,不对图像做填充处理。

(3)End2End Faster R-CNN RoIAlign 2x 模型:使用 RoIAlign,不对图像做填充处理。一共训练 360 000 轮,其中学习率在第 240 000、320 000 轮时进行衰减。

通过模型评估可以得到模型的性能指标,可根据性能指标的评价来对网络训练进行调整,直到得到满足需求的模型。

(五)模型推断

目标检测在训练好合适的模型之后,通过模型推断来完成实际中的目标检测任务。在本案例中,infer.py 是主要执行程序,通过如下命令调用:

```
python infer.py \
    --pretrained_model=${path_to_trained_model} \
    --image_path=dataset/coco/val2017/000000000139.jpg \
    --draw_threshold=0.6
```

其中，pretrained_model 为训练好的模型，image_path 为要进行推断的图片路径。训练好的模型针对一张输入图片的推断结果，如图 8-3 所示。

图 8-3　Faster R-CNN 预测可视化结果

二、深度学习在自然语言处理中的实践应用

随着当今世界信息量的急剧增加和国际交流的日益频繁，语言障碍已经成为制约 21 世纪社会全球化发展的一个重要因素，因此，解决语言障碍对于国家乃至于世界都有着重要意义。人工翻译远不能满足当下需求，使得用机器翻译来协助人工翻译的需求变得更加强烈。接下来我们用飞桨实现机器翻译的应用。

（一）数据准备

公开数据集：本节采用 WMT 翻译大赛英德翻译任务中提供的一个中等规模的数据集 WMT16 EN-DE 进行训练和测试。首先执行 gen_data.sh 对 WMT16 EN-DE 数据集下载和预处理（建议后台运行），主要处理过程包括 BPE 编码（byte-pair encoding）和 Tokenize。运行结束后会生成文件夹 gen_data，结构如下：

```
├── wmt16_ende_data            # WMT16 英德翻译数据
├── wmt16_ende_data_bpe        # BPE 编码的 WMT16 英德翻译数据
├── mosesdecoder               # Moses 机器翻译工具集，包含了 Tokenize、BLEU 评估等脚本
└── subword-nmt                # BPE 编码的代码
```

自定义数据：要使用自定义数据时，需要数据格式为制表符 \t 分隔的源语言和目标语言句子对，同时句子中的 token 之间用空格作为分隔。

准备好以上格式的数据文件（可以分多个 par）和对应的词典文件就可直接运行。

（二）模型配置

先定义多头注意力机制的线性变换。飞桨的 Linear 函数可以直接接收高维输入而无需手动展平输入向量。

多头注意力机制中线性变换的具体实现代码如下：

```
# compute q, k, v
keys = queries if keys is None else keys
values = keys if values is None else values
q = self.q_fc (queries)
k = self.k_fc (keys)
v = self.v_fc (values)
```

多头注意力机制线性变换函数定义：

```
self.q_fc = Linear (input_dim=d_model,
                   output_dim=d_key * n_head,
                   bias_attr=False)
```

```
self.k_fc = Linear (input_dim=d_model,
                    output_dim=d_key * n_head,
                    bias_attr=False)
self.v_fc = Linear (input_dim=d_model,
                    output_dim=d_value * n_head,
                    bias_attr=False)
```

再定义维度变换。为了实现多头注意力机制，需要对线性变换得到的结果进行 reshape 和转置。比如对于维度为 [batch_size, sequence_length, h*(embedding_dimension /h)] 的张量，需要将其转换成维度为 [batch_size, h, sequence_length, embedding_dimension] 的张量。layers.reshape（）方法可以完成 reshape 操作，而 layers.transpose（）方法可以完成转置操作。

多头注意力机制中维度变换的具体实现代码如下：

```
# split head
q = layers.reshape (x=q, shape=[0, 0, self.n_head, self.d_key])
q = layers.transpose (x=q, perm=[0, 2, 1, 3])
k = layers.reshape (x=k, shape=[0, 0, self.n_head, self.d_key])
k = layers.transpose (x=k, perm=[0, 2, 1, 3])
v = layers.reshape (x=v, shape=[0, 0, self.n_head, self.d_value])
v = layers.transpose (x=v, perm=[0, 2, 1, 3])

if cache is not None：
        cache_k, cache_v = cache["k"], cache["v"]
        k = layers.concat ([cache_k, k], axis=2)
        v = layers.concat ([cache_v, v], axis=2)
        cache["k"], cache["v"] = k, v
```

接下来定义缩放点积注意力机制。attn_bias 参数的作用是屏蔽掉 encoder 和 decoder 多头注意力机制子层中的 padding 部分，以及 decoder 的多头注意力机制子层中位于当前字符后的字符。参数 alpha 用来实现对矩阵的缩放，其默认值为 1，这里设置为 d_key**–0.5，也就是 $\frac{1}{\sqrt{d_k}}$。

缩放点积注意力机制的具体实现代码如下：

```
# scale dot product attention
product = layers.matmul (x=q,
                        y=k,
                        transpose_y=True,
                        alpha=self.d_model**-0.5)
if attn_bias is not None:
    product += attn_bias
weights = layers.softmax (product)
if self.dropout_rate:
    weights = layers.dropout (weights,
                              dropout_prob=self.dropout_rate,
                              is_test=False)
out = layers.matmul (weights, v)
```

最后定义合并操作。将 h 这个维度合并到 embedding_dimension/h 维度中，形成维度为 [batch_size, sequence_length, h*（embedding_dimension / h）] 的张量，与维度变换的操作刚好相反。

多头注意力机制中合并操作的具体实现代码如下：

```
# combine heads
out = layers.transpose (out, perm=[0, 2, 1, 3])
out = layers.reshape (x=out, shape=[0, 0, out.shape[2] * out.shape[3]])
```

根据之前定义的四种方法定义多头注意力机制。

多头注意力机制的具体实现代码如下：

```
# project to output
out = self.proj_fc (out)
return out
```

多头注意力机制的映射函数代码如下：

```
self.proj_fc = Linear (input_dim=d_value * n_head,
                      output_dim=d_model,
                      bias_attr=False)
```

（三）模型训练

下面以英德翻译数据为例，执行下列命令即可进行模型训练：

配置模型训练需要的参数：

```
# setting visible devices for training
export CUDA_VISIBLE_DEVICES=0
python -u train.py \
  --epoch 30 \
  --src_vocab_fpath gen_data/wmt16_ende_data_bpe/vocab_all.bpe.32000 \
  --trg_vocab_fpath gen_data/wmt16_ende_data_bpe/vocab_all.bpe.32000 \
  --special_token '<s>' '<e>' '<unk>' \
  --training_file gen_data/wmt16_ende_data_bpe/train.tok.clean.bpe.32000.en-de \
  --batch_size 4096
```

上述命令中，epoch 是训练轮数，batch_size 是批数据大小，training_file 是训练数据文件路径（支持通配符）。在 transformer.yaml 配置文件有更多参数和支持的模型超参数，配置文件中默认提供了 Transformer base model 的配置，如自己重新设置可以在配置文件中修改或命令行传入，传入内容将覆盖配置文件中的设置。下列命令可以用来训练 Transformer 论文中的 big model：

```
# open garbage collection to save memory
export FLAGS_eager_delete_tensor_gb=0.0
# setting visible devices for training
export CUDA_VISIBLE_DEVICES=0, 1, 2, 3, 4, 5, 6, 7

python -u main.py \
    --do_train True \
    --epoch 30 \
    --src_vocab_fpath gen_data/wmt16_ende_data_bpe/vocab_all.bpe.32000 \
    --trg_vocab_fpath gen_data/wmt16_ende_data_bpe/vocab_all.bpe.32000 \
    --special_token '<s>' '<e>' '<unk>' \
    --training_file gen_data/wmt16_ende_data_bpe/train.tok.clean.bpe.32000.en-de \
    --batch_size 4096 \
    --n_head 16 \
    --d_model 1024 \
    --d_inner_hid 4096 \
    --prepostprocess_dropout 0.3
```

可以通过 CUDA_VISIBLE_DEVICES 环境变量来设置使用的 GPU 数目，如果不设置，默认训练时使用所有 GPU。如果没有 GPU 资源，也可以只使用 CPU 训练（--use_cuda False）。save_param 和 save_checkpoint 参数默认 trained_params 和 trained_ckpts，程序会每隔一定 iteration 后（默认为 10000，save_step 可设置为其他数字）将分别保存当前训练的参数值和 checkpoint 到相应目录，每隔一定数目的 iteration（通过参数 print_step 设置，默认为 100）会输出下面的日志到标准输出：

```
[2019-08-02 15:30:51, 656 INFO train.py:262] step_idx: 150100, epoch: 32, batch: 1364, avg loss: 2.880427, normalized loss: 1.504687, ppl: 17.821888, speed: 3.34 step/s
```

```
[2019-08-02 15:31:19, 824 INFO train.py:262] step_idx: 150200, epoch: 32, batch: 1464,
avg loss: 2.955965, normalized loss: 1.580225, ppl: 19.220257, speed: 3.55 step/s
……
```

(四)模型测试

在模型训练完成后,可以生成测试数据并用已经训练好的模型进行测试。执行以下命令可以对指定文件中的文本进行英德翻译。

```
# setting visible devices for prediction
export CUDA_VISIBLE_DEVICES=0
python -u predict.py \
  --src_vocab_fpath gen_data/wmt16_ende_data_bpe/vocab_all.bpe.32000 \
  --trg_vocab_fpath gen_data/wmt16_ende_data_bpe/vocab_all.bpe.32000 \
  --special_token '<s>' '<e>' '<unk>' \
  --predict_file gen_data/wmt16_ende_data_bpe/newstest2014.tok.bpe.32000.en-de \
  --batch_size 32 \
  --init_from_params trained_params/step_100000 \
  --beam_size 5 \
  --max_out_len 255 \
  --output_file predict.txt
```

在 transformer.yaml 文件中可以查看详细的参数设置,并进行更改。特别需要注意的是,在执行预测时设置的参数要和模型训练时的设置一致。例如训练时使用 big model 的参数设置,在预测时需要使用如下命令进行测试:

```
# setting visible devices for prediction
export CUDA_VISIBLE_DEVICES=0
python -u predict.py \
  --src_vocab_fpath gen_data/wmt16_ende_data_bpe/vocab_all.bpe.32000 \
```

```
--trg_vocab_fpath gen_data/wmt16_ende_data_bpe/vocab_all.bpe.32000 \
--special_token '<s>' '<e>' '<unk>' \
--predict_file gen_data/wmt16_ende_data_bpe/newstest2014.tok.bpe.32000.en-de \
--batch_size 32 \
--init_from_params trained_params/step_100000 \
--beam_size 5 \
--max_out_len 255 \
--output_file predict.txt \
--n_head 16 \
--d_model 1024 \
--d_inner_hid 4096 \
--prepostprocess_dropout 0.3
```

(五)模型评估

预测结果中每行的输出是相对应行输入的得最高分的翻译。如果使用 BPE 的数据，则预测出的翻译结果也是 BPE 表示的数据，不能直接评估，BPE 表示的数据还需要还原成原始的数据（指的是 tokenize 以后的数据）才可以进行正确的评估。如下是具体的评估过程代码（翻译任务常用的自动评估方法指标是 BLEU）：

```
# 还原 predict.txt 中的预测结果为 tokenize 后的数据
sed -r 's/(@@ )|(@@ ?$)//g' predict.txt > predict.tok.txt
# 若无 BLEU 评估工具，需先下载
# git clone https://github.com/moses-smt/mosesdecoder.git
# 以英德翻译 newstest2014 测试数据为例
perl gen_data/mosesdecoder/scripts/generic/multi-bleu.perl gen_data/wmt16_ende_data/newstest2014.tok.de < predict.tok.txt# git clone https://github.com/moses-smt/mosesdecoder.git
```

评估结果：

BLEU = 26.35, 57.7/32.1/20.0/13.0 (BP=1.000, ratio=1.013, hyp_len=63903, ref_len=63078)

使用本项目中提供的内容，英德翻译 base model 和 big model 使用 8 个 GPU 训练 100 000 次后，测试有如表 8-5 所示的 BLEU 值。

表 8-5　　　　　　　　　　　　　BLEU 值

测试集	newstest2014	newstest2015	newstest2016
Base	26.35	29.07	33.30
Big	27.07	30.09	34.38

三、深度学习在推荐系统中的实践应用

推荐系统（recommender system）是向用户推荐有用物品的软件工具和技术，它运用数据分析、数据挖掘等技术，实现对用户浏览信息或商品的智能推荐，是机器学习，尤其是深度学习算法的重要应用场景。本部分以构建电影推荐系统为例，详述了深度学习推荐系统模型在飞桨上的具体实现。

（一）数据准备

ml-1m 是一个电影评分数据集，由 GroupLens Research 从 MovieLens 网站上收集并提供。ml-1m 数据集包含了由 6 000 多位用户针对 3 900 部电影给出的共 100 万条评分数据，电影的评分都是 1~5 的整数，所有电影的评分数据超过 20 条。ml-1m 数据集一共有三个数据文件，分别是：

（1）users.dat，对用户属性信息进行存储的 txt 格式文件。

（2）movies.dat，对电影属性信息进行存储的 txt 格式文件。

（3）ratings.dat，对电影评分信息进行存储的 txt 格式文件。

posters 文件夹下存放电影海报图像，以 "mov_id" + 电影 ID+ ".png" 的形式命名海报图像的名字。但是电影海报图像并不完整，有缺失，所以用了一个新的评分数据文件，其中包含的电影均是有海报数据的。所以，我们使用的数据集在 ml-1m 数据集基础上又增加了两份数据：

（1）posters/，包含电影海报图像。

（2）new_rating.txt，存储包含海报图像电影的新评分数据文件。

本次实验中，数据处理一共包含如下六步：

（1）读取用户数据，存储到字典；

（2）读取电影数据，存储到字典；

（3）读取评分数据，存储到字典；

（4）读取海报数据，存储到字典；

（5）将各个字典中的数据拼接，形成数据读取器；

（6）划分训练集和验证集，生成迭代器，每次提供一个批次的数据。

流程如图8-4所示。

1. 数据处理

用户数据文件user.dat中的数据格式为：UserID::Gender::Age::Job::Zip-code。存储形式如图8-5所示。

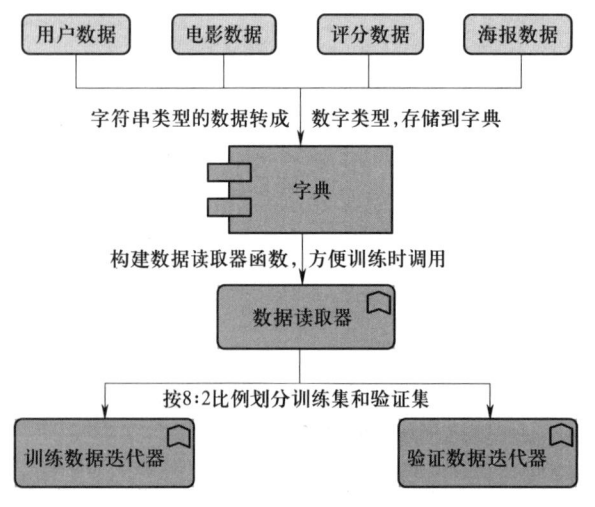

图8-4 数据处理流程图

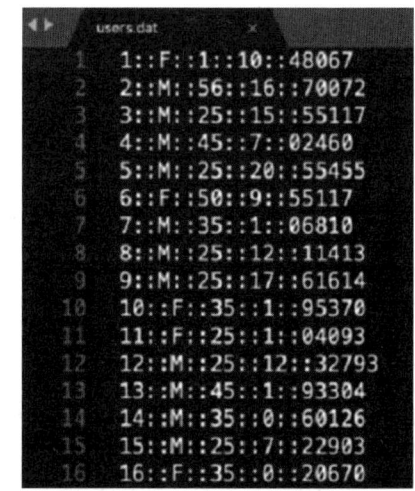

图8-5 用户数据存储格式

在图8-5中，每一行表示一个用户的数据，第一列到最后一列分别表示UserID、Gender、Age、Job、Zip-code，以::隔开，各数据对应关系如表8-6所示。

比如82::M::25::17::48380表示ID为82的用户，性别为男，年龄为25~34岁，职业为technician/engineer。

表 8-6　　　　　　　　　　　数据对应关系

数据类别	数据说明	数据示例
UserID	每个用户的数字代号	1、2、3 等序号
Gender	F 表示女性，M 表示男性	F 或 M
Age	用数字表示各个年龄段	1："Under 18" 18："18-24" 25："25-34" 35："35-44" 45："45-49" 50："50-55" 56："56+"
Job	用数字表示不同职业	0："other" or not specified 1："academic/educator" 2："artist" 3："clerical/admin" 4："college/grad student" 5："customer service" 6："doctor/health care" 7："executive/managerial" 8："farmer" 9："homemaker" 10："K-12 student" 11："lawyer" 12："programmer" 13："retired" 14："sales/marketing" 15："scientist" 16："self-employed" 17："technician/engineer" 18："tradesman/craftsman" 19："unemployed" 20："writer"
Zip-code	邮政编码，与用户所处的地理位置有关。在本次实验中，不使用这个数据。	48067

首先，读取用户信息文件中的数据。

解压数据集：

```
#解压数据集
!cd work && unzip -o -q ml-1m.zip
```

读取数据:

```
import numpy as np
usr_file = "./work/ml-1m/users.dat"
# 打开文件，读取所有行到 data 中
with open (usr_file, 'r') as f:
    data = f.readlines ()
# 打印 data 的数据长度、第一条数据、数据类型
print ("data 数据长度是: ", len (data))
print (" 第一条数据是: ", data[0])
print (" 数据类型: ", type (data[0]))
```

输出:

```
data 数据长度是: 6040
第一条数据是: 1::F::1::10::48067
数据类型: <class 'str'>
```

观察以上结果，用户数据一共有 6 040 条，数据以 :: 分隔，是字符串类型。为了方便后续数据读取，区分用户的 ID、年龄、职业等数据，一个简单的方式是将数据存储到字典中。文本数据无法直接输入到神经网络中进行计算，所以需要将字符串类型的数据转换成数字类型。另外，用户的性别 F、M 是字母数据，这里需要转换成数字表示。

定义如下函数实现字母转数字，将性别 M、F 转成数字 0、1 来表示:

```
def gender2num (gender):
    return 1 if gender == 'F' else 0
print (" 性别 M 用数字 {} 表示 ".format (gender2num ('M')))
print (" 性别 F 用数字 {} 表示 ".format (gender2num ('F')))
```

输出：

性别 M 用数字 0 表示

性别 F 用数字 1 表示

接下来把用户数据的字符串类型的数据转成数字类型，并存储到字典中：

```
usr_info = {}
max_usr_id = 0
# 按行索引数据
for item in data:
    # 去除每一行中和数据无关的部分
    item = item.strip ().split ("::")
    usr_id = item[0]
    # 将字符数据转成数字并保存在字典中
    usr_info[usr_id] = {'usr_id': int (usr_id),
                        'gender': gender2num (item[1]),
                        'age': int (item[2]),
                        'job': int (item[3])}
    max_usr_id = max (max_usr_id, int (usr_id))
print (" 用户 ID 为 3 的用户数据是 :", usr_info['3'])
```

输出：

用户 ID 为 3 的用户数据是：{'usr_id': 3, 'gender': 0, 'age': 25, 'job': 15}

至此，完成了用户数据的处理。

电影、评分及海报图像数据的处理过程与用户数据处理过程类似，具体参考以下网址中 lesson15 子目录下的代码：https://github.com/PaddleToturial-v2/DeepLearningAndPaddleTutorial-v2。

2. 构建数据读取器

接下来构建一个数据读取器，构建好的数据读取器在训练神经网络时可以直接使用。

构建一个可以将读取并处理后的数据整合到一起的函数，具体操作，在rating数据中把用户和电影的所有特征字段补齐。

数据读取器：

```
def get_dataset (usr_info, rating_info, movie_info):
    trainset = []
    # 按照评分数据的 key 值索引数据
    for usr_id in rating_info.keys ():
        usr_ratings = rating_info[usr_id]
        for movie_id in usr_ratings：
            trainset.append ({'usr_info': usr_info[usr_id],
                              'mov_info': movie_info[movie_id],
                              'scores': usr_ratings[movie_id]})
    return trainset
dataset = get_dataset (usr_info, rating_info, movie_info)
print (" 数据集总数据数： ", len (dataset))
```

输出：

```
数据集总数据数：1000209
```

数据读取器的加载数据函数的整体结构：

```
import random
def load_data (dataset=None, mode='train'):
    """ 定义一些超参数等等 """
    # 定义数据迭代加载器
    def data_generator ():
```

```
        """ 定义数据的处理过程 """
        data = None
        yield data
    # 返回数据迭代加载器
    return data_generator
```

以上代码的目的是将多个样本数据合并到一个 batch（列表），在列表和 batchsize 相等后，通过 yield 的方法返回数据迭代器。

批次数据拼合和数据格式尺寸的转换同时完成：

（1）在数据返回前，需将所有数据均转换成 np.array 的类型，方便后续再处理转换成框架内置变量 variable 的类型。

（2）依据网络输入层的设计调整每个特征字段的尺寸。用户和电影的所有原始特征可以分为：ID 类、列表类、文本类和图像类四类，分别对应用户 ID、电影 ID，性别、年龄、职业、电影类别，电影名称和电影海报。

数据迭代器：

```
import random
use_poster = False
def load_data (dataset=None, mode='train'):

    # 定义数据迭代 Batch 大小
    BATCHSIZE = 256

    data_length = len (dataset)
    index_list = list (range (data_length))
    # 定义数据迭代加载器
    def data_generator ():
        # 训练模式下，打乱训练数据
        if mode == 'train':
```

```
            random.shuffle (index_list)
        # 声明每个特征的列表
        usr_id_list, usr_gender_list, usr_age_list, usr_job_list = [], [], [], []
        mov_id_list, mov_tit_list, mov_cat_list, mov_poster_list = [], [], [], []
        score_list = []
        # 索引遍历输入数据集
        for idx, i in enumerate (index_list):
            # 把特征数据存储到对应特征列表中
            usr_id_list.append (dataset[i]['usr_info']['usr_id'])
            usr_gender_list.append (dataset[i]['usr_info']['gender'])
            usr_age_list.append (dataset[i]['usr_info']['age'])
            usr_job_list.append (dataset[i]['usr_info']['job'])


            mov_id_list.append (dataset[i]['mov_info']['mov_id'])
            mov_tit_list.append (dataset[i]['mov_info']['title'])
            mov_cat_list.append (dataset[i]['mov_info']['category'])
            mov_id = dataset[i]['mov_info']['mov_id']


            if use_poster:
                # 当不使用图像特征时就不用读取图像数据，节省数据读取时间
                poster = Image.open (poster_path+'mov_id{}.jpg'.format (str (mov_id)))
                poster = poster.resize ([64, 64])
                if len (poster.size) <= 2:
                    poster = poster.convert ("RGB")
                mov_poster_list.append (np.array (poster))
            score_list.append (int (dataset[i]['scores']))
            # 如果读取的数据量和当前的 batch 大小相同，就返回当前批次
```

```python
        if len(usr_id_list)==BATCHSIZE:
            # 转换列表数据为数组形式，reshape 到固定形状，使数据的最后一维是 1
            usr_id_arr = np.expand_dims(np.array(usr_id_list), axis=-1)
            usr_gender_arr = np.expand_dims(np.array(usr_gender_list), axis=-1)
            usr_age_arr = np.expand_dims(np.array(usr_age_list), axis=-1)
            usr_job_arr = np.expand_dims(np.array(usr_job_list), axis=-1)
            mov_id_arr = np.expand_dims(np.array(mov_id_list), axis=-1)
            mov_cat_arr = np.reshape(np.array(mov_cat_list), [BATCHSIZE, 6, 1]).astype(np.int64)
            mov_tit_arr = np.reshape(np.array(mov_tit_list), [BATCHSIZE, 1, 15, 1]).astype(np.int64)

            if use_poster:
                mov_poster_arr = np.reshape(np.array(mov_poster_list)/127.5 - 1, [BATCHSIZE, 3, 64, 64]).astype(np.float32)
            else:
                mov_poster_arr = np.array([0.])

            scores_arr = np.reshape(np.array(score_list), [-1, 1]).astype(np.float32)
            # 返回当前批次数据
            yield [usr_id_arr, usr_gender_arr, usr_age_arr, usr_job_arr], \
                  [mov_id_arr, mov_cat_arr, mov_tit_arr, mov_poster_arr], scores_arr

            # 清空数据
            usr_id_list, usr_gender_list, usr_age_list, usr_job_list = [], [], [], []
            mov_id_list, mov_tit_list, mov_cat_list, score_list = [], [], [], []
            mov_poster_list = []
    return data_generator
```

把数据集以 8∶2 的比例划分出训练集（80%）和验证集（20%），然后得到对应的数据迭代器。

划分训练集和数据集的代码如下：

```
dataset = get_dataset (usr_info, rating_info, movie_info)
print (" 数据集总数量： ", len (dataset))


trainset = dataset[:int (0.8*len (dataset))]
train_loader = load_data (trainset, mode="train")
print (" 训练集数量： ", len (trainset))
validset = dataset[int (0.8*len (dataset)):]
valid_loader = load_data (validset, mode='valid')
print (" 验证集数量： ", len (validset))
```

输出：

```
数据集总数量： 1000209
训练集数量： 800167
验证集数量： 200042
```

调用数据迭代器：

```
for idx, data in enumerate (train_loader ()):
    usr_data, mov_data, score = data
    usr_id_arr, usr_gender_arr, usr_age_arr, usr_ job_arr = usr_data
    mov_id_arr, mov_cat_arr, mov_tit_arr, mov_poster_arr = mov_data
    print (" 用户 ID 数据尺寸 ", usr_id_arr.shape)
    print (" 电影 ID 数据尺寸 ", mov_id_arr.shape, ", 电影类别 genres 数据的尺寸 ", mov_cat_arr.shape, ", 电影名字 title 的尺寸 ", mov_tit_arr.shape)
    Break
```

输出：

用户 ID 数据尺寸 (256, 1)

电影 ID 数据尺寸 (256, 1)，电影类别 genres 数据的尺寸 (256, 6, 1)，电影名字 title 的尺寸 (256, 1, 15, 1)

（二）模型设计

电影推荐任务中重要的一环就是设计神经网络模型。模型的作用是提取输入数据的特征，使用经过网络提取的特征完成各种各样的任务。在电影推荐任务中我们利用模型提取特征向量，之后计算特征向量的相似度，最后根据相似度完成推荐。

神经网络模型的设计包含如下步骤：

（1）将数据集中的特征数据转换成特征向量。

（2）通过全连接层或者卷积层进一步对转换的特征向量提取特征。

（3）融合用户、电影多个数据的特征向量成一个向量表示，这样进行相似度计算较为方便。

（4）计算特征之间的相似度。

依据这个思路，设计一个简单的电影推荐神经网络模型，如图 8-6 所示。

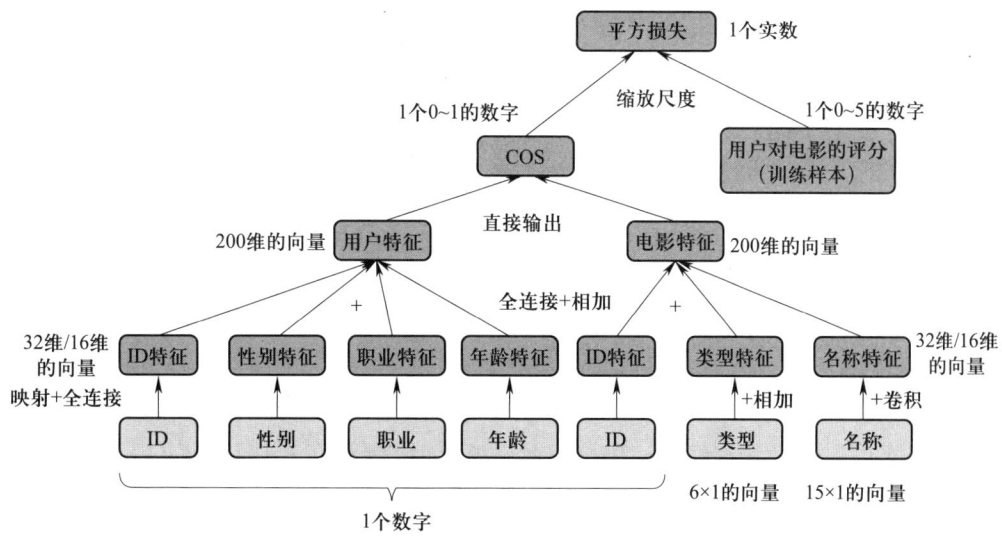

图 8-6　电影推荐神经网络模型

该网络结构包含如下内容:

(1)处理神经网络的输入,提取用户特征和电影特征作为输入,其中:用户特征分别是用户 ID、性别、年龄和职业;电影特征分别是电影 ID、电影名称和电影类型。

(2)对用户特征进行提取。把用户 ID 通过 embedding 层映射为向量表示之后输入全连接层,剩余三个属性做相同的操作。之后把四个属性的特征分别全连接并相加。

(3)对电影特征进行提取。类似提取用户特征,将电影 ID 和电影类型通过 embedding 层映射为向量表示作为全连接层的输入。用文本卷积神经网络处理电影名字得到定长向量表示。之后把三个属性的特征表示分别全连接并相加。

(4)计算用户和电影的向量表示的余弦相似度,用得出的相似度为推荐系统的打分。模型的损失函数为该相似度打分和用户真实打分的均方差。

相似度衡量的计算方法有很多,如计算欧几里得距离、曼哈顿距离、计算余弦相似度、Jaccard 相似系数等。本节使用简单好用的余弦相似度计算相似度。余弦相似度是通过计算向量之间的夹角余弦值来评估它们的相似度。

1. 用户特征提取网络

首先构建提取用户特征的神经网络,如图 8-7 所示。

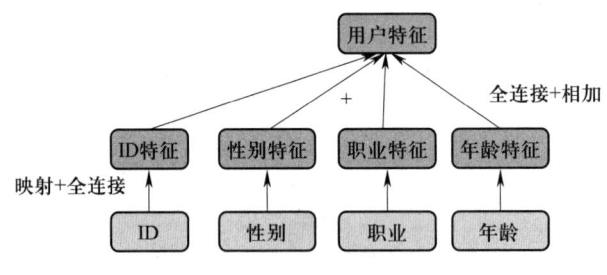

图 8-7 用户特征提取网络

用户特征网络主要包括:

(1)将用户 ID(用户性别、用户职业、用户年龄类似)数据映射为向量表示,通过全连接层得到 ID(用户性别、用户职业、用户年龄类似)特征。

(2)用户的特征可以用 ID、性别、职业、年龄特征融合后进行表示。

用户特征计算网络中:把用户数据做 embedding 操作,经过全连接层和激活函数

（ReLU），得到用户所有特征整合后，再经过一个全连接层，就是用户数据特征的最终数据（200维），最终的用户特征数据用来和电影特征计算相似度。

构建网络提取用户ID的特征，首先，通过embedding将用户ID映射为向量再经过一层全连接层和ReLU激活函数。用户ID是一个数字，比较简单。在实际工作中，用过于大的维度的向量表示用户ID非常容易造成信息冗余，但过低的维度又不能表示用户的特征。对于使用二进制表示用户ID，ID最大是6040，小于2的13次方，所以使用13维度的向量理论上已经足够了，为了增加不同ID的区分性，使用映射为维度为32维的向量。

用户ID特征提取：

```
# 自定义一个用户ID数据
usr_id_data = np.random.randint (0, 6040, (2)).reshape ((-1)).astype ('int64')
print (" 输入的用户ID 是： ", usr_id_data)
# 首先创建飞桨动态图的工作空间
with dygraph.guard ():
    USR_ID_NUM = 6040 + 1
    # 定义用户ID的embedding层和fc层
    usr_emb = embedding ([USR_ID_NUM, 32], is_sparse=False)
    usr_fc = Linear (input_dim=32, output_dim=32)
    usr_id_var = dygraph.to_variable (usr_id_data)
    usr_id_feat = usr_fc (usr_emb (usr_id_var))
    usr_id_feat = fluid.layers.relu (usr_id_feat)
    print(" 用户ID 的特征是： ",usr_id_feat.numpy (),"\n 其形状是： ", usr_id_feat.shape)
```

输出：

```
输入的用户ID 是：[3511 4125]
用户ID 的特征是：[[0.01574198 0.        0.        0.        0.02548438 0.01829206
```

```
0.          0.00267444 0.03974488 0.         0.0125479  0.01635006
0.          0.01348757 0.00099145 0.00921841 0.02927484 0.0277753
0.02781798  0.         0.00259031 0.         0.00221091 0.
0.          0.         0.         0.         0.         0.
0.01300182  0.02627602]
[0.          0.01970843 0.00200395 0.         0.02862134 0.
0.          0.01341773 0.01240196 0.         0.03665136 0.02436131
0.          0.02451975 0.         0.00382315 0.         0.
0.01831124  0.         0.         0.         0.00175647 0.0095302
0.00249144  0.         0.00717024 0.         0.         0.
0.          0.0216652 ]]
```

其形状是：[2, 32]

embedding 层参数 size 的第一个参数不是用户的最大 ID，而是在用户的最大 ID 基础上加上 1。原因是，用户 ID 计数是从 1 开始，到 6 040 时最大。在 embedding 映射时，第一步是把输入数据转换成 one-hot 向量。0 用在四维的 on-hot 向量中是 [1，0，0，0]，这也就说，4 维的 one-hot 向量的表示最大值是 3。要把 ID 是 6 040 用 one-hot 向量表示，最少要 6 041 维度的向量。

接下来我们使用类似的方法分别构建用户性别、年龄、职业的特征提取网络，具体代码可以参考 https：//github.com/PaddleToturial-v2/DeepLearningAndPaddleTutorial-v2 中 lesson15 子目录下的代码。

然后对用户特征进行融合。特征融合是一种常见的特征增强手段。通过特征融合可以将用户的多个特征融合为单个向量表示，结合不同特征的长处，取长补短，在计算用户与电影的相似度时较为方便。

用户特征融合：

```
with dygraph.guard ():
    FC_ID = Linear (32, 200, act='tanh')
```

```
FC_GENDER = Linear (16, 200, act='tanh')
FC_AGE = Linear (16, 200, act='tanh')
FC_ job = Linear (16, 200, act='tanh')
# 收集所有的用户特征
_features = [usr_id_feat, usr_ job_feat, usr_age_feat, usr_gender_feat]
_features = [k.numpy () for k in _features]
_features = [dygraph.to_variable (k) for k in _features]
id_feat = FC_ID (_features[0])
job_feat = FC_ job (_features[1])
age_feat = FC_AGE (_features[2])
genger_feat = FC_GENDER (_features[-1])
# 对特征求和
usr_feat = id_feat + job_feat + age_feat + genger_feat
print (" 用户融合后特征的维度是：", usr_feat.shape)
```

输出：

用户融合后特征的维度是：[2, 200]

由于用户每个特征数据维度不一致，而且每个特征仅使用了一层全连接层，提取特征不充分，所以要使用全连接层进一步提取特征，并非直接相加得到用户特征。

实现上述操作需要对每个特征都使用一个全连接层，为了更为简单，可以将每个用户特征沿着长度维度先进行级联操作，然后再通过一个全连接层获得整个的用户特征向量，两种的方式的直观对比如图 8-8、图 8-9 所示。

两种方式实现细节和公式虽有不同，但有类似表达能力。

目前我们已经完成了 ID 特征提取、性别特征提取、年龄特征提取、职业特征提取和特征融合模块。

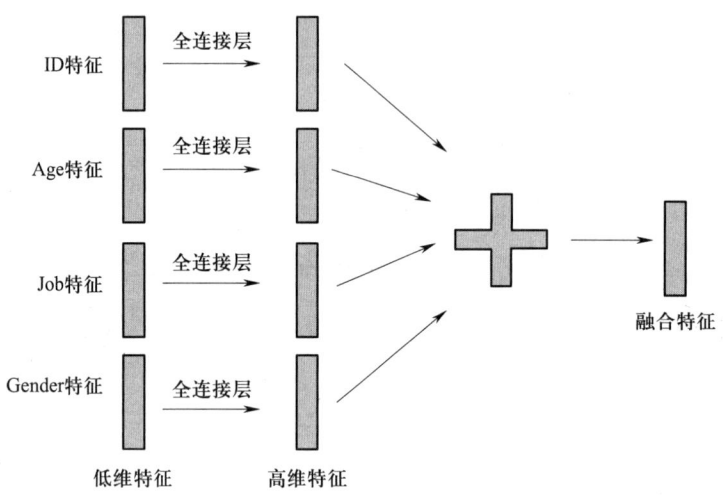

图 8-8 特征逐个全连接后相加

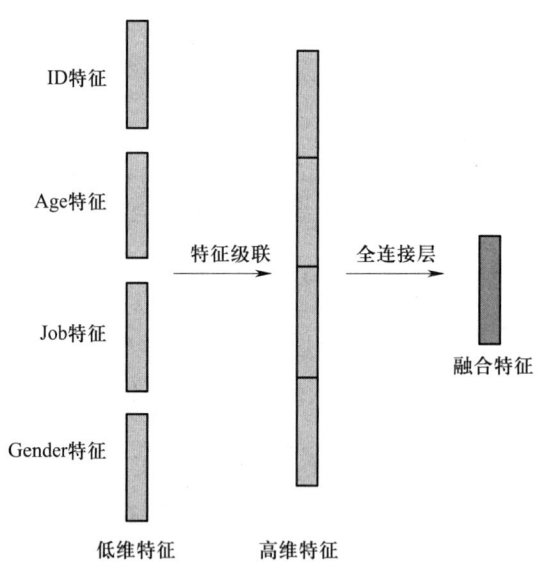

图 8-9 特征级联后使用全连接

2. 电影特征提取网络

接下来构建提取电影特征的神经网络（见图 8-10）。与用户特征网络结构不同的是，电影的名称和类别均有多个数字信息，在构建网络时，对这两类特征的处理方式也不同。

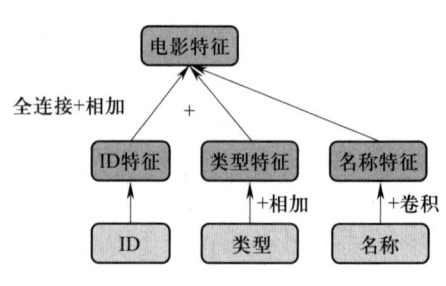

图 8-10 电影特征提取网络

电影特征网络主要包括：

（1）将电影 ID 映射为向量，然后通过全连接层得到 ID 特征。

（2）将电影类别映射为向量，然后把电影类别的向量求和，得到类别特征。

（3）将电影名称数据映射为向量，然后通过卷积层计算得到名称特征。

类似于计算用户 ID 特征的方式，提取电影 ID 特征。目前已知 3952 是电影 ID 的最大值。

电影 ID 特征提取：

```
# 自定义一个电影 ID 数据
mov_id_data = np.array ((1, 2)).reshape (-1).astype ('int64')
with dygraph.guard ():
    # 映射电影 ID 信息，然后接着一个 FC 层
    MOV_DICT_SIZE = 3952 + 1
    mov_emb = embedding ([MOV_DICT_SIZE, 32])
    mov_fc = Linear (32, 32)


    print (" 输入的电影 ID 是 :", mov_id_data)
    mov_id_data = dygraph.to_variable (mov_id_data)
    mov_id_feat = mov_fc (mov_emb (mov_id_data))
    mov_id_feat = fluid.layers.relu (mov_id_feat)
    print (" 计算的电影 ID 的特征是 ", mov_id_feat.numpy (), "\n 其形状是： ", mov_id_feat.shape)
    print ("\n 电影 ID 为 {} 计算得到的特征是：{}".format (mov_id_data.numpy ()[0], mov_id_feat.numpy ()[0]))
    print (" 电影 ID 为 {} 计算得到的特征是：{}".format (mov_id_data.numpy ()[1], mov_id_feat.numpy ()[1]))
```

输出：

```
输入的电影ID是：[1 2]
计算的电影ID的特征是 [[0.00380746 0.         0.00747952 0.         0.01460832 0.
  0.         0.02644686 0.00881469 0.02714742 0.         0.
  0.         0.00490084 0.         0.011464   0.         0.02438358
  0.         0.05181156 0.00271468 0.02482769 0.00856254 0.
  0.         0.         0.         0.00127167 0.         0.
  0.01114944 0.00792265]
 [0.02830652 0.         0.         0.00845328 0.01861141 0.
  0.05202583 0.         0.00567936 0.00591309 0.01148433 0.
  0.         0.01830137 0.02531591 0.00357616 0.         0.
  0.02856203 0.         0.01485681 0.         0.03657161 0.00311763
  0.02794975 0.01535434 0.         0.01469669 0.         0.01319524
  0.00011042 0.        ]]
其形状是：[2, 32]

电影ID为1计算得到的特征是: [0.00380746 0.         0.00747952 0.         0.01460832 0.
 0.         0.02644686 0.00881469 0.02714742 0.         0.
 0.         0.00490084 0.         0.011464   0.         0.02438358
 0.         0.05181156 0.00271468 0.02482769 0.00856254 0.
 0.         0.         0.         0.00127167 0.         0.
 0.01114944 0.00792265]
电影ID为2计算得到的特征是: [0.02830652 0.         0.         0.00845328 0.01861141 0.
 0.05202583 0.         0.00567936 0.00591309 0.01148433 0.
 0.         0.01830137 0.02531591 0.00357616 0.         0.
 0.02856203 0.         0.01485681 0.         0.03657161 0.00311763
 0.02794975 0.01535434 0.         0.01469669 0.         0.01319524
 0.00011042 0.                    ]
```

然后进行电影类别特征提取。与电影 ID 数据不同的是，每个电影有多个类别，提取类别特征时，如果对每个类别数据都使用一个全连接层，由于数据集中的电影最多的类别数是 6，会导致类别特征提取网络参数太多，最后不利于学习，所以正确的处理方式是：

（1）使用 embedding 网络层把电影类别数字映射为特征向量。

（2）把 embedding 后的特征向量沿着类别数量维度进行求和，得到一个类别映射向量。

（3）经过一个全连接层计算类别特征向量。

由于电影的类别数量不同的，最大的类别数 6，当类别数不到 6 时，可以通过补 0 到 6 维。因此，每个类别的数据维度是 6，每个电影类别有 6 个 embedding 向量。这里希望用一个向量就可以表示电影类别，可以对电影类别数量维度降维，对 6 个 embedding 向量通过求和的方式降维，得到电影类别的向量表示。

电影类别特征提取：

```
# 自定义一个电影类别数据
mov_cat_data = np.array (((1, 2, 3, 0, 0, 0), (2, 3, 4, 0, 0, 0))).reshape (2, -1).astype ('int64')

with dygraph.guard ():
    # 映射电影 ID 信息，然后接着一个 FC 层
    MOV_DICT_SIZE = 6 + 1
    mov_emb = embedding ([MOV_DICT_SIZE, 32])
    mov_fc = Linear (32, 32)
    print (" 输入的电影类别是 :", mov_cat_data[:, :])
    mov_cat_data = dygraph.to_variable (mov_cat_data)
    # 1. 通过 embedding 映射电影类别数据；
    mov_cat_feat = mov_emb (mov_cat_data)
    # 2. 把 embedding 后的向量，做沿着类别数量维度的求和，得到一个类别映射向量；
```

```
mov_cat_feat = fluid.layers.reduce_sum (mov_cat_feat, dim=1, keep_dim=False)
# 3. 最后在经过一个全连接层计算类别特征向量。
mov_cat_feat = mov_fc (mov_cat_feat)
mov_cat_feat = fluid.layers.relu (mov_cat_feat)
print (" 计算的电影类别的特征是 ", mov_cat_feat.numpy (), "\n 其形状是 :", mov_cat_feat.shape)
print ("\n 电影类别为 {} 计算得到的特征是 :{}".format (mov_cat_data.numpy ()[0, :], mov_cat_feat.numpy ()[0]))
print ("\n 电影类别为 {} 计算得到的特征是 :{}".format (mov_cat_data.numpy ()[1, :], mov_cat_feat.numpy ()[1]))
```

输出：

```
输入的电影类别是：[[1 2 3 0 0 0]
 [2 3 4 0 0 0]]
计算的电影类别的特征是 [[0.90278137 0.         0.94548154 0.         0.7049405  0.
  0.27492756 0.03842919 0.9897252  1.01082    0.         0.3386654
  0.18409352 0.82094765 0.5298293  0.         0.2218847  0.
  0.         0.         1.3233504  0.04408928 1.1701669  0.2378062
  0.         0.         1.1962037  0.7447211  0.         0.
  0.         0.         ]
 [1.0059301  0.         0.8874374  0.         0.65209347 0.
  1.2931696  0.31240582 0.87398815 0.78633493 0.         0.76689285
  0.41179708 0.46684998 0.26156023 0.         0.3482998  0.
  0.         0.         1.332893   0.         1.0292114  0.43722948
  0.         0.08801231 0.31832567 0.30345434 0.5541737  0.
  0.         0.         ]]
```

```
其形状是：[2, 32]

电影类别为 [1 2 3 0 0 0] 计算得到的特征是：[0.90278137 0.         0.94548154 0.
 0.7049405  0.
 0.27492756 0.03842919 0.9897252  1.01082    0.         0.3386654
 0.18409352 0.82094765 0.5298293  0.         0.2218847  0.
 0.         0.         1.3233504  0.04408928 1.1701669  0.2378062
 0.         0.         1.1962037  0.7447211  0.         0.
 0.         0.         ]
电影类别为 [2 3 4 0 0 0] 计算得到的特征是：[1.0059301 0.         0.8874374  0.
 0.65209347 0.
 1.2931696  0.31240582 0.87398815 0.78633493 0.         0.76689285
 0.41179708 0.46684998 0.26156023 0.         0.3482998  0.
 0.         0.         1.332893   0.         1.0292114  0.43722948
 0.         0.         0.08801231 0.31832567 0.30345434 0.5541737  0.
 0.         0.         ]
```

因为待合并的 6 个向量具有相同的维度，所以直接按位相加即可得到综合的向量表示。当然也可以采用向量级联的方式，将 6 个 32 维的向量级联成 192 维的向量，再通过全连接层压缩成 32 维度，但代码实现上要臃肿一些。

提取电影名称特征的处理方式与电影类别数据的处理方式比较类似，在此不再详述，具体可以参考 https://github.com/PaddleToturial-v2/DeepLearningAndPaddleTutorial-v2 中 lesson15 子目录下的代码。

最后进行电影特征融合。与用户特征融合方式相同，电影特征融合采用特征级联加全连接层的方式，将电影特征用一个 200 维的向量表示。

电影特征维度转换的代码如下：

```
with dygraph.guard ():
    mov_combined = Linear (96, 200, act='tanh')
    # 收集所有的用户特征
    _features = [mov_id_feat, mov_cat_feat, mov_title_feat]
    _features = [k.numpy () for k in _features]
    _features = [dygraph.to_variable (k) for k in _features]
    # 对特征沿着最后一个维度级联
    mov_feat = fluid.layers.concat (input=_features, axis=1)
    mov_feat = mov_combined (mov_feat)
    print (" 用户融合后特征的维度是：", mov_feat.shape)
```

输出：

用户融合后特征的维度是：[2, 200]

至此，已经完成了电影特征提取的网络设计，包括电影 ID 特征提取、电影类别特征提取、电影名称特征提取。

3. 相似度计算

得到用户特征和电影特征后，还需要进行特征之间的相似度计算。如果一个用户对某部电影很感兴趣，并给了五分评价，那么该用户和电影对应的特征之间的相似度是很高的。

本节使用余弦相似度构建相关性矩阵。余弦相似度的计算是通过两个向量的夹角余弦值，来衡量它们之间的相似度，如图 8-11 所示，加粗的直线表示向量，两个向量之间的夹角表示相似度大小，角度为 0 时，余弦值为 1，表示完全相似。

余弦相似度的公式为：

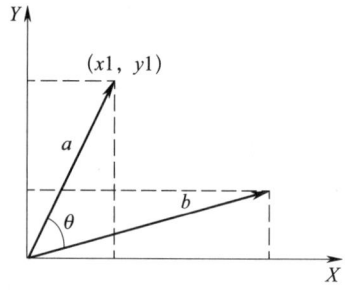

图 8-11 衡量向量"相似度"

$$\text{similarity} = \cos(\theta) = \frac{A \cdot B}{A+B} = \frac{\sum_{i}^{n} A_i \times B_i}{\sqrt{\sum_{i}^{n}(A_i)^2 + \sum_{i}^{n}(B_i)^2}}$$

下面是计算相似度的实现方法：输入用户的特征和电影特征，计算出两者之间的相似度。另外，要将用户对电影的评分作为相似度衡量的标准，由于相似度的数据范围是 [0，1]，还需要把计算的相似度扩大到评分数据范围，评分分为 1~5 共 5 个档次，所以需要将相似度扩大 5 倍。飞桨已实现的 scale API，可以对输入数据进行缩放。同时计算余弦相似度可以使用 cos_sim API 完成。

计算相似度：

```
def similarty (usr_feature, mov_feature):
    res = fluid.layers.cos_sim (usr_feature, mov_feature)
    res = fluid.layers.scale (res, scale=5)
    return usr_feat, mov_feat, res

# 通过计算得到的用户特征和电影特征来计算相似度

with fluid.dygraph.guard ():
    _sim = similarty (usr_feat, mov_feat)
    print (" 相似度是：", np.squeeze (_sim[-1].numpy ()))
```

输出：

```
相似度是： -0.91126823
```

从结果中会发现相似度很小，主要有以下原因：

（1）神经网络并没有训练，模型参数都是随机初始化的，提取出的特征没有规律性。

（2）用户数据和电影数据相关性较小。

(三）模型训练

首先需要定义好训练的配置，包括是否使用 GPU、设置损失函数、选择优化器以及学习率等。在本次实验中，由于数据量小，可以选择在 CPU 上训练，优化器使用 Adam，学习率设置为 0.01，一共训练 5 个 epoch。

在电影推荐中，可以作为标签的只有评分数据，因此可以用评分数据作为监督信息，神经网络的输出作为预测值，使用均方差（mean square error）损失函数去训练网络模型。

整个训练过程和一般的模型训练大同小异，不再赘述。

模型配置及训练过程的相关代码如下：

```python
def train (model):
    # 配置训练参数
    use_gpu = False
    lr = 0.01
    Epoches = 10
    place = fluid.CUDAPlace (0) if use_gpu else fluid.CPUPlace ()
    with fluid.dygraph.guard (place):
        # 启动训练
        model.train ()
        # 获得数据读取器
        data_loader = model.train_loader
        # 使用 adam 优化器，学习率使用 0.01
        opt = fluid.optimizer.Adam (learning_rate=lr, parameter_list=model.parameters ())
        for epoch in range (0, Epoches):
            for idx, data in enumerate (data_loader ()):
                # 获得数据，并转为动态图格式
                usr, mov, score = data
                usr_v = [dygraph.to_variable (var) for var in usr]
```

```
                mov_v = [dygraph.to_variable (var) for var in mov]
                scores_label = dygraph.to_variable (score)
                # 计算出算法的前向计算结果
                _, _, scores_predict = model (usr_v, mov_v)
                # 计算 loss
                loss = fluid.layers.square_error_cost (scores_predict, scores_label)
                avg_loss = fluid.layers.mean (loss)
                if idx % 500 == 0:
                    print ("epoch: {}, batch_id: {}, loss is: {}".format (epoch, idx, avg_loss.numpy ()))
                # 损失函数下降，并清除梯度
                avg_loss.backward ()
                opt.minimize (avg_loss)
                model.clear_gradients ()
            # 每个 epoch 保存一次模型
            fluid.save_dygraph (model.state_dict (), './checkpoint/epoch'+str (epoch))
```

模型训练：

```
# 启动训练
with dygraph.guard ():
    use_poster, use_mov_title, use_mov_cat, use_age_job = False, True, True, True
    model = Model ('Recommend', use_poster, use_mov_title, use_mov_cat, use_age_job)
    train (model)
```

训练日志：

```
##Total dataset instances:   1000209
##MovieLens dataset information:
```

```
usr num: 6040

movies num: 3883

epoch: 0, batch_id: 0, loss is: [10.873174]

epoch: 0, batch_id: 500, loss is: [0.9738145]

……
```

对训练的模型在验证集上做评估，除了训练所使用的 Loss 之外，还有两个选择：

（1）评分预测精度（accuracy，ACC）：将预测的 float 数字转成整数，计算和真实评分的匹配度。评分误差在 0.5 分以内的算正确，否则算错误。

（2）评分预测误差（mean absolut error，MAE）：计算和真实评分之间的平均绝对误差。

下面是使用训练集评估这两个指标的代码实现。

定义模型评估函数：

```
def evaluation (model, params_file_path):
    use_gpu = False
    place = fluid.CUDAPlace (0) if use_gpu else fluid.CPUPlace ()
    with fluid.dygraph.guard (place):
        model_state_dict, _ = fluid.load_dygraph (params_file_path)
        model.load_dict (model_state_dict)
        model.eval ()


        acc_set = []
        avg_loss_set = []
        for idx, data in enumerate (model.valid_loader ()):
            usr, mov, score_label = data
            usr_v = [dygraph.to_variable (var) for var in usr]
            mov_v = [dygraph.to_variable (var) for var in mov]
```

```
            _, _, scores_predict = model (usr_v, mov_v)
            pred_scores = scores_predict.numpy ()
            avg_loss_set.append (np.mean (np.abs (pred_scores - score_label)))
            diff = np.abs (pred_scores - score_label)
            diff[diff>0.5] = 1
            acc = 1 - np.mean (diff)
            acc_set.append (acc)
    return np.mean (acc_set), np.mean (avg_loss_set)
```

模型评估：

```
param_path = "./checkpoint/epoch"
for i in range (10):
    acc, mae = evaluation (model, param_path+str (i))
    print ("ACC:", acc, "MAE:", mae)
```

输出：

```
ACC: 0.2805188926366659 MAE: 0.7952824
ACC: 0.2852882689390427 MAE: 0.7941532
……
```

上述结果采用了 ACC 和 MAE 指标测试在验证集上的评分预测的准确性，其中 ACC 值越大越好，MAE 值越小越好。

可以看到，ACC 和 MAE 的值不是很理想，但是这仅仅是评分预测不准确，不能直接衡量推荐结果的准确性。考虑到之前设计的神经网络是为了完成推荐任务而不是评分任务，所以总结一下：

（1）只针对预测评分任务来说，目前设计的神经网络结构和损失函数是不合理的，导致评分预测不理想。

（2）从损失函数的收敛可以知道网络的训练是有效的。评分预测的好坏不能反应推荐结果的好坏。

下面将利用训练的神经网络提取数据的特征，进而完成电影推荐，并观察推荐结果是否令人满意。

（四）保存特征

训练完模型后可以得到每个用户、电影对应的特征向量，接下来将这些特征向量保存到本地，这样在进行推荐时，不需要使用神经网络重新提取特征，节省时间成本。

保存特征的流程是：

（1）加载预训练好的模型参数。

（2）输入数据集的数据，提取整个数据集的用户特征和电影特征。注意数据输入到模型前，要先转成内置vairable类型并保证尺寸正确。

（3）分别得到用户特征向量和电影特征向量，以使用pickle库保存字典形式的特征向量。

使用用户和电影ID为索引，以字典格式存储数据，可以通过用户或者电影的ID索引到用户特征和电影特征。

下面代码中使用了pickle库。pickle库为Python提供了一个简单的持久化功能，可以很容易地将Python对象保存到本地，但其缺点是，保存的文件对人来说可读性很差。

保存特征：

```
from PIL import Image
# 加载第三方库 Pickle，用来保存 Python 数据到本地
import pickle
# 定义特征保存函数
def get_usr_mov_features (model, params_file_path, poster_path):
    use_gpu = False
    place = fluid.CUDAPlace (0) if use_gpu else fluid.CPUPlace ()
    usr_pkl = {}
```

```python
    mov_pkl = {}
# 定义将 list 中每个元素转成 variable 的函数
    def list2variable (inputs, shape):
        inputs = np.reshape (np.array (inputs).astype (np.int64), shape)
        return fluid.dygraph.to_variable (inputs)


    with fluid.dygraph.guard (place):
        # 加载模型参数到模型中，设置为验证模式 eval ()
        model_state_dict, _ = fluid.load_dygraph (params_file_path)
        model.load_dict (model_state_dict)
        model.eval ()
        # 获得整个数据集的数据
        dataset = model.Dataset.dataset
        for i in range (len (dataset)):
            # 获得用户数据，电影数据，评分数据
            # 本案例只转换所有在样本中出现过的 user 和 movie，实际中可以使用业务系统中的全量数据
            usr_info, mov_info, score = dataset[i]['usr_info'], dataset[i]['mov_info'], dataset[i]['scores']
            usrid = str (usr_info['usr_id'])
            movid = str (mov_info['mov_id'])
            # 获得用户数据，计算得到用户特征，保存在 usr_pkl 字典中
            if usrid not in usr_pkl.keys ():
                usr_id_v = list2variable (usr_info['usr_id'], [1])
                usr_age_v = list2variable (usr_info['age'], [1])
                usr_gender_v = list2variable (usr_info['gender'], [1])
                usr_job_v = list2variable (usr_info['job'], [1])
```

```
                usr_in = [usr_id_v, usr_gender_v, usr_age_v, usr_job_v]
                usr_feat = model.get_usr_feat (usr_in)
                usr_pkl[usrid] = usr_feat.numpy ()
            # 获得电影数据，计算得到电影特征，保存在 mov_pkl 字典中
            if movid not in mov_pkl.keys ():
                mov_id_v = list2variable (mov_info['mov_id'], [1])
                mov_tit_v = list2variable (mov_info['title'], [1, 1, 15])
                mov_cat_v = list2variable (mov_info['category'], [1, 6])
                mov_in = [mov_id_v, mov_cat_v, mov_tit_v, None]
                mov_feat = model.get_mov_feat (mov_in)
                mov_pkl[movid] = mov_feat.numpy ()
        print (len (mov_pkl.keys ()))
        # 保存特征到本地
        pickle.dump (usr_pkl, open ('./usr_feat.pkl', 'wb'))
        pickle.dump (mov_pkl, open ('./mov_feat.pkl', 'wb'))
        print ("usr / mov features saved!!!")
param_path = "./checkpoint/epoch7"
poster_path = "./work/ml-1m/posters/"
get_usr_mov_features (model, param_path, poster_path)
```

输出：

```
3706
usr / mov features saved!!!
```

训练之后，保存好模型，接下来就可以实践电影推荐了，以下有三种推荐方式：

（1）根据一个电影推荐其相似的电影。

（2）根据用户的喜好，推荐其可能喜欢的电影。

(3)给用户推荐和其喜好电影有相似的其他用户喜欢的电影。

这里实现第二种推荐方式。

(五)模型测试

前面已经完成了神经网络的设计和训练。用户数据和电影数据用作神经网络的输入,经过神经网络可以提取用户和电影特征,然后计算特征之间的相似度。用户对该电影的评分和相似度的大小存在对应关系,也就是说,如果用户对这个电影比较感兴趣,则对这个电影的评分也是相对偏高的,神经网络计算的相似度就大一些。完成训练后就可以开始给用户推荐电影了。

根据用户喜好推荐电影,是通过计算用户特征和电影特征之间的相似性,并排序选取相似度最大的结果来进行推荐,流程如图 8-12 所示。

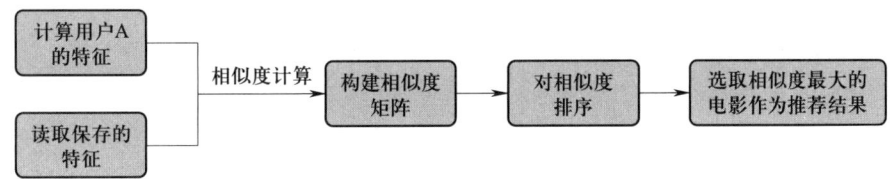

图 8-12　电影推荐流程

从计算相似度到完成推荐的过程,步骤包括:

(1)把保存的特征进行读取,给定的用户 ID、电影 ID,可以索引到对应的特征向量。

(2)然后得出用户特征和其他电影特征向量的相似度,得出相似度矩阵。

(3)对相似度进行排序,选择相似度最大的几个,然后找到对应几个最大相似度的电影 ID 就是我们所需要的推荐清单。

(4)在相似度最大的 top_k 结果中随机选取 pick_num 个推荐结果(pick_num<top_k),这样做的目的是加入一些随机选择的因素。

1. 索引特征向量

在已经训练好模型,保存电影特征的基础上,可以直接读取特征。用字典的形式保存特征,键是电影 ID 或用户,元素是该用户或电影的特征向量。

下面实现根据指定的用户 ID 和电影 ID,索引到对应的特征向量。

解压:

```
! unzip -o save_feat.zip
```

输出：

```
Archive:    save_feat.zip
   inflating: mov_feat.pkl
   inflating: usr_feat.pkl
   inflating: usr_mov_score.pkl
```

加载特征：

```
import pickle
import numpy as np
mov_feat_dir = 'mov_feat.pkl'
usr_feat_dir = 'usr_feat.pkl'
usr_feats = pickle.load (open (usr_feat_dir, 'rb'))
mov_feats = pickle.load (open (mov_feat_dir, 'rb'))
usr_id = 2
usr_feat = usr_feats[str (usr_id)]
mov_id = 1
# 通过电影 ID 索引到电影特征
mov_feat = mov_feats[str (mov_id)]


# 电影特征的路径
movie_data_path = "./work/ml-1m/movies.dat"
mov_info = {}
# 打开电影数据文件，根据电影 ID 索引到电影信息
with open (movie_data_path, 'r', encoding="ISO-8859-1") as f:
    data = f.readlines ()
```

```
        for item in data:
            item = item.strip ().split ("::")
            mov_info[str (item[0])] = item
usr_file = "./work/ml-1m/users.dat"
usr_info = {}
# 打开文件，读取所有行到 data 中
with open (usr_file, 'r') as f:
    data = f.readlines ()
    for item in data:
        item = item.strip ().split ("::")
        usr_info[str (item[0])] = item


print (" 当前的用户是：")
print ("usr_id:", usr_id, usr_info[str (usr_id)])
print (" 对应的特征是：", usr_feats[str (usr_id)])
print ("\n 当前电影是：")
print ("mov_id:", mov_id, mov_info[str (mov_id)])
print (" 对应的特征是：")
print (mov_feat）
```

输出：

```
当前的用户是：
usr_id: 2 ['2', 'M', '56', '16', '70072']
对应的特征是： [[0.82099235  0.8586694  0.73383933 -0.81170774  0.5422718  0.85146594
   0.49067816 -0.7309375  - 0.97378874 -0.67336637  0.9884427   0.8318493
   …… ]]
```

```
当前电影是:
mov_id: 1 ['1', 'Toy Story (1995)', "Animation|Children's|Comedy"]
对应的特征是:
[[1.          0.9947282   0.9892409  -0.9941792   0.99997437  0.9997521
  0.9999917  -1.         -0.99999523 -0.84260464  0.9999413   0.99876475
 -0.266118   -0.99902344  0.9999995   0.95428187 -0.9970653  -0.9999995
 ……]]
```

以上代码中可以索引到 usr_id = 2 的用户特征向量,以及 mov_id = 1 的电影特征向量。

2. 计算用户和所有电影的相似度,构建相似度矩阵

用余弦相似度作为相似度衡量,向 usr_id = 2 的用户推荐电影。

相似度计算:

```
import paddle.fluid as fluid
import paddle.fluid.dygraph as dygraph
# 根据用户 ID 获得该用户的特征
usr_id = 2
# 读取保存的用户特征
usr_feat_dir = 'usr_feat.pkl'
usr_feats = pickle.load (open (usr_feat_dir, 'rb'))
# 根据用户 ID 索引到该用户的特征
usr_id_feat = usr_feats[str (usr_id)]
# 记录计算的相似度
cos_sims = []
# 保存与用户特征计算相似的电影顺序
with dygraph.guard ():
```

```
# 索引电影特征，计算和输入用户 ID 的特征的相似度
for idx, key in enumerate (mov_feats.keys ()):
    mov_feat = mov_feats[key]
    usr_feat = dygraph.to_variable (usr_ID_feat)
    mov_feat = dygraph.to_variable (mov_feat)

    # 计算余弦相似度
    sim = fluid.layers.cos_sim (usr_feat, mov_feat)
    # 打印特征和相似度的形状
    if idx==0:
        print (" 电影特征形状：{}，用户特征形状：{}，相似度结果形状：{}，相似度结果：{}".format (mov_feat.shape, usr_feat.shape, sim.numpy ().shape, sim.numpy ()))
    # 从形状为（1，1）的相似度 sim 中获得相似度值 sim.numpy ()[0][0]，并添加到相似度列表 cos_sims 中
    cos_sims.append (sim.numpy ()[0][0])
```

输出：

电影特征形状：[1, 200]，用户特征形状：[1, 200]，相似度结果形状：(1, 1)，相似度结果：[[0.7520796]]

3. 对相似度排序，选出最大相似度

np.argsort（）函数可以使数据从小到大顺序排好，函数的返回值是原列表位置下标的数组。由于 cos_sims 和 mov_feats.keys（）有相同的顺序，可以用 index 数组的内容索引，来得到相似度最大的相似度值和对应电影信息。

首先，计算相似度列表 cos_sims 并排序，同时返回下标列表 index，然后可以用 index 从 cos_sims 和 mov_info 中取出相似度值和对应的电影。

按照相似度推荐电影：

```
# 3. 对相似度排序, 获得最大相似度在 cos_sims 中的位置
index = np.argsort (cos_sims)
# 输出相似度最大的前 topk 个位置
topk = 5
print (" 相似度最大的前 {} 个索引是 {}\n 对应的相似度是：{}\n".format (topk, index[-topk:], [cos_sims[k] for k in index[-topk:]]))
for i in index[-topk:]:
    print (" 对应的电影分别是：movie: {}".format (mov_info[list (mov_feats.keys ())[i]]))
```

输出：

相似度最大的前 5 个索引是 [2919 2533 2232 2031　38]

对应的相似度是：[0.8498355, 0.8506622, 0.8523511, 0.8589665, 0.8604083]

对应的电影分别是：movie: ['2075', 'Mephisto (1981)', 'Drama|War']

对应的电影分别是：movie: ['3853', 'Tic Code, The (1998)', 'Drama']

对应的电影分别是：movie: ['1260', 'M (1931)', 'Crime|Film-Noir|Thriller']

对应的电影分别是：movie: ['3134', 'Grand Illusion (Grande illusion, La) (1937)', 'Drama|War']

对应的电影分别是：movie: ['2762', 'Sixth Sense, The (1999)', 'Thriller']

以上结果可以看出，给用户推荐的电影多是 Drama、War、Thriller 类型的电影。

4. 推荐时加入随机选择因素

为了确保推荐的多样性，维持用户阅读推荐内容的"新鲜感"，每次推荐的结果需要有所不同，可以随机抽取 top_k 结果中的一部分，作为给用户的推荐。例如，从相似度排序中获取 10 个结果，但是随机抽取 6 个推荐，并不是直接把 10 个结果都原封不动地推荐给用户，这样增加了随机性和推荐内容的"新鲜感"。

通过 np.random.choice 可以随机从 top_k 中选择一个没有被选过的电影，不断循环选择直到选择列表 res 长度达到 pick_num 为止。

读者可以反复运行本段代码，观测推荐结果是否不同。

加入随机选择的电影推荐：

```
top_k, pick_num = 10, 6
# 3. 对相似度排序，获得最大相似度在 cos_sims 中的位置
index = np.argsort (cos_sims)[-top_k:]
print (" 当前的用户是：")
# usr_id, usr_info 是前面定义、读取的用户 ID、用户信息
print ("usr_id:", usr_id, usr_info[str (usr_id)])
print (" 推荐可能喜欢的电影是：")
res = []
# 加入随机选择因素，确保每次推荐的结果稍有差别
while len (res) < pick_num:
    val = np.random.choice (len (index), 1)[0]
    idx = index[val]
    mov_id = list (mov_feats.keys ())[idx]
    if mov_id not in res:
        res.append (mov_id)
for id in res:
    print ("mov_id:", id, mov_info[str (id)])
```

输出：

```
当前的用户是：
usr_id: 2 ['2', 'M', '56', '16', '70072']
推荐可能喜欢的电影是：
mov_id: 3468 ['3468', 'Hustler, The (1961)', 'Drama']
mov_id: 3089 ['3089', 'Bicycle Thief, The (Ladri di biciclette) (1948)', 'Drama']
```

```
mov_id: 3730 ['3730', 'Conversation, The (1974)', 'Drama|Mystery']
mov_id: 3134 ['3134', 'Grand Illusion (Grande illusion, La) (1937)', 'Drama|War']
mov_id: 3853 ['3853', 'Tic Code, The (1998)', 'Drama']
mov_id: 1263 ['1263', 'Deer Hunter, The (1978)', 'Drama|War']
```

最后,将根据用户 ID 推荐电影的实现封装成一个电影推荐函数,方便直接调用,其代码实现如下:

```
# 定义根据用户兴趣推荐电影
def recommend_mov_for_usr (usr_id, top_k, pick_num, usr_feat_dir, mov_feat_dir, mov_info_path):
    assert pick_num <= top_k
    # 读取电影和用户的特征
    usr_feats = pickle.load (open (usr_feat_dir, 'rb'))
    mov_feats = pickle.load (open (mov_feat_dir, 'rb'))
    usr_feat = usr_feats[str (usr_id)]
    cos_sims = []
    with dygraph.guard ():
        # 索引电影特征,计算和输入用户 ID 的特征的相似度
        for idx, key in enumerate (mov_feats.keys ()):
            mov_feat = mov_feats[key]
            usr_feat = dygraph.to_variable (usr_feat)
            mov_feat = dygraph.to_variable (mov_feat)
            sim = fluid.layers.cos_sim (usr_feat, mov_feat)
            cos_sims.append (sim.numpy ()[0][0])
        # 对相似度排序
        index = np.argsort (cos_sims)[-top_k:]
        mov_info = {}
```

```python
# 读取电影文件里的数据，根据电影 ID 索引到电影信息
with open (mov_info_path, 'r', encoding="ISO-8859-1") as f:
    data = f.readlines ()
    for item in data:
        item = item.strip ().split ("::")
        mov_info[str (item[0])] = item
print (" 当前的用户是：")
print ("usr_id:", usr_id)
print (" 推荐可能喜欢的电影是：")
res = []
# 加入随机选择因素，确保每次推荐的都不一样
while len (res) < pick_num:
    val = np.random.choice (len (index), 1)[0]
    idx = index[val]
    mov_id = list (mov_feats.keys ())[idx]
    if mov_id not in res:
        res.append (mov_id)

for id in res:
    print ("mov_id:", id, mov_info[str (id)])
```

调用电影推荐函数进行推荐：

```
movie_data_path = "./work/ml-1m/movies.dat"
top_k, pick_num = 10, 6
usr_id = 2
recommend_mov_for_usr (usr_id, top_k, pick_num, 'usr_feat.pkl', 'mov_feat.pkl', movie_data_path)
```

输出：

> 当前的用户是：
>
> usr_id: 2
>
> 推荐可能喜欢的电影是：
>
> mov_id: 2075 ['2075', 'Mephisto (1981)', 'Drama|War']
>
> mov_id: 3134 ['3134', 'Grand Illusion (Grande illusion, La) (1937)', 'Drama|War']
>
> mov_id: 2762 ['2762', 'Sixth Sense, The (1999)', 'Thriller']
>
> mov_id: 1272 ['1272', 'Patton (1970)', 'Drama|War']
>
> mov_id: 3089 ['3089', 'Bicycle Thief, The (Ladri di biciclette) (1948)', 'Drama']
>
> mov_id: 3730 ['3730', 'Conversation, The (1974)', 'Drama|Mystery']

从输出的日志中可以看到，Drama、War 类型的电影给 usr_id = 2 的用户推荐较多。可以在已知的评分数据中找到其评分最高的电影，分析观察和模型推荐结果的不同。

本章的完整参考代码在 https://github.com/PaddleToturial-v2/DeepLearningAndPaddleTutorial-v2 下 lesson15 子目录下。

四、深度强化学习的实践应用

PARL 是一个由百度推出的功能灵活的高性能强化学习框架，它主要具有以下特点：

（1）可以稳定重现多数有影响力的强化学习算法的结果。

（2）支持高性能计算，可以支持数千个 CPU 和多 GPU 进行大规模并行训练。

（3）易复现，用户通过简单复用框架提供的算法就能把经典强化学习算法应用到具体应用场景中。

（4）可扩展性强，用户可以基于框架中现有的基类快速实现自己的强化学习算法。

下面使用 PARL 解决 Cartpole 问题，即"倒立摆"问题，如图 8-13 所示，帮助读者理解 PARL 的框架思想。

图 8-13　倒立摆

首先引入必要的包，代码如下：

```
import parl
from parl import layers
```

PARL 是面向对象的框架，接下来使用 PARL 的 model 来构建模型。代码如下：

```
class CartpoleModel (parl.model):
    def __init__ (self, act_dim):
        act_dim = act_dim
        hid1_size = act_dim * 10

        self.fc1 = layers.fc (size=hid1_size, act='tanh')
        self.fc2 = layers.fc (size=act_dim, act='softmax')

    def forward (self, obs):
        out = self.fc1 (obs)
        out = self.fc2 (out)
        return out
```

在上述代码中，为 CartpoleModel 搭建了一个具有两层全连接层的神经网络，并且实现前向网络 forward，该网络的输入为当前 model 所处的环境状态。

在完成 model 的定义后，即可在主函数中实现该对象，并定义解决该问题的 algorithm（算法），在其中定义损失函数，algorithm 将更新传递给它的模型的参数。本例中，我们使用已在存储库中实现的 Policy Gradient 算法求解该问题。因此，可以通过 parl.algorithms 使用该算法，代码如下：

```
model = CartpoleModel (act_dim=2)
algorithm = parl.algorithms.PolicyGradient (model, lr=1e-3)
```

一般情况下，algorithm 都必须实现两个功能：通过损失函数更新网络参数，通过当前环境状态预测动作。

现在将algorithm传递给一个代理（agent），代理用于与环境交互以生成训练数据，可以通过parl.Agent实现，代码如下：

```
class CartpoleAgent (parl.Agent):
    def __init__ (self, algorithm, obs_dim, act_dim):
        self.obs_dim = obs_dim
        self.act_dim = act_dim
        super (CartpoleAgent, self).__init__ (algorithm)

    def build_program (self):
        self.pred_program = fluid.Program ()
        self.learn_program = fluid.Program ()

        with fluid.program_guard (self.pred_program):
            obs = layers.data (
                name='obs', shape=[self.obs_dim], dtype='float32')
            self.act_prob = self.alg.predict (obs)

        with fluid.program_guard (self.learn_program):
            obs = layers.data (
                name='obs', shape=[self.obs_dim], dtype='float32')
            act = layers.data (name='act', shape=[1], dtype='int64')
            reward = layers.data (name='reward', shape=[], dtype='float32')
            self.cost = self.alg.learn (obs, act, reward)

    def sample (self, obs):
        obs = np.expand_dims (obs, axis=0)
        act_prob = self.fluid_executor.run (
```

```python
        self.pred_program,
        feed={'obs': obs.astype ('float32')},
        fetch_list=[self.act_prob])[0]
    act_prob = np.squeeze (act_prob, axis=0)
    act = np.random.choice (range (self.act_dim), p=act_prob)
    return act


def predict (self, obs):
    obs = np.expand_dims (obs, axis=0)
    act_prob = self.fluid_executor.run (
        self.pred_program,
        feed={'obs': obs.astype ('float32')},
        fetch_list=[self.act_prob])[0]
    act_prob = np.squeeze (act_prob, axis=0)
    act = np.argmax (act_prob)
    return act


def learn (self, obs, act, reward):
    act = np.expand_dims (act, axis=-1)
    feed = {
        'obs': obs.astype ('float32'),
        'act': act.astype ('int64'),
        'reward': reward.astype ('float32')
    }
    cost = self.fluid_executor.run (
        self.learn_program, feed=feed, fetch_list=[self.cost])[0]
    return cost
```

在 Agent 中，将实现以下四个功能：

（1）build_program：定义流体程序。构建两个程序，一个用于预测，一个用于训练。

（2）learn：生成训练数据，并将其输入到网络中。

（3）predict：将当前环境状态输入到预测程序中并得到执行动作。

（4）sample：提供当前状态用于模型探索。

最后即可实现一个 agent 对象用于训练。代码如下：

```
agent = CartpoleAgent (alg, obs_dim=OBS_DIM, act_dim=2)
```

然后，使用该代理与环境进行交互，并运行约 1 000 个集群进行训练，代码如下：

```
def run_episode (env, agent, train_or_test='train'):
    obs_list, action_list, reward_list = [], [], []
    obs = env.reset ()
    while True:
        obs_list.append (obs)
        if train_or_test == 'train':
            action = agent.sample (obs)
        else:
            action = agent.predict (obs)
        action_list.append (action)

        obs, reward, done, info = env.step (action)
        reward_list.append (reward)

        if done:
            break
    return obs_list, action_list, reward_list
```

```
env = gym.make ("CartPole-v0")
for i in range (1000):
    obs_list, action_list, reward_list = run_episode (env, agent)
    if i % 10 == 0:
        logger.info ("Episode {}, Reward Sum {}.".format (i, sum (reward_list)))

    batch_obs = np.array (obs_list)
    batch_action = np.array (action_list)
    batch_reward = calc_discount_norm_reward (reward_list, GAMMA)

    agent.learn (batch_obs, batch_action, batch_reward)
    if (i + 1) % 100 == 0:
        _, _, reward_list = run_episode (env, agent, train_or_test='test')
        total_reward = np.sum (reward_list)
        logger.info ('Test reward: {}'.format (total_reward))
```

运行上述程序,可以看到运行结果,如图 8-14 所示。

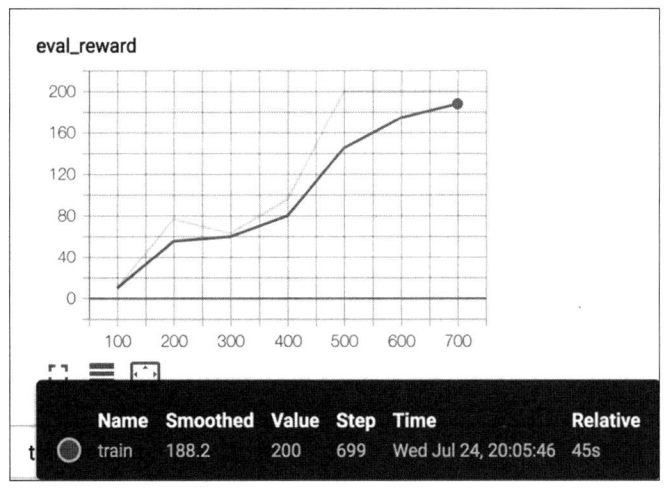

图 8-14 运行结果

思考题

1. 常用的深度学习框架有哪些?

2. 根据搭建方式,计算图可以分为哪两种类型?请简要阐述。

3. 请简要阐述深度学习模型的训练配置过程。

4. 模型训练采用内层循环和外层循环嵌套的方式,其中内循环包含哪些步骤?

5. 实战任务:请根据第四节的实战案例,利用飞桨或其他深度学习框架完成深度学习模型的搭建及训练。

第九章
人工智能安全

人工智能近年来得到飞速发展并广泛应用于各个领域,然而,驻足于提升人工智能系统的任务表现能力是远远不够的,人工智能的长期发展离不开安全可靠的保障。人工智能应用因存在风险而产生的安全事故层出不穷,如何分析并提升人工智能的安全性能成为亟待解决的问题。本章整合人工智能涉及的各种安全问题与要素,分析现有解决人工智能安全问题的策略,这些是人工智能安全研究与技术人员的必备知识,掌握分析和运用其中的方法论是研究人工智能安全的必备能力。

- **职业功能:** 人工智能安全相关内容。
- **工作内容:** 人工智能安全问题,人工智能安全要素,解决安全问题的策略。
- **专业能力要求:** 能够了解人工智能领域面临的安全风险,学习人工智能安全涉及的核心要素的基本概念与分析方法,在此基础上理解不同角度解决安全问题的策略并学会应用策略设计方法解决人工智能的安全问题,为从事人工智能的安全领域研究打下基础。
- **相关知识要求:** 人工智能安全问题包括内在安全隐患与外在驱动风险,常见数据与算法安全问题,以及人工智能应用产生的不安全效应;人工智能安全要素涉及泛化性、鲁棒性、可解释性、公平性、隐私性、可验真性、可问责性、可控性的基本概念及其与安全的关联性分析;解决安全问题的策略部分学习分析鲁棒机器学习、可解释人工智能、公平人工智能、隐私保护、安全监测与评估等提升人工智能安全性的技术。

第一节 人工智能安全问题

考核知识点及能力要求：

- 了解人工智能的内在安全隐患；
- 熟悉常见人工智能数据、算法、网络安全问题表征与产生原因；
- 了解人工智能应用产生的安全风险和信息传播风险；
- 了解可能对社会和国家造成的危害。

一、人工智能内在安全隐患

目前人工智能在众多领域广泛应用，但其内部仍有诸多不可避免的问题。本部分综合分析现代人工智能可能存在的数据、算法与网络隐患。

（一）数据隐患

现代人工智能的发展依托大数据的保障，数据质量将直接影响人工智能模型的安全性能。人工智能数据隐患主要包括数据容量不足、数据分布差异、数据标注错误、数据被污染等问题。

1. 数据容量不足

现代机器学习算法依赖大量的数据进行训练学习，数据规模不足将无法保证机器学习模型的可靠输出，将直接制约人工智能产品的应用与发展。当前，随着深度学习的发展，衍生出一系列庞大的模型架构，这些大模型的良好表现归功于其包含的上亿的参数，而这些参数的训练离不开大规模数据的支持。因此，数据的不足制约着机器人学习能力的充分发挥，将直接影响智能算法的安全可靠。

2. 数据分布差异

当模型利用的数据分布与真实环境的数据分布不一致时，可能导致模型在分布外数据上的表现降低，即泛化性能变低。除此之外，数据分布的差异也会使得训练后的模型存有偏见。例如，在人脸识别系统中，如果训练数据包含的人种分布不均，则会导致算法模型对于某特定人种的识别错误率明显偏高。

3. 数据标注错误

数据标注往往依赖大量人工完成，因而在标注过程中难免出现失误。而错误的标注会引导模型向错误的方向优化，从而产生不可逆转的安全漏洞。有医疗领域的报告称，有高达50%的医院检查信息存在数值为空、映射错误等问题。利用这些数据训练的模型本身就可能存在错误，这对于本身难以获取数据的医疗领域是十分危险的，因为模型产生的错误预测很可能会对人的生命健康造成威胁。

4. 数据被污染

除了本身存在的安全问题外，数据也可能受到恶意攻击者的污染。近年来，对抗样本与数据投毒等技术的发展使得污染数据变得简单可行。被污染的数据常常是人类难以察觉到的，而可以轻易诱导模型做出错误的决策。例如在真实环境中，贴有伪装对抗贴纸的汽车可以成功躲开交通摄像系统的检测，这无疑给无人驾驶交通系统带来了新的安全隐患。

（二）算法隐患

除了数据隐患外，人工智能模型本身也存在算法性能低下、偏见与歧视、不可解释、面临对抗攻击的威胁等问题。

1. 算法性能低下

尽管基于深度学习的人工智能技术取得了重大的进步，但并非每个任务场景下的算法性能都有良好的表现。真实世界的场景是不断变化的，现有算法在域外分布数据上表现弱的特性会导致其无法处理真实环境中的意外事件。如曾发生的自动驾驶汽车因无法正确识别突然出现的行人而引发的车祸事故等。

2. 算法偏见与歧视

算法偏见与歧视往往伴随着数据分布不均而发生。例如，在推荐系统中，推荐算法容易受到流行偏见的影响，忽视用户需求而拥抱热门文化；在金融领域，存有偏见的算法可能会触发错误的风险识别；在司法领域，存有偏见的算法可能认为具有某种与犯罪无关特征的人群具有更高的犯罪可能。

3. 算法不可解释

要保障算法的安全可靠，了解算法的内部机理是十分重要的。然而，现代深度学习的黑盒特性使得我们无法从严格的理论角度对算法的可靠性进行保证。另外，互联网公司出于商业目的也不会完全公开算法的代码，即使公开代码，对于高复杂度的算法进行监管也是十分困难的，其可能需要大量的专业技术人员。这些共同导致了人工智能算法的不可解释。

4. 算法面临对抗攻击的威胁

当前的人工智能算法并没有真正达到人类的智力水平，并且与人类的决策依据也并非完全一致，这为恶意攻击者提供了攻击人工智能产品的可能。对抗攻击算法就是一类利用对抗样本进行模型攻击的手段。这种攻击可以生成难以被察觉的噪声样本以误导模型做出错误的决策，给人工智能系统带来威胁与挑战。尽管目前出现了一系列防御对抗攻击的方法，但经验性的方法往往容易被再度攻击，理论性的方法由于强假设条件又无法扩展到真实应用当中。因此，如何提升算法对于对抗攻击的鲁棒性在图像处理、语音识别等许多人工智能应用领域统都是亟待解决的安全问题。

（三）网络隐患

人工智能不可避免地会引入网络连接，许多网络安全问题也会给人工智能系统造成隐患，如开源导致的漏洞与后门风险、恶意软件等。

1. 开源框架漏洞与后门

目前，人工智能产品等开发主要基于大型公司的开源深度学习框架。然而，这些开源框架本身可能存在着安全漏洞。大多数开源框架并没有经过严格的标准测试，对 TensorFlow、PyTorch 等源代码进行体系结构的分析也会发现存在很多"异味"问题。如果开源框架被恶意利用或非法篡改，则可能导致整个人工智能系统的崩溃，进而造成财产损失，甚至会威胁人身安全。

2. 恶意软件

恶意软件一直是计算机网络安全领域存在的安全威胁之一。在人工智能的环境下，甚至可能通过人工智能技术研发出威胁其自身的高级恶意软件。这些软件可以通过学习轻易逃过安全监测系统，并嵌入人工智能产品之中，从而达到为恶意攻击者服务的目的。恶意软件可以通过网络快速传播，威胁着人工智能产品的安全。例如，可以利用深度换脸技术开发规避人工智能安全检测的视频软件，从而传播具有恶意政治倾向或涉及暴力、黄色等的不良内容。

二、人工智能驱动安全风险

人工智能的不合理应用也会造成巨大的安全风险，本部分主要讨论人工智能对信息传播、社会安全与国家安全造成的影响。

（一）信息传播风险

近些年来，人工智能行业的迅速发展使得信息传播的风险陡然增加。伴随人工智能技术的飞速发展，智能化场景在生产生活中日益普遍，带来了数据量的井喷式增长。海量数据的产生以及日益增长的数据传播速度，大大加剧了信息传播风险。

1. 信息隐私泄露

人工智能研发与应用的全周期均存在数据隐私泄露的风险。在训练和测试数据方面，人工智能需要依托数据进行深度学习，推动智能化迭代的同时构建更大的数据资源库。如今数据成为信息化社会的重要资源，而企业为了获取更多的数据来促进人工智能技术的发展，侵犯用户隐私的事件时有发生。在现场数据采集方面，人脸识别、无人驾驶等生产生活中的智能化场景带来了越来越多的数据终端，采集终端如果过度收集数据信息，就侵犯了用户的隐私安全。与此同时，在数据挖掘分析方面，人工智能技术和大数据的快速发展使得对数据的分析和挖掘能力也在不断提高，威胁到用户的隐私安全。例如，剑桥分析攻击就通过Facebook获取大量的包含性格、宗教信仰、政治活动等在内的公民用户信息，进而基于这些数据信息实施非法的牟利活动。

2. 不良信息推荐

人工智能作为先进生产力的代表，改变了生产手段和传播路径，可以最大限度地满足用户的个性化需求。在现实生活中，个性化的推荐系统利用深度学习算法，凭借用户互联网访问记录等信息预测用户的个人喜好，进而推荐其认为用户可能喜欢的内容。算法作为信息处理工具和技术，自身不具有价值观，不能判断信息的导向和意识形态属性，如果只为片面满足用户需求和追求流量最大化，就会导致虚假内容与非法言论等包含不良信息的内容传播更加有目的性，更加难以被发现。如此则危害了社会安定并且引领了不良价值观的产生。近年来，频繁出现部分短视频平台传播涉未成年人低俗不良信息、侮辱英烈等突破社会道德底线、违背社会主流价值观、违法违规的问题，对青少年的成长和社会主义核心价值观的建立都产生了不良影响。

3. 虚假信息生成

目前人工智能拥有了越来越高的撰写能力，可以让读者很难去分辨内容的真实性。OpenAI的研究人员开发的虚假新闻生成算法可以仅凭简单的词语就可生成类似真实的新闻报道。这种技术可能会显著提高人工智能大量输出虚假信息的风险。人工智能技术不断迭代，将拥有更先进的收集分析信息能力，如果出现一个能够生成虚假新闻的系统，审查人工智能写出来的新闻就必须经过彻底的事实核查，大大增加了难度。部分机构可能借此大规模传播谣言，导致在社交网络上人工智能生成的错误信息泛滥，可能会危害企业或公众人物的声誉，甚至威胁网络、公共领域和医学等科学和技术领域的安全。此外，人工智能技术还可生成仿真的音频、图像等，甚至可以生成完整的伪造视频影像用于非法活动。图9-1展示的是DeepFake假脸生成技术。

（二）社会安全风险

人工智能应用也会给社会安全带来挑战，例如会引发结构性失业问题，无人驾驶等技术安全性仍未达标，从而给人们的生活带来安全风险，甚至可能引发对伦理道德的冲击等。

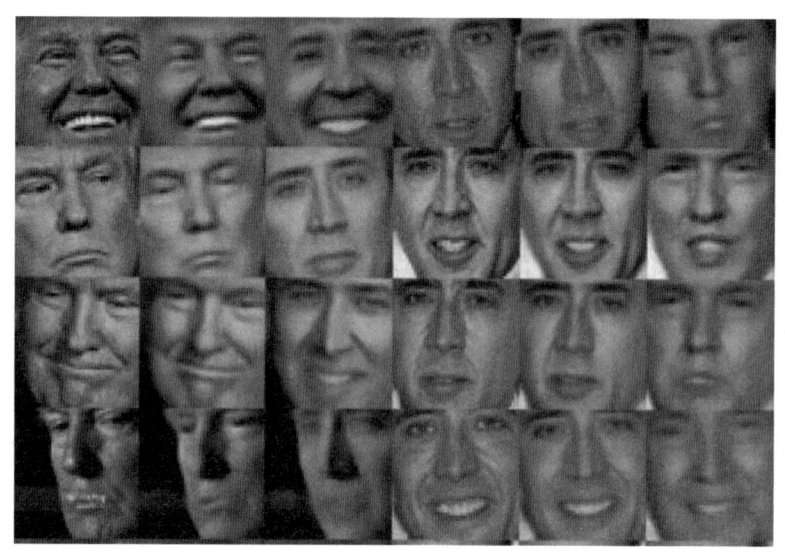

图 9-1 DeepFake 假脸生成技术

1. 结构性失业

科学技术的进步逐渐使人们越来越摆脱重复性高、枯燥单调的简单劳动。随着人工智能的发展，这一趋势更加明显，一部分劳动被机器所替代。人工智能正在催生一大波新的就业岗位，但也让不少既有岗位从业者面临被取代的风险，主要包括创新内容较少的规律性劳动。在财务、行政、综合管理和采购等非生产性岗位等领域，人工智能暂时不能完全替代人类，但仍会导致中低技术水平人员的失业。然而一些从事第一产业与第二产业的生产人员以及许多后勤人员可能会被人工智能产品所完全取代。弗罗斯特研究表明，美国有 7% 的岗位与 16% 的工人可能在 2025 年被人工智能系统所替代。《未来简史》中也有关于人工智能引发失业问题的表述。失业人员如果不能通过新技能学习完成再就业，就会引发诸多社会问题。

2. 生活安全隐患

人工智能的发展意味着其将渗透进人们生活的方方面面。在一些涉及人身安全的领域，比如出行安全，人工智能应用存在着巨大的安全隐患。例如，人工智能作为自动驾驶技术的核心，常因为未能准确识别人类、汽车等目标物体而做出错误的决策，而引发严重的车祸事件。此外，人工智能技术的发展也推动了无人机行业的兴起。然而，无人机系统的非正常运行常常会对正常航班的行驶产生干扰，比如发生的一系列无人机致使的航班紧急停降事件。如果不对民用人工智能生活产品订立严格的安全标准与安全测试体系，就有可能增加意外事故的发生率，危及人的生命健康。图 9-2 展示了两例因人工智能技术导致的意外事故。

图 9-2　特斯拉无人驾驶汽车事故（左）与鲁斯图姆 -2 型无人机坠毁事故（右）

3. 伦理道德冲击

人工智能的应用社会安全风险还包括在社会道德伦理方面的负面影响。首先，正如前面提到的，人工智能算法可能存在的偏见与歧视问题。如果智能算法认为黑人的犯罪可能性更高，则可能加重对黑人种族的歧视现象。另外，人工智能产品可能会存在破坏人际交往的风险。例如，人工智能的发展使得机器伴侣成为可能，这对于人类正常的交往可能会产生不良的影响。目前尚未存在相应的法律法规对人工智能产品加以约束，我们很难在问题发生后通过法律的手段问责。加上资本的逐利性，会导致我们忽视其潜在的伦理道德风险。许多公司为了追求利益最大化而非法利用用户的个人信息，就加剧了用户隐私泄露的风险，损害了用户的群体权益。

（三）国家安全风险

未来人工智能作为世界各国的重点发展领域，必然会应用于国家重点项目当中。此时，人工智能的风险不再停留在个人与社会层面，而是上升为国家安全风险。其中典型的是其对于政治意识形态的影响和在军事领域的威胁。

1. 影响政治意识形态

人工智能可能被政治家利用而影响公众的意识形态。例如，人工智能技术可以窃取用户的个人信息，进而通过智能算法加以分析，提取用户的群体偏好，为政治家制定有利于赢得民众支持的特定政治竞争策略，帮助其获得政治领导者的位置。另外，深度伪造技术的发展也可被政治家利用，用于生成虚假的政治丑闻，抹黑政治竞争对手。普通民众对于这些虚假信息是难以识别的，即使是有一些技术手段也可以被人工智能算法通过学习策略而加以规避。因此，人工智能技术存在被非法利用塑造政治意识形态的可能，这为国家安全埋下了潜在的隐患。

2. 威胁国家军事安全

人工智能的应用将使得未来的战争形势发生改变。人工智能技术可被用来制造新的军事武器，对国家军事安全造成威胁。这些智能武器具有精准度高、适应性强、防御性强的特点，可能对传统军事防御造成毁灭性的打击。如搭载人工智能设备的无人战斗机具备更精准的定位能力，可以轻松夺得制空权。一些智能作战机器人拥有比人类更强的速度与力量，可以对人类形成致命的打击。除此之外，人工智能设备也可被用来窃取国家保密情报，甚至窃取国家公民的私人信息，这对于国家安全无疑是重大的威胁。如果人工智能产品被应用于恐怖活动，甚至可能导致全球安全危机。图 9-3 展示了两种智能作战机器人。

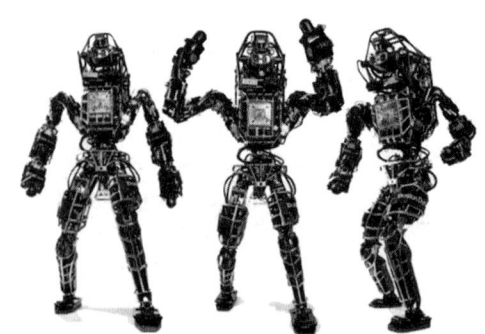

图 9-3　美国 TALON "魔抓" 机器人（左）与 Atlas 人形机器人（右）

第二节 人工智能安全的要素

考核知识点及能力要求：

● 了解泛化性、鲁棒性、可解释性、公平性、隐私性、可验真性、可问责性、可控性的基本概念，及其与人工智能安全的联系；

● 熟悉常见的自然噪声类型以及对抗噪声的基本原理；

● 了解常见的对抗攻击算法；

● 了解常见的增强可解释性的方法；

● 熟悉常见的引发不公平的问题；

● 熟悉常见的隐私性问题；

● 了解"深度伪造"等技术的危害。

一、泛化性

（一）概述

泛化性是指训练后的人工智能模型应用到与训练数据不同分布的数据上时，做出准确预测的能力的特性。泛化性的核心关注点是智能模型对新数据开展判断时的泛化能力的理解和提升。从泛化性理解的角度，传统的统计学习认为模型参数较多的时候，泛化能力应该更差。而大型深度学习模型往往有多于训练样本数量的模型参数，却在实践中表现出更好的泛化能力，同时也容易得到一些泛化能力比较弱的模型，这是传统方法难以解释的。当模型参数比较多的时候，理论上需要一些正则方法来保证一个较小的泛化误差。但研究认为，传统泛化性理论并不能解释不同神经网络之间泛化能力的本质区别。实质上，对于可泛化性的提升研究仍需加强。图9-4展示了模型泛化误差与网络容量的关系。

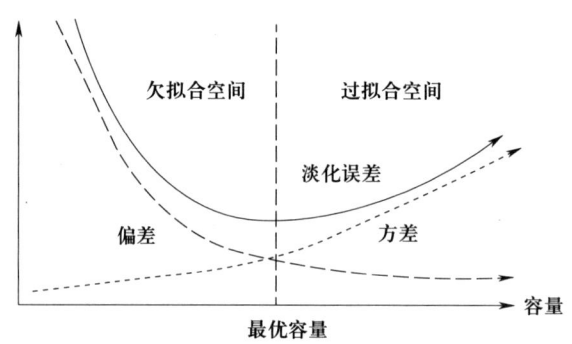

图9-4　模型泛化误差与网络容量的关系

（二）泛化性与安全

在现实世界的环境中，数据的种类繁多，导致模型在遇到新测试数据时难以维持很好的预测效果，限制了人工智能模型的大规模推广。真实数据的收集往往需要投入大量的人力、物力和时间成本，获取足够多的训练数据通常是不切实际的。而在实际应用中，若模型无法泛化到测试数据上，就会在实际预测的过程中出现错误，给真实世界中部署的人工智能模型带来极大的安全隐患。因此，为了使模型能够稳定、准确预测，需要对目前模型的泛化性进行研究。

泛化性主要与模型和数据这两大因素相关。首先，在实际场景中，训练数据和测试数据的分布有一定差异。相较于真实应用场景下测试集合的庞大体量，训练集合在数据量和数据分布上都会与测试数据存在一定的差异，一旦输入数据超出训练数据分布边界时，模型的有效性大大降低，从而表现出较差的泛化性能。常见的过拟合、欠拟合现象都是模型泛化性差的表现，而且在实际场景下产生了一定的威胁，是不可忽视的人工智能安全问题。

其次，复杂模型的可解释性缺乏，也间接影响了模型泛化性。人工智能模型通常参数量巨大，对于训练好的模型，研究人员难以直观地分析模型在训练数据上取胜的关键和判断模型是否真正理解了数据。大多情况下，模型在训练集上取得了极高的准确率，但模型很可能并没有真正地理解数据，反而是学习到了训练数据中的无用特征。这种缺乏可解释性的学习策略并不符合人类的初衷，造成了模型的泛化性能不足。因此，提升模型的可解释性，可帮助对模型的可泛化性进行系统的研究，进而提升整个人工智能系统的安全性。

二、鲁棒性

（一）概述

鲁棒性是人工智能系统在各种环境运行时，当出现异常或者噪声时，保持其性能水平的特性。人工智能系统的鲁棒性一般包括：

（1）系统输入受到一个具体扰动时的鲁棒性，这种扰动的具体特点（如扰动形式、扰动幅度等）在一定假设条件的约束下能够被清晰地刻画，常见的具体扰动有对抗噪声等。

（2）系统输入发生难以具体刻画的变化时的鲁棒性，自然条件下的鲁棒性大多属于此类，如雨雪雾霾、聚焦模糊、异物遮挡等现实因素都会使系统的输入图片样本发生变化。

（二）鲁棒性与安全

当前的人工智能模型鲁棒性较为脆弱，容易受到自然界中真实存在的自然噪声以及人为恶意构造的对抗噪声的干扰，从而产生错误的输出，给真实世界中部署的人工智能模型带来巨大的安全隐患。如何消除自然噪声、对抗噪声等对深度神经网络等模型的干扰，保障当前人工智能模型的鲁棒性，是目前人工智能领域亟待解决的重要问题。常见的威胁模型鲁棒性的噪声可分为对抗噪声和自然噪声。

1. 对抗噪声

对抗噪声的概念最早由塞格迪（Szegedy）等人提出，他们通过借助模型的梯度信息来生成微小的、人类不可见的噪声，并将其加在原图片上，从而严重扰乱深度神经网络等模型的正常识别。以图像分类任务为例，对于正常的输入样本 x、对应的标签 y 和机器学习算法模型 f，对抗样本 x' 应在与原样本 x 的距离足够小的情况下使得算法模型 f 出现不正确的分类，其一般性定义为：

$$x': \|x-x'\|_D < \delta, \ f(x') \neq y \tag{9-1}$$

对抗噪声由对抗攻击方法生成,常见的对抗攻击方法有 FGSM、PGD、C & W、AutoAttack 等。对抗噪声的分类标准多种多样,按攻击者所能获得的信息分类,对抗攻击可分为黑盒攻击、灰盒攻击和白盒攻击。其中黑盒攻击下攻击者不知道目标模型的结构以及参数,只能向模型输入查询并获得返回的结果;白盒攻击则是指攻击者能够获得目标模型的所有信息,包括模型的结构、参数、梯度以及输出等;灰盒攻击介于黑盒和白盒攻击之间,攻击者只能获取目标模型的部分信息来进行攻击。

2. 自然噪声

除了对抗噪声之外,真实世界中还存在一些非人为构造的、自然真实的噪声,称为自然噪声。如相机在拍摄图片时,由于光线、角度问题而产生的高斯噪声;由于拍摄瞬间相机或物体发生移动而产生的高斯模糊噪声;由于 JPEG 等图像压缩产生的压缩噪声。这些噪声都是真实世界中常见的,且同样不影响人类对于图像的正常识别,但却可能严重影响人工智能模型的鲁棒性。最典型的自然噪声数据集是 ImageNet-C 数据集,其中包含了 15 种不同的噪声类型(见图 9-5),分别为:高斯噪声、散粒噪声、脉冲噪声、散焦模糊、毛玻璃模糊、运动模糊、缩放模糊、雪噪声、霜噪声、雾噪声、曝光噪声、对比噪声、弹性噪声、像素化噪声、JPEG 压缩噪声。这 15 种噪声类型均

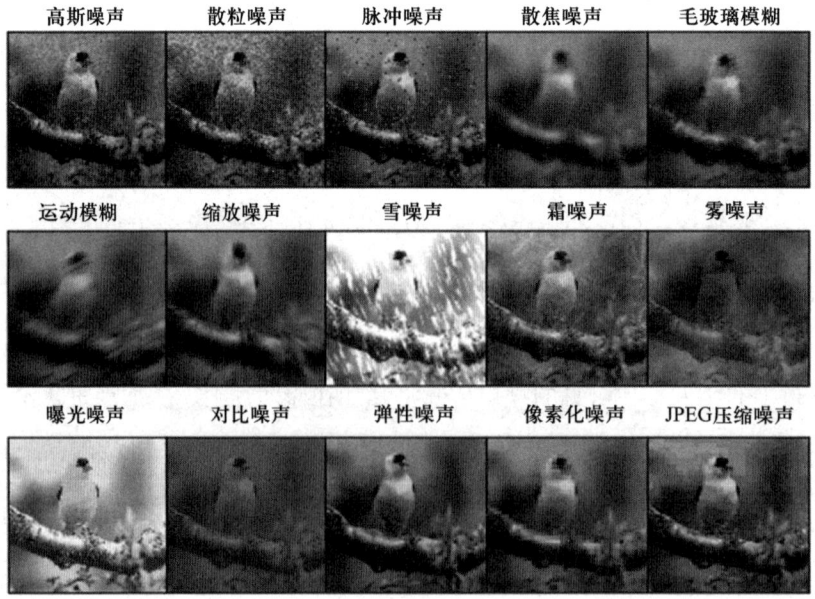

图 9-5 ImageNet-C 数据集所包含的 15 种自然噪声类型

从小到大分为 5 个噪声强度等级，可以全面衡量深度神经网络对于不同类型、不同强度的自然噪声的鲁棒性。

三、可解释性

（一）概述

可解释性是指智能体以一种可解释、可理解、人机互动的方式，与人工智能系统的使用者、受影响者、决策者、开发者等，达成清晰而有效的交流沟通以取得人类信任，同时满足各类应用场景对智能体决策机制的监管要求。可解释性有助于人们理解复杂模型内部工作机理以及模型如何做出特定决策等重要问题。按照智能体能够提供解释的深入程度，人工智能的可解释性主要分为三大层次：第一，智能体要有自省及自辩的能力；第二，智能体要有对人类的认知和适应能力；第三，智能体要有发明模型的能力。

（二）可解释性与安全

传统机器学习算法，如线性回归、决策树、贝叶斯模型等，都具有一定的可解释性。而目前主流的深度神经网络利用复杂的结构拟合目标数据的分布，且利用反向传播等算法实现网络权重的自动更新，其可解释性较差。然而，在一些重要领域，如军事、医疗等，我们需要模型给出预测的准确依据，从而保证人工智能算法的安全性和可信赖性。因此，需要研究可解释方法来对人工智能模型的预测进行解释，从而保证整个系统的安全性。

具体而言，按照人工智能模型构建的生命周期，可解释方法可以分为以下三类：

1. 建模前的可解释

建模前要求数据特征具有可解释性。例如，使用机器学习模型分析结构化数据时，在建模前会对训练数据进行统计学分析，将重要的特征筛选出来，作为模型训练的依据。

2. 建模过程中的可解释

建模过程中要求模型本身具有可解释性，即需要模型展现如何利用数据的特征得到人所期望的结果。如基于规则的决策树模型、朴素贝叶斯以及线性回归模型都有很好的可解释性，可以让人理解其决策过程和依据；在深度学习中，用于提取多尺度特征的金字塔模型、注意力机制、损失函数的设计原则等也具备一定的可解释性。

3. 事后可解释

事后要求对模型的预测结果进行解释，分为全局可解释和局部可解释。全局可解释具有通用性，解释结果可以适用于所有的样本数据，如基于规则抽取的可解释方法、模型蒸馏、激活最大化等；局部可解释是对单个数据样本进行解释。

四、公平性

（一）概述

公平性是保证人工智能系统对待特定对象、人员或群体不出现系统性差别的特性。公平性与文化、地域和政治观点等因素有关，公平性的判定，要根据具体问题、开发者、使用者等多方面因素来考量。引起人工智能算法公平性问题的因素有很多，最广泛存在的是固有偏见，这类偏见在为构建人工智能系统而收集数据的过程中会被注入到数据集中，体现在数据的属性和标记中，而人工智能算法大多是数据驱动的，因此这些偏见也会被逐渐引入到算法当中，导致算法的不公平行为。

（二）公平性与安全

安全相关的公平性问题主要包括：

（1）在数据收集与预处理阶段，开发人员可能会主观上或无意识地对不同群体收集不同分布的数据，同时在标注和预处理过程中可能会带有自己的主观偏见，从而向算法模型学习的特征中人为地注入了偏见。

（2）在算法模型构建上，开发人员可能更多关注准确率等产品直接利益相关的目标，而缺乏对公平性的考量，在设计之初没有重点关注到潜在的公平性风险。

（3）在算法模型测试上，测试人员主要关注准确率、性能、速度等指标，而由于算法模型自身可解释性较差等因素，缺乏对算法模型公平性的缺陷检测。

（4）在人工智能系统应用中，人工智能算法作为互联网企业高效率运作并提供个性化服务的基础，逐渐也成为侵害消费者权益的新工具，如大数据杀熟等。

五、隐私性

（一）概述

隐私性是指人工智能系统在运行时对数据中直接或间接隐含的、涉及个人或组织的、不宜公开的，需要在数据收集、数据存储、数据查询和分析、数据发布、数据使用等过程中加以保护的信息进行保密，防止其泄露的性质。

（二）隐私性与安全

人工智能在数据使用与模型应用过程中均可能存在隐私泄露的问题。例如，在人脸识别系统中，训练数据包含大量未经用户允许的私人脸部信息。这些信息由于数据的开源特性存在被非法利用的可能。即使我们不开源训练数据，恶意攻击者也可以通过攻击数据集直接窃取用户信息，亦或通过攻击窃取模型参数来间接窃取用户信息。这些攻击在人工智能系统的各个阶段都有可能出现，例如在数据流转阶段的数据窃取攻击、数据发布阶段的身份重识别攻击、模型部署阶段的模型反转攻击与成员推断攻击，等等。

隐私性是人工智能系统功能安全、伦理符合性的支柱，决定隐私保护的关键技术，可以保护信息安全、鲁棒性等。因此，对于数据中的隐私保护也是值得研究的方向，它有助于保护用户隐私、保障人工智能的应用安全。

六、可验真性

（一）概述

可验真性是指人工智能模型对于深度伪造等伪造算法的检测、分辨能力。深度伪造技术是通过被称作"生成式对抗网络"（GAN）的机器学习模型将图片或视频合并、叠加到源图片或视频上，利用深度学习方法进行学习，拼接合成虚假声音、面部表情及身体动作的技术。观察者通常无法通过肉眼分辨合成信息的真伪。

（二）可验真性与安全

深度伪造技术的出现，严重威胁了国家安全和公共安全，深度伪造技术可能被不法分子利用，传播虚假乃至含有暴力与黄色内容的视频，扰乱社会治安，造成不良的社会影响。此外，开源的特性使得该技术可以被不法分子获得，进而可以利用用户的信息进行敲诈勒索等，提高社会的犯罪率。深度伪造技术也会加剧现代社会的信任危机，大众难以区分真假信息从而对真实的信息抱有怀疑态度，使得良好意识形态建立的难度加大。

要实现模型的可验真性，就需要对深度伪造等一系列伪造图像、视频或音频进行鉴别。对此，人们提出了多种方法：一些方法通过对深度伪造视频中主体眨眼频率的捕捉，从而实现对深度伪造视频的甄别；还有一些方法通过递归神经网络和编码过滤器协同处理深度伪造图像或视频，达到检测的效果。

七、可问责性

（一）概述

可问责性指人工智能系统及其利益相关方能为其行为责任（基于法律、协议或授权）作出解释、说明的特性；从监管角度，也可指监管部门的一种权力，即其可对人工智能系统或服务的提供方及使用方行使的监管权力。

（二）可问责性与安全

人工智能系统能够在避免人类干涉的情况下自主决策，因此引发了对以人为中心构建的问责制度的挑战。例如人工智能外科医生在对病人实施手术的过程中由于故障导致手术失败，如何判断与界定人与人工智能系统的责任。因此，研究明确人工智能利益相关者的责任分配是应用人工智能时亟待解决的问题。

可问责性的实现，可从技术层和管理层出发。其中，技术层主要表现在对人工智能应用过程的记录、相关数据和设施的信息安全，以及对系统行为的解释。记录方面，人工智能系统需要记录可问责性涉及的基础信息，如系统生命周期相关记录及使用、操作记录；数据和设施的信息安全方面，要保证记录的不可更改及可被授权查询；系统行为的解释方面，强调对用户、可能受影响的个体和组织及向第三方的解释，以符合未来监管法律的要求。对管理层，主要体现在人工智能系统各利益相关方的权责划分和活动约束，及系统生命周期各阶段的管理要求。人工智能系统的利益相关方需设立一个团体能够为系统的责任及行为提供说明和解释。相应的管理部门有权针对系统因人员及管理懈怠,对用户的不当指导、培训,对系统的检视不足等情况造成的错误行动展开质询和调查。通过指导、检视、评估和报告等方式,使人工智能系统的提供方或使用方按照系统设计及使用计划中的承诺来为人类服务。

八、可控性

(一)概述

可控性是人工智能系统作业可被外界的操作者(人或智能体)干预的特性。因人工智能技术本身具有不完全的可解释性、不可预测性等特点,人工智能系统可控性对特定领域的应用较为关键。

(二)可控性与安全

如果人工智能系统做出错误决策或行为,但没有及时接受外部干预、控制或监视,则不良结果就可能出现。要实现可控性,关键是要识别系统的运行状态观测及迁移的要点。外部干预要求在人工智能系统与人或其他外部代理间进行控制移交,核心是在人工智能系统的设计和实现过程中考虑具体移交点。

人工智能实现的自动化预测、推荐或决策极大地提升了可控性。对于全自主人工智能系统,可控性可辅助其自主决策及目标选择符合规则、法规、社会关切的要求,在其运行出现错误时,可由外界适时介入;对于非全自主人工智能系统,可控性则是操作员与系统来共同完成作业目标。人工智能系统可控性涵盖控制介入、异常处理、控制移交等子领域,这些技术的实践有助于实现可信任的决策。

人工智能系统可控性的研究及实践,从理论上源自控制论并应用在自动驾驶及无人场景(如机器人、特殊环境下作业等)中。在自动驾驶领域,有研究者提出一种基于语言的控制框架,解决人类无法在环而造成失控的问题,核心是在自动驾驶系统中建立"人"的角色,并在适当的时机让此角色介入。控制过程中的异常情况也是人工智能系统失效或功能安全隐患之一,有研究者从人机交互的角度提出人接管人工智能系统的条件,提出"系统接管过程的复杂度直接影响控制移交及结果"的观点,已在各类自动驾驶及无人系统的研制中被考虑。

第三节 解决安全问题的策略

考核知识点及能力要求：

- 了解掌握鲁棒机器学习的内涵，熟悉数据质量提升与模型对抗训练；
- 了解掌握可解释人工智能的内涵，熟悉深度神经网络解释的常见维度；
- 了解掌握公平人工智能的内涵，熟悉公平人工智能设计与偏见发现的主要技术；
- 了解隐私保护的方向与方法；
- 了解人工智能安全监管与评估的重要性。

一、鲁棒机器学习

前一节提到，鲁棒性是衡量人工智能模型抗干扰能力的重要指标。如何提升模型的鲁棒性成为研究的热门课题。针对鲁棒机器学习，我们可以从数据与算法模型两个层面考虑。

（一）数据层面鲁棒性提升

鲁棒性可以理解为模型对数据变化的容忍度。数据的质量对于模型的鲁棒性起着至关重要的作用。如何保障模型所见的数据质量有许多研究的方向，例如如何产生更多的数据，如何对数据做缩放与变换，如何进行特征选择与重新定义等。我们总期望模型尽可能多地学习正常的数据样本，从而提升模型的泛化性和鲁棒性。

除去正常样本外，如何检测与过滤被污染的样本同样十分关键。这里举对抗样本与数据投毒两个例子。对抗样本即在正常样本中增加了误导模型决策的人眼不可见的扰动。事先过滤或破坏掉对抗扰动是防御对抗样本的有效措施之一。可以使用一种由压缩卷积神经网络（ComCNN）和重构卷积神经网络（ResCNN）组成的端到端的图像压缩模型来防御对抗样本。ComCNN可以保持原始图像的结构信息，从而消除对抗扰动。ResCNN负责对原始图像进行高质量的重构。这种方法等价于将对抗样本转换为干净样本，然后将其输入分类器分类。该方法作为预处理模块，并不改变分类器的结构，因此可以作为插件嵌入其他防御模型中，进一步提高分类器的鲁棒性。对于数据投毒的情况，可通过训练数据采样的方式解决。训练数据采样指训练集由从原始数据中抽取的若干子集组成或是限制用户可以贡献的最大数据量等，从而确保小比例的投毒样本仅占训练数据的一小部分，避免训练数据失衡降低模型表现，从而保障模型鲁棒性。

（二）算法模型层面鲁棒性提升

当前对鲁棒性的增强方法，除了提升数据质量，可以从算法的设计、选择与调优方面来尽可能提升模型的抗干扰能力，如考虑注意力机制、模型可诊断性、权重的初始化、学习率、激活函数、网络结构、正则项、优化目标、提早结束训练，等等；还可以针对特定攻击行为提前测试，并做出有针对性的增强的方法，例如对抗训练是一种增强模型鲁棒性的方法，通过将对抗样本引入到训练过程中，使得模型学习到对抗样本的特征，提升模型对于对抗样本的识别能力。如图9-6所示，左图是一组可以用简单决策边界（在本例中为线性）轻松分离的点；中间图是简单决策边界不会分隔开数据点周围（这里是正方形）的点，因此有一些对抗样本（五角星）将被错误分类；右图为对抗训练所得到的一个非常复杂的决策边界，它对对抗扰动具有鲁棒性。除对抗训练外，也可使用梯度隐藏阻止攻击者获得原始梯度，从而达到抵御对抗攻击的目的。

除了经验上提升模型鲁棒性外，许多研究人员提出了一系列模型鲁棒性理论量化分析方法，主要包括精确方法与近似方法。精确方法主要是基于离散优化理论来形式化验证神经网络对于任何可能输入的准确性。近似方法则是计算模型鲁棒性边界的下界，主要包括基于凸松弛的方法、基于抽象解释的方法、基于普希茨（Lipschitz）常数的方法、基于随机平滑的方法、基于区间边界传播的方法、基于概率的方法和基于控制论的方法。

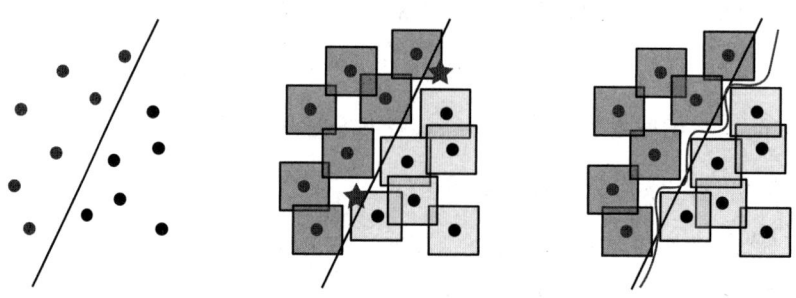

图 9-6 标准与对抗训练模型决策界限的概念性说明

二、可解释人工智能

可解释人工智能系统需要在人机交互场景中通过学习调整解释与完成任务。对人工智能的解释需要依据特定的人物场景与受众，使用合适的解释方法以取得被解释者的信赖。可解释人工智能包含多种范式，本部分重点介绍对深度神经网络的解释的几个常见维度。

（一）神经网络特征可视化

近几年，研究者尝试通过可视化网络内部特征的方法打开模型黑盒和理解网络内部所学习到的知识。下面针对常见的卷积神经网络，介绍几种特征可视化的常见方法。

最大激活响应可视化基于不同输入会导致不同的卷积核激活，可以按照它们的激活强度对输入样本排序，进而找到某个卷积核对应的最大激活的样本。这种方法可以可视化每个卷积核学习到的特征，但存在无法自动标定卷积核对应语义的缺陷，并且无法量化其准确性。在此基础上可以使用提出了网络解剖的方法以改进最大激活响应可视化。除通过排序输入样本来可视化网络特征外，还有基于反向传播的输入重建可视化方法，如类别激活映射方法（class activation mapping，CAM）。该方法可以将输入图片里与预测结果最相关的区域高亮显示，在此基础上，又衍生出了Grad-CAM、Grad-CAM++等更加精准的特征可视化技术。

（二）输入单元重要性归因

另一类可解释性方法是计算输入中各个单元的重要性。研究者已经提出了许多计算输入单元重要性的方法，比如基于反向传播得到输入单元的梯度，进而计算其重要性，这类方法有导向反向传播、LRP 等。还有一些方法则是通过对输入样本进行处理，计算各个输入单元的重要性，例如 LIME 等。

（三）博弈交互解释性理论

博弈交互解释理论的依据是输入样本中各单元之间的交互作用。我们可以利用建模的输入单元之间的交互作用理解神经网络的语义表含义。这类方法包括基于沙普利值提出的博弈交互，涉及双变元之间的博弈交互、多变元之间的博弈交互、多阶博弈交互等。

（四）对神经网络特征质量解构、解释和可视化

对神经网络的表达质量的解构可以从两个角度考虑：一个角度是通过衡量神经网络多次训练的学习表征的一致性来衡量这种表征的稳定性，即量化神经网络表征的一致性以观测其表征是否可靠；另一个角度则是从复杂度出发，量化分析神经网络表征的复杂度情况。

（五）对表达结构的解释

我们可以通过训练代理模型的方式理解目标模型的决策过程。代理模型通常具备两个条件：一是保证其输出与目标模型的输出一致，即能够模仿目标模型的决策，其中常用到的方法是知识蒸馏。二是代理模型通常比目标模型更具有可解释性，即可以通过理论推导等直观的方式对代理模型决策逻辑进行解释。常用的代理模型有加法模型、决策树模型等。

（六）可解释的神经网络

深度神经网络结构复杂，我们无法从根本上解释其决策逻辑，但可以利用深度神经网络的强大学习能力学习可解释性表征，从而在一定程度上打开深度神经网络的黑盒。这类神经网络包括胶囊网络、Beta- 变分自编码器、可解释的卷积神经网络、可解释的组成卷积神经网络等。其中，胶囊网络将每个神经元替换为胶囊结构，每个胶囊结构具有一个特定类型的目标，这些目标包括其姿态、形变、尺度等信息。Beta- 变分自编码器学习可分离的隐层特征，提升了生成模型的可解释性。可解释的卷积神经网络和可解释的组成卷积神经网络都是提出通用的方法，将传统的卷积层修改为可解释的卷积层，从而使得网络具备可解释性。

三、公平人工智能

随着人工智能的发展，机器学习技术越来越多地应用于社会各个领域，用以辅助或代替人们进行决策，特别是在一些具有重要影响的领域，例如，信用程度评级、学生质量评估、福利资源分配、疾病临床诊断、自然语言处理、个性信息推荐、刑事犯罪判决等。如何在这些应用中确保决策公平或者无偏见？如何在这些应用中保护弱势群体的利益？这些问题直接影响到社会和公众对机器学习的信任，影响到人工智能技术的应用与系统的部署。本部分从机器学习的全生命周期出发，对不同环节中出现的各类偏见发现技术进行归类及阐释，并从预处理、中间处理和后处理三个阶段，对公平机器学习的设计技术进行介绍和分析。

（一）偏见发现

发现机器学习的不公平是纠正偏见和消除歧视的前提。歧视类型和偏见类别的概念定义为发现不公平提供了不同视角下的可能技术路径。机器学习中不公平发现的主要技术包括关联规则挖掘、k 最邻近分类、概率因果网络、隐私攻击和基于深度学习的方法等。

1. 关联规则挖掘

关联规则挖掘发现歧视（不公平）的基本思想在于：历史决策记录中决策规则可视为历史决策记录数据的分类规则，该规则具有与之对应的置信度，置信度表示了在给定前提（前件）下得出决策（后件）的概率。决策规则中使用的事实（项）包含有（潜在）歧视项和（潜在）非歧视项，前者表示了法律条规、政策文件和社会习俗等限定的受保护属性，后者表示了决策场景相关的特征。通过采用关联规则挖掘技术，提取历史决策记录数据中特定形式的分类规则（频繁项集），就可以获得隐藏在数据集中的决策规则。依据所抽取的决策规则的前件中潜在歧视项所引起的置信度增益来揭示该决策规则的歧视与否。

2. k 最邻近分类

研究人员基于司法领域的情景测试给出了不公平发现的 k 最邻近（k-NN）分类方法，其主要思想在于：在给定历史决策记录数据下，对于决策结果为否定的受保护组的每一成员，寻找具有合法相似特征的测试者（受保护组或不受保护组），如果受保护组测试者和不受保护组测试者的决策结果明显不同，由此就可推断出该否定决策对受保护组具有偏见，即存在不公平性。

3. 概率因果网络

概率因果网络方法基于概率因果理论和有向无环图，可以综合考虑并清晰刻画各种属性之间的关系及其对决策的影响，从而发现直接性歧视、间接性歧视、可解释性歧视、个体不公平、群体不公平。但是，此类方法的效果有赖于方法中定理所假设条件的满足，不能用于发现回归问题的不公平，也不能发现隐私保护数据中的不公平。常见方法如以贝叶斯网络作为决策过程模型来发现直接性歧视和/或间接性歧视的贝叶斯估计方法。

4. 隐私攻击

受隐私攻击和不公平/歧视发现的相似性的启发，研究人员等给出了间接性歧视发现、隐私保护数据的歧视发现以及歧视数据恢复等隐私攻击方法。隐私攻击发现间接性歧视的基本思想在于：对于不含有受保护属性的数据，基于弗雷歇边界（Frechet bounds）定理，利用背景知识（如属性的相关性），从不含有受保护属性的数据中获取 diff（c）的下界，并由此来判定是否存在间接性歧视。

5. 基于深度学习方法

通过将个体公平性测试生成问题表述为深度强化学习问题，并将被测试的机器学习模型（model under test，MUT）视为强化学习环境的一部分，提出了针对机器学习模型的黑盒公平性测试技术。强化学习代理通过对环境采取行动生成针对 MUT 的输入，然后通过观察环境状态并获得来自环境的奖励。通过这种交互式迭代，代理学习到一种在无需访问 MUT 内部动态的情况下（即黑盒）便可高效生成个体歧视性输入的最优策略。训练完成后的深度强化学习模型可以有效地探索和利用输入空间，并在更短的时间内检测到更多的个体歧视性输入。

（二）公平机器学习设计

从机器学习的生命周期维度，公平机器学习的设计整体可分为预处理、中间处理和后处理三个阶段。

1. 预处理

预处理也称为训练数据预处理，通过发现训练数据中的偏见或歧视，并对数据进行预先修改或重新表示，以消除训练数据的不公平性。预处理的方法大致可分为修改训练数据和公平表示学习两类方法。前者使用预处理的数据篡改、数据加权和数据采样方法，以保证训练数据对敏感属性群体的决策具有统计公平性。后者使用数据预处理的表示学习方法：将原始数据聚类为 k 个公平聚类空间（proto-types），通过个体数据到聚类空间的概率分布的映射（Softmax 函数），实现数据属性信息的混淆，并尽可能多地编码原始数据的信息，以使得从 k 个公平聚类中难以获取个体受保护属性的信息，从而获得既符合群体公平又符合个体公平的数据表示。

2. 中间处理

中间处理也称为学习模型和算法的处理，是对学习模型或算法的调整、修正和完善（如，改变目标函数或施加约束等）。中间处理无需对训练数据进行任何加工，但能消除因训练数据导致的不公平，同时保持模型训练过程不存在不公平。根据任务不同，公平机器学习大体分为公平分类和公平回归。公平分类如通过拆分准则和剪枝策略将非歧视/公平约束深度嵌入决策树，给出了公平分类的决策树学习方法。公平回归引入了适用于回归模型的一系列群体和个体公平性度量指标，将其以正则项的形式应用于线性或对数概率回归的损失函数，保持了原损失函数的凸性，尤其是该策略可通过改变公平性正则项的权重，计算出精准率和公平性折衷的前沿面或完全 Pareto 曲线，从而实现高效优化计算的公平回归。

3. 后处理

后处理是对训练后的模型或模型预测的数据进行处理，以消除训练数据和/或训练过程中残余的不公平。对于黑盒方式的机器学习，无法修改任何训练数据或学习算法，那么后处理是保证此类机器学习公平性所不得不采用的技术路径。例如，给出基于真实结果、受保护属性和其他属性分布的贝叶斯最优机会均等预测器，对已有预测器进行后续修正或者对已有模型预测进行后处理，该方法无需改变原始训练模型，能够保持所有受保护属性在机会均等下的公平性。

四、隐私保护

隐私保护是人工智能系统功能安全、伦理符合性的支柱。从数据与模型隐私的角度，针对各种类型隐私风险可以总结出相应的隐私保护思路。

（一）避免数据采集过度

人工智能系统为实现特定功能和性能，数据采集终端往往存在过度采集周边数据，或过度收集用户行为偏好的现象，如自动驾驶使用摄像头收集车辆周边信息，应避免数据的过度采集并发展基于小样本学习的深度学习技术，如元学习等。

（二）增强数据匿名化

人工智能算法通常需要使用多种用户特征，往往可以通过用户特征推断出用户身份，应增强对多维信息的匿名化处理，如匿名化处理后的医院病历信息不可通过匹配年龄、地区、性别等因素推断出病历所属个人。

（三）数据标注过程保护

由于数据标注依赖大量的人力成本，大部分企业均委托第三方数据标注公司进行标注，如 Facebook 将部分数据标注工作外包给印度公司。在此过程中，数据标注人员可以直接接触标注数据，存在数据被盗取、信息泄露等隐私风险，因此，加强隐私保护应增强对标注过程的监管，并发展无需数据标注的无监督学习。

（四）数据浏览记录保护

"人工智能系统"应定期清除用户的操作、浏览记录，如用户在浏览人工智能系统后生成的用户画像，在清除部分历史记录后也应删除当前用户画像。

（五）模型训练过程的隐私保护

模型训练过程中，应防止梯度变化、输出向量等暴露用户信息的风险。例如，分布式人工智能训练中，应避免通过其他用户的梯度更新情况获取他人训练数据信息；避免防御模型逆向攻击通过模型输出的置信度逆向反推输入样本，以及输入数据的部分或全部特征值。

（六）模型推理过程的隐私保护

在模型推理过程中，输入数据常常包含隐私信息或可以推理出与隐私相关的信息，如用户与他人约定在某时见面,且不希望被他人知道,但训练时如果输入数据中包含此信息,则应避免在推理时以结果的形式泄露此信息。

(七)模型部署过程的隐私保护

模型部署过程中,应预防模型被不正当获取,进而防止不法者查询模型细节获取个人偏好信息,导致个人隐私被泄露。

(八)模型自身的隐私保护

模型自身的隐私保护主要是抵御模型窃取攻击(攻击者通过向模型进行查询,或观察模型计算过程中的中间产物,进而获取目标模型的部分甚至完整模型参数),如将模型训练与文件调用分离,设计加密算法等。

从具体技术层面,在人工智能系统实现可信赖过程中,有一些相对成熟的方法,能够提升隐私保护能力。如基于同态加密、差分隐私、多方计算、联邦学习等保护隐私的机器学习技术;利用人工合成的数据取代原始的隐私数据来保护数据隐私的数据生成技术;减轻数据需求、有效降低个人隐私泄露概率的小样本学习、迁移学习方法。举例来说,福克斯系统通过隐藏用户的在线照片来保护用户隐私。如图9-7所示,左半部分用户掩蔽算法(给定一个特征提取器 Φ 和来自某个目标 T 的图像)生成用户的照片的掩蔽版本,每个照片都有肉眼看不到的小扰动;右半部分跟踪器从在线来源抓取隐藏的图像,并使用它们训练(未经授权的)模型识别和跟踪用户。当涉及对用户的新(未屏蔽)图像进行分类时,跟踪器的模型会将它们错误地分类到非用户的人。注意,T 不一定存在于跟踪器的模型中。

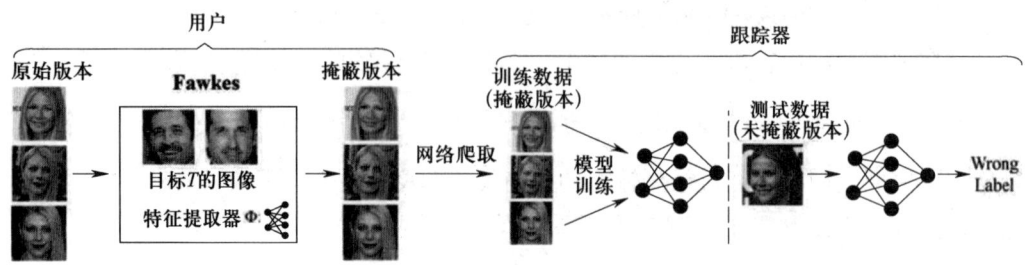

图9-7 福克斯系统

五、安全监管与评估

除了技术手段外，人工智能的安全保障离不开国家与社会的监管与评估。对于政府部门，应该加强监管机制，人工智能的飞速发展要求政府组织部门及时调整组织结构以应对各种可能产生的风险。对于市场企业，应担负自治责任，加强社会责任意识，避免恶意使用人工智能技术，保护用户隐私安全。此外，还应制定相应的人工智能安全可信赖系列标准，开展相应的人工智能安全评估体系建设，使得同传统安全一样，人工智能产品的研发安全有据可依，只有通过标准安全测试的人工智能产品才能流入市场。

思考题

1. 请列举人工智能应用中常见的安全性问题。
2. 人工智能内在安全和驱动安全的区别是什么？各自的侧重点在哪里？
3. 人工智能的可解释性与鲁棒性之间有怎样的关系？
4. 请列举常见的人工智能鲁棒性增强方法并简述其优缺点。
5. 由人工智能模型部署软硬件系统环境不一致造成的安全问题属于哪一个维度？如何解决这种安全问题？

第十章
人工智能相关的法律与政策

当前，人工智能技术蓬勃发展，在为经济注入新动能的同时，也带来诸多风险与挑战。国务院在2017年发布的《关于印发新一代人工智能发展规划的通知》中指出，人工智能发展的不确定性带来新挑战。人工智能是影响面广的颠覆性技术，可能带来改变就业结构、冲击法律与社会伦理、侵犯个人隐私、挑战国际关系准则等问题，将对政府管理、经济安全和社会稳定乃至全球治理产生深远影响。在大力发展人工智能的同时，必须高度重视可能带来的安全风险挑战，加强前瞻预防与约束引导，最大限度降低风险，确保人工智能安全、可靠、可控发展。如何趋利避害，通过法治思维规范和引领人工智能安全、可持续发展，成为当今各国普遍关注的议题。

- **职业功能：** 了解人工智能的主要法律法规和政策。
- **工作内容：** 人工智能开放与使用过程中需要注意且不能触碰的法律红线。
- **专业能力要求：** 能够理解人工智能技术的风险与威胁；了解人工智能的基本法律法规与法律责任；对人工智能技术的合法与违法边界保持警惕，避免触犯法律。
- **相关知识要求：** 人工智能开发与应用过程中的行政责任、刑事责任和民事责任。

第一节 人工智能发展的法律和政策支持

考核知识点及能力要求:

- 理解人工智能发展法律和政策支持的必要性;
- 了解各国促进人工智能发展的法律和政策概况;
- 理解人工智能发展背后的国家竞争。

一、科技竞争与促进人工智能发展的法律政策

人工智能是引领第四次工业革命、重塑经济社会发展形态的核心技术,这一革命性技术改变着经济和社会的面貌,重塑着企业和国家的竞争格局,在全球范围推动新的"超级势力"的产生。人工智能已经成为了全球科技竞争的焦点,目前,全球的人工智能属于创新增长的爆发期,与此相关的各种理念、研究、技术、应用、产品、平台等如雨后春笋般涌现。2013年12月,欧盟委员会启动"地平线2020计划",大力支持人工智能等相关技术的科技创新。自2015年起,世界各国陆续密集出台人工智能领域政策规划,抢占技术、应用和产业高地。

当前,世界各国及国际组织都非常重视人工智能技术领域的创新性发展,不仅为人工智能技术及相关领域投入大量的研究经费,还积极通过制定法律法规和产业政策支持人工智能发展。保障本国人工智能技术研发与产业应用的可持续发展,成为各国和地区的普遍选择。美国政府高度重视人工智能发展,强调科技竞争力、人才培养、产业基础等方面的建设,立法机构和政府制定大量的政策文件支持、鼓励和引导人工

智能领域的发展。与美国相比，欧盟作为国际组织，其政策制定上则更多地强调国家间合作及区域内资源的整合，鼓励建立区域协作平台、共同的数据空间以及共享的人工智能技术人才市场。同时，欧盟更加强调公平竞争、平等发展，注重鼓励和保护中小企业在人工智能领域的发展。日本、英国、法国、韩国、德国等国家都先后出台了人工智能发展战略及治理原则的相关政策性文件。

二、美国促进人工智能发展的法律与政策

美国通过大量立法促进人工智能等高新科学技术发展。2015年10月，美国国家经济委员会等出台了《国家创新战略》，制定了智能制造、智能医疗、脑科学、智能驾驶、智慧城市、智能教育、新能源等方面的创新性战略规划。2016年10月，美国国家科学技术委员会出台了《国家人工智能研究与发展战略规划》，该文件是世界各主要国家中首份国家层面的人工智能发展战略规划。

2021年5月，美国参议院民主党议员提出《无尽前沿法案》（*Endless Frontiers Act*），提出在未来5年投入1 000亿美元研发十大关键技术，包括芯片、人工智能等。根据该法案，美国国家科学基金会（NSF）将更名为国家科学技术基金会（NTSF），并建议在NTSF内设立技术局，以推进10个关键重点领域技术的发展。同年6月，美国国会提出三个法案：《军队人工智能法案》《国家安全创新途径法案》和《维护美国创新法案》。《军队人工智能法案》进一步提高了人工智能在整个国防中的重要性，要求国防部部长制订培训和认证计划，以更好地招募人工智能和网络安全人才等；《国家安全创新途径法案》旨在为从事保护国家安全方面重要工作的非公民建立获取移民签证的途径，如为从事特定技术领域（人工智能、量子信息科学、生物学、机器人技术等）的学生或专业人员提供永久居留的途径；《维护美国创新法案》提出对接受联邦赠款但不披露外国支持的个人予以处罚等规定。美国两党议员还提出《为美国生产半导体（CHIPS）制定有益激励措施的法案》。该法案将通过增加联邦激励措施来刺激先进芯片制造，从而推动人工智能技术的发展。

值得一提的是，美国在自身发展人工智能的同时也想方设法遏制和打压中国人工智能的发展。近年来，美国政府对中国实行严格的出口管制，防止中国通过民用商业

等途径获取美国先进技术转为军用,其中重点是信息领域的先进技术与装备,力图阻止中国企业从美国购买某些光学材料、雷达设备和半导体。自2019年以来,中国多个人工智能企业被美国列入实体清单,对人工智能领域的人才培养和学术交流,也施加各种限制。中国的人工智能发展势必走上自主创新的道路,通过充分发挥中国"集中力量办大事"的制度优势,努力突破重围,牢牢占据全球人工智能研发与产业发展的舞台中央。

三、欧盟促进人工智能发展的法律与政策

在数字创新浪潮中,欧盟落在了美国和中国等竞争对手的后面。当前,欧盟正在尽最大努力参与人工智能竞争,维护欧盟的技术主权、工业领先地位和经济竞争力。为了迎接人工智能的机遇和挑战,欧洲各国需要作为一个整体并按照欧盟的价值观发展和部署人工智能。2020年2月,欧盟委员会发布了三份重要的数字战略文件,分别是人工智能白皮书《走向卓越与信任——欧盟人工智能监管新路径》《塑造欧洲的数字未来》和《欧洲数据战略》,这是一整套关于数字时代发展的远景规划,阐明了其志在成为全球领先的人工智能技术高地的目标。欧盟希望通过加快技术研发、统一和规范数字市场、约束国际科技巨头等,在新一轮数字革命中后发制人,获得领先优势。

人工智能白皮书旨在打造以人为本的可信赖和安全的人工智能,确保欧洲成为数字化转型的全球领导者。白皮书共分为人工智能概述、利用工业和专业市场的优势、抓住下一波数据浪潮机遇、卓越生态系统、信任生态系统、结论六大部分。

四、中国促进人工智能发展的法律与政策

不同于美国、欧盟等通过设立专门的人工智能研究委员会来发布发展战略,中国通过中央政府、国家各部委以及各地方政府制定人工智能方面的发展战略、具体实施方案等促进人工智能发展的政策性文件,形成以国务院为核心、多部门协调配合的局势,政策规划主要包括国家层面与地方层面两类。

(一)国家层面的法律与政策支持

2013年2月,国务院出台的《关于推进物联网有序健康发展的指导意见》是涉

及广义人工智能的首个政策性文件。2015年5月起，国务院陆续出台了《中国制造2025》《关于积极推进"互联网+"行动的指导意见》《促进大数据发展行动纲要》等人工智能不同领域的政策性文件。2017年7月，国务院发布了人工智能领域最重要的战略性文件——《新一代人工智能发展规划》。该《规划》指出，人工智能发展进入新阶段，成为国际竞争的新焦点、经济发展的新引擎，为社会建设带来新机遇、新挑战，明确提出科技引领、系统布局、市场主导、开源开放的基本原则，提出2020—2030年分三步走实现基础理论、技术体系、应用、法律法规政策、伦理规范成熟发展，明确"一个体系、双重属性、三位一体、四大支撑"总体部署，明确构建人工智能科技创新体系、智能社会经济体系等重点任务，完善财政引导和市场主导的资源配置等要求。2019年3月，中央深化改革委员会发布《关于促进人工智能和实体经济深度融合的指导意见》，要求进一步发挥、延伸人工智能的经济价值和效用。

国家各部委紧跟中央战略规划，出台了多部细化实施意见及工作指引。如工信部出台了《促进新一代人工智能产业发展三年行动计划（2018—2020年）》，教育部出台了《高等学校人工智能创新行动计划》，科技部出台了《国家新一代人工智能开放创新平台建设工作指引》和《国家新一代人工智能创新发展试验区建设工作指引》，国家林业和草原局出台了《关于促进林业和草原人工智能发展的指导意见》，国家标准化管理委员会、中央网信办、国家发展改革委等五部门联合出台《国家新一代人工智能标准体系建设指南》等。

（二）地方层面的政策支持

人工智能的地方政策发布情况展现出与当地的经济科技发展水平总体上呈正态分布的趋势。在人工智能发展水平较强、科研实力较高的地区（如北京、上海、广东、江苏），人工智能相关的政策性文件也相对密集。有些省份（如贵州、辽宁、吉林）当地政府对于大数据、人工智能、云计算等持有较高的保护力度和热情，也出台了诸多促进人工智能产业发展的具体实施方案以及大数据发展条例等地方性法规和政策性文件。

值得一提的是，2019年10月北京发布的《关于通过公共数据开放促进人工智能产业发展的工作方案》，是全国范围内率先提出进行公共数据开放的文件。数据是人工智能发展的"粮草",数据开放则可谓是人工智能发展中的"粮草先行"。北京拟通过公共数据开放的政策保障,集中于金融信用、医疗、交通、司法等重点领域,向社会无条件开放公共数据,并建设公共数据开放创新基地,以应用竞赛等方式向本地人工智能企业有条件开放一批特殊公共数据,具体措施包括数据分级管理、无条件开放与有条件开放、建设公共数据开放创新基地、城市管理与公共服务应用人工智能、构建人工智能生态体系等。其中,数据分级拟分为四级:有条件共享类、无条件共享类、有条件开放类与无条件开放类。在总体方向上,主要采取"政府引导+核心龙头企业牵头"的方式,组建生态联盟搭建算法算力平台,强化人工智能相关的专利快速确权与维权等方式推进。北京作为人工智能企业集聚的重点区域之一,其数据开放政策对全国具有极强的示范意义。由于数据开放涉及数据隐私、数据确权等多方面法律问题,因此北京作为一个实践基地,也将为未来的数据与人工智能法律规制提供鲜活的样本与试点经验。

第二节 人工智能的法律规制

考核知识点及能力要求:

- 了解人工智能的风险,理解人工智能法律规制的必要性;
- 明晰人工智能法律规制的重点领域,理解隐私保护与防范网络犯罪的重要意义;
- 了解人工智能法律规制的主要内容,深刻领会人工智能技术研发与应用过程中不能触碰的法律红线。

一、人工智能的风险与法律规制

人工智能的发展主要包括数据、算法和算力三项要素。三者之中,数据是材料基础,类似于燃料;算力是计算的硬件支撑;算法是核心驱动。人工智能主要表现为算法,但算法离不开数据,数据与算法紧密关联融合。在数据生产(包含数据的收集、上传、汇集、存储、清洗、共享、流转、开发、应用等全链条数据活动)和算法应用这两大环节都蕴含风险,因此,法律对人工智能的规制也主要是围绕数据生产和算法应用展开。

(一)数据安全与隐私保护

智能时代,无处不在的手机、摄像头等传感设备与无线网络使得收集个人信息变得极为普遍。人工智能需要大数据作为燃料,而大数据中包含了海量的个人信息。个人数据被收集、流转和利用的过程存在风险,如果个人数据泄露,可能侵犯个人的隐私权,或者被不法分子利用实施诈骗、勒索等严重侵害个人权益的违法犯罪行为,保护个人信息和隐私就成为各国法律规制人工智能技术的重要内容。

人工智能技术应用中,对个人信息的收集涉及敏感信息,特别是个人生物识别信息。以人脸识别技术为代表的个人生物识别信息的使用,除国家安全、公共安全、法律事项之必需外,主要被较大规模用于金融交易的自助服务,企业、住宅的安全保护和管理,政务、商业、贸易安全服务等领域,其中无论是生物识别技术设备的安全性能,还是应用过程中对个人生物识别信息的处理方式均存在个人隐私泄露、信息安全、支付风险等安全隐患。个人的生物识别信息作为个体独一无二的身份识别标识,一旦泄露或者被盗用,个人遭遇违法犯罪侵害的风险更高,甚至形成群体性侵害事件,因此需要通过立法规范企业对个人生物识别信息的收集、使用、保管、处理、储存、披露和销毁行为,保护个人权利与公共安全。

(二)利用人工智能的算法侵权与犯罪风险

人工智能技术在商业领域的应用,需要大量收集消费者个人信息形成大数据,通过先进算法实现商业利益,这就蕴含了企业利用大数据和算法侵害消费者权益的风险。例如,算法价格歧视是经营者为提高消费者黏性、获取最大利润而通过算法细分市场客户需求，利用互联网和数据处理技术收集、分析、应用消费者个人消费偏好信息，在消费者不知情的情况下，向其投放定向广告、推送个性化产品的同时，根据不同的消费者群体，经营者所提供的同等质量的商品或服务，却实行个性化收费的价格政策，即向特定消费者收取高于其他忠诚度不如他的消费者的价格，且该价格差异不反映成本差异。

人工智能作为一种新兴技术，其本身的设计行为不可避免会存在无法预料的缺陷，例如无人驾驶汽车伤人事件、无人机扰航事件，这些由人工智能技术发展给人类社会带来的新的危险，因其无法预测性，虽然不可能完全消除，但是一方面可以通过先行立法，合理预测警醒危险可能的存在，使设计人工智能的人员在设计智能行为过程中不忘初衷，时刻反省自身；另一方面，通过立法，可以妥当处理人工智能已经造成的损失和伤害，杜绝、避免或者减少此类事件损失伤害的再次发生。

实践中，借助人工智能技术的违法犯罪隐蔽性更强、效率更高、侦破难度更大，主要包括安全风险、信息网络系统风险、消费者权益风险、事故风险、隐私和个人信息风险。目前已出现利用人工智能技术窃取数据、晒码撞库、分销数据、冒充诈骗等犯罪行为。

二、美国人工智能法律规制概况

美国十分重视防范人工智能可能带来的隐私权侵犯、数据泄露等社会问题，政府在人工智能风险防范方面主要强调伦理教育和法律规范的作用，主要关注数据隐私保护、算法歧视等问题。

美国对于隐私权一向格外重视，曾先后颁布了《联邦电子通信隐私法》《公民网络隐私权保护暂行条例》《个人隐私与国家信息基础设施》等多部隐私立法。2018年，美国出台《澄清合法使用境外数据法》（又称"CLOUD法案"），该法案的颁布标志着美国电子数据模式由"数据存储地模式"转变为"数据控制者模式"，即无论数据信息储存于美国的境内还是境外，美国政府执法部门都有权直接向本国的数据控制者获取由其控制的数据信息。

美国为防范企业通过大数据与人工智能技术损害消费者合法权益，制定了一系列法律法规，如《消费者隐私权利法案》（*Consumer Privacy Bill of Rights*），这部法案以消费者"告知同意"为框架,明确消费者有权要求企业说明其收集个人数据的种类、原因,有权删除相关数据(知情权、删除权),并规定 7 项保护消费者隐私的原则,为美国规制平台消费市场发挥显著作用。这部法案要求企业"通过相应场景中合理的手段收集、留存及利用个人信息",以动态保护代替静态保护。若个人信息的处理在相应场景中不合理,则机构需要提供"隐私风险评估",并采取适当的手段降低风险。该法案基于人工智能技术的多样性,建立了以场景分析为基础、增强用户控制为补充、风险评估为手段的新型个人信息保护框架,突破了以用户同意为主要合法判断的传统保护框架。

以人脸识别为代表的涉及个人敏感生物信息的人工智能技术,是美国法律规制的热点领域。为防范个人生物敏感信息被泄露的风险,近年来,美国各州陆续出台一系列法案:佛罗里达州的《生物识别信息隐私法案》,要求企业在使用生物识别信息时必须获得信息主体的同意,并妥善保存该类数据;华盛顿州的《华盛顿隐私法案》,其中有限制公司和执法机构使用面部识别技术的规定;加利福尼亚州旧金山市颁布了禁止在公共场所使用人脸识别软件的法令;马萨诸塞州萨默维尔市颁布了《暂停面部识别或其他远程生物识别监控系统的法案》;伊利诺伊州颁布了《生物识别信息隐私法案》;等等,限制甚至禁止人脸识别技术在特定行业和场合的应用。

在美国,算法歧视是社会公众特别关注的问题。美国种族歧视问题根深蒂固,造成社会严重撕裂,矛盾尖锐,这一社会顽疾也深刻影响到通过人工智能技术自动决策的应用领域。许多研究表明,看似中立的算法事实上包含了偏见和歧视。美国对人工智能的规制主要体现为"透明度"和"可问责性"两项原则。2017 年美国计算机协会下的公共政策委员会提出算法治理措施,发布《算法透明性和可问责性声明》(*Statement on Algorithmic Transparency and Accountability*),一方面明确要求数据控制者有义务对算法所遵循的程序和运行原理作出必要解释,另一方面要求监管部门落实对用户算法申诉的权利保障。2017 年 12 月,美国纽约州出台了《算法问责法案》,以专门解决算法歧视带来的相关法律问题。根据该法案,纽约市将成立一个由自动化决策系统专家和受自动化决策系统影响的公民组织代表组成的工作组,专门监督市政机构使用的自动决策算法的公平性、问责性和透明度。该小组负责推动政府决策算法开源，使公众了解市政机构自动化决策的过程，并就如何改进算法问责制和避免算法歧视提出建议。2019年4月，美国国会议员提出的《算法责任法案》（Algorithmic Accountability Act）授予联邦贸易委员会对企业的自动化决策与数据保护系统作出评估的权利。为满足法律监管需求，Google、微软等互联网公司均设立首席隐私官来保障个人信息与算法监管。

三、欧盟人工智能的法律规制

与美国相比，欧盟在人工智能领域的风险防范方面更为严格和审慎，尤其注重个人数据和隐私的相关权利保护，这在一定程度上与欧洲国家历来倡导自由人权和重视个人隐私的传统相关。2018年5月25日，欧盟通过了《一般数据保护条例》（GDPR），它是迄今为止全世界范围内在个人隐私和数据保护方面最为严格和全面的立法，并对其他国家的数据政策产生了极大影响。GDPR主要从扩大个人信息主体权利和增加数据控制者义务两个方面进行安全保障，该部法律严格限定和监管互联网大型平台企业收集、分析和管理用户信息权限，赋予信息收集的个人知情同意权、个人数据的访问权、修改权、擦除权、限制处理权、数据携带权和反自动化决策权，并且明确要求数据控制者不得要求数据主体放弃上述权利以换取服务，其中"被遗忘权"与"数据可携权"进一步补充了个人信息自决权的内涵。此外，GDPR还设立了独立的监管机构，赋予其处理数据主体申诉、对违法行为施以罚款等监管职权。

GDPR关于人工智能规制的最主要条款是赋予个人"拒绝自动化决策权"以及个人数据控制者的"算法解释权"。算法解释权是个人有权要求企业利用其个人信息数据进行自动化决策（如用户画像）时，告知其如何利用以及利用的后果，特别是当算法做出对其不利的自动化决策时，需要解释决策的依据。GDPR还赋予了数据主体拒绝自动化决策的权利，使其免受算法歧视的威胁与侵害。

GDPR还有一个非常重要的原则——基于设计的隐私保护原则，就是当软件工程师在设计算法产品、编写代码的时候，就要带着保护用户隐私的观念，并且把这种观念嵌入到其所设计的产品之中。因为当人工智能的产品设计出来后再对其进行法律调整，可能就已经太迟了，这就要求工程师必须带着法律伦理追求和法律风险防范的思维设计产品，将伦理和价值观念嵌入代码之中，从代码的架构层面就开始对人工智能和算法进行相应的规制。

2021年4月，欧盟发布了《人工智能法》提案。该提案是欧盟首个关于人工智能的具体法律框架，主要特点是设置了一种重视风险且审慎的监管结构，精细划分人工智能风险等级，并制定针对性的监管措施。人工智能系统被分为不可接受的风险、高风险、有限风险和极低风险四种类型，该提案主要规制的是不可接受的风险和高风险。该提案主要创新点在于规定上市前合格性评估程序，以确定高风险人工智能系统是否符合法规要求，评估合格后才能出售和使用；要求建立专门的监测体系，以发现系统使用过程中的问题并减轻影响。

欧盟是全世界对个人信息保护最严格的区域，极大地限制了企业收集和利用个人数据的自由。这客观上对欧盟的大数据和人工智能产业发展形成一定的制约和阻碍，导致欧盟的数字产业要落后于美国和中国。如何更好地平衡数字产业发展需求与个人信息保护也是欧盟法律一直追求的目标。

四、中国与人工智能相关的法律规制体系

（一）行政立法规制体系

国务院在2011年1月出台了《互联网信息服务管理办法》，明确国家对互联网信息服务实行许可及备案制度，并禁止网络信息服务提供者利用互联网制作或传播危害国家安全、破坏民族团结、侵害他人合法权益等信息。2017年6月实施的《网络安全法》为网络安全保护提出更高的要求，着重强调保护关键信息基础设施运行安全、网络信息安全、建立国家网络安全监测和应急处置机制，实行网络安全等级保护制度，设置网络产品、服务提供者安全维护义务，要求网络运营者制定网络安全时间应急预案，及时处置安全风险。

2021年6月，为了规范数据处理活动，保障数据安全，促进数据开发利用，保护个人、组织的合法权益，维护国家主权、安全和发展利益，全国人大常委会出台《数据安全法》，实行数据分类分级保护制度以加强对重要数据的保护，建立数据安全风险评估、报告、信息共享、监测预警机制及数据安全应急处置机制，建立数据安全审

查制度，以加强对数据安全的保护力度。2021年4月国务院颁布《关键信息基础设施安全保护条例》，关键信息基础设施是指公共通信和信息服务等重要行业和领域一旦遭到破坏、丧失功能或者数据泄露，可能严重危害国家安全、国计民生、公共利益的重要网络设施、信息系统等。在数字化环境中强化关键信息基础设施保护，需要紧密依靠技术手段，大力发展关键信息基础设施安全风险感知和识别技术、系统漏洞检测技术、数据标识和管理技术、网络威胁溯源和取证技术等相关网络安全技术。

电子商务方面，2018年8月，全国人大常委会审议通过了《电子商务法》，要求电商平台经营者应当要求申请进入平台销售商品或者提供服务的经营者提交真实信息并进行核验、登记，并按规定向市场监督管理部门报送平台内经营者的身份信息，同时负有保障电子商务交易安全的义务和信息保护义务，并要求电商平台制定相应的交易规范等来营造公平、安全的网络交易环境。

区块链技术方面，2019年1月，国家互联网信息办公室出台了《区块链信息服务管理规定》，这是中国首部区块链领域的监管法规。该法规明确规定，区块链信息服务提供者和使用者不得利用区块链信息服务从事危害国家安全、扰乱社会秩序、侵犯他人合法权益等法律和行政法规禁止的活动，不得利用区块链信息服务制作、复制、发布、传播法律和行政法规禁止的信息内容。

互联网信息服务方面，2021年12月，国家互联网信息办公室联合工业和信息化部、公安部、国家市场监督管理总局出台了《互联网信息服务算法推荐管理规定》，自2022年3月1日起施行。这是我国第一部以算法作为专门规制对象的部门规章，意味着算法推荐技术的治理进入新的阶段，也是世界上首次全面、系统、整体地对算法进行规制，在世界范围内具有重大意义。

现阶段仍需对算法推荐进行规制的原因主要有两个：一是近年来人工智能、机器学习和大数据技术的应用在加大算法推荐能力的同时，对个人隐私带来比较强烈和直接的冲击；二是从互联网产品传播的角度看，互联网经济更多是一种流量经济，抢夺用户交易机会是较为重要的环节和内容，以自动化推荐为代表的算法目前能够做到影响消费者的决策能力，若不加以限制，容易对消费者形成信息茧房或信息孤岛，影响消费者对主流事物的理解，影响社会稳定、国家安全。

根据《互联网信息服务算法推荐管理规定》，算法推荐服务提供者可以理解为应用算法推荐技术的互联网信息服务提供者，规制的重点并非算法的开发者和设计者，而是应用算法技术向用户提供信息服务的主体。该《规定》同时确立了一系列具有中国本土特色的算法规制手段，如针对算法机制机理审核、模型、标签的技术治理，以及算法备案制度等，这更加符合算法运作的底层逻辑。该《规定》的规制主体并非所有的算法类型，而是算法深入社会结构各层面中引发社会广泛关注的，诸如大数据杀熟、未成年人保护、热搜事件、平台用工等涉及算法伦理问题的推荐算法，规制对象基本覆盖了现有的互联网业态。

（二）刑事责任

我国在《刑法》分则中的不同章节，规定了一系列罪名来规制不当的技术行为，如有违反则需要承担相应的刑事责任，比如在第四章"侵犯公民人身权利、民主权利罪"中第二百五十三条之一"侵犯公民个人信息罪"。同时2009年2月，全国人大常委会通过《刑法修正案（七）》，增设出售、非法提供公民个人信息罪和非法获取公民个人信息罪这两种侵犯公民个人信息的犯罪。出售、非法提供公民个人信息罪是指国家机关或者金融、电信、交通、教育、医疗等单位或者其单位的工作人员，违反国家规定，将本单位在履行职责或者提供服务过程中获得的公民个人信息，出售或者非法提供给他人，情节严重的行为。

在《刑法》分则第六章"妨害社会管理秩序罪"中规定了一系列网络犯罪，主要指针对信息网络实施的犯罪、利用信息网络实施的犯罪，以及其他上下游关联犯罪。网络犯罪很多涉及使用软件实施犯罪，其中不乏较高水平的人工智能技术。"针对信息网络实施的犯罪"主要包括我国《刑法》第二百八十五条至第二百八十七条之二中规定的七个罪名：非法侵入计算机信息系统罪，非法获取计算机系统数据、非法控制计算机信息系统罪，提供侵入、非法控制计算机信息系统程序、工具罪，破坏计算机信息系统罪，拒不履行信息网络安全管理义务罪，利用计算机实施犯罪的定罪处罚，非法利用信息网络罪和帮助信息网络犯罪活动罪。"利用信息网络实施的犯罪"以及"上下游关联犯罪"，涉及的罪名更为广泛，典型如诈骗、盗窃、传播淫秽物品等。

从事人工智能研发的技术人员存在触犯刑法构成犯罪的风险。例如，有程序员为报复原公司，利用远程控制软件把原公司系统里财务数据删除，造成公司重大经济损失，涉嫌"破坏计算机信息系统罪"，可能被判处五年以上有期徒刑。

（三）民事责任

通过人工智能收集和应用个人数据，可能需要承担民事责任。《民法典》规定，"自然人的个人信息受法律保护"，并要求处理个人信息应遵循合法、正当、必要的原则，且信息处理者不得泄露或篡改其收集、存储的个人信息；未经自然人同意，不得向他人非法提供其个人信息。根据《网络安全法》的规定，网络产品、服务提供者对于具有收集用户信息功能的产品和服务，应当向用户明示并取得其同意，涉及用户个人信息的，应遵守法律法规有关个人信息保护的规定。网络运营者收集个人信息时应经被收集者同意并遵循合法、正当、必要的原则，不得泄露、篡改、毁损其收集的个人信息，未经被收集者同意，不得向他人提供个人信息。2021年11月实施的《个人信息保护法》更是对个人信息处理活动进行了全方位的规范，对"告知同意"原则作出了更为详细的规定，对自动化决策进行了全面的规范，对人脸识别进行了严格的规制。如果违反以上规定收集和利用个人数据，可能承担侵犯个人信息权益的民事责任。

人工智能服务和产品如果存在缺陷，可能造成人身损害或财产损害，就会构成人工智能产品侵权，需要承担损害赔偿的民事责任。人工智能产品侵权涉及设计、生产、销售、使用各个环节，主体众多。根据《产品质量法》的规定，首先是人工智能产品生产者的责任；对销售者而言，根据《民法典》第一千二百零三条的规定，因产品存在缺陷造成他人损害的，被侵权人可以向产品的生产者请求赔偿，也可以向产品的销售者请求赔偿。产品缺陷由生产者造成的，销售者赔偿后，有权向生产者追偿。因销售者的过错使产品存在缺陷的，生产者赔偿后，有权向销售者追偿。由于人工智能产品的特殊性，研发者对于生产产品起到至关重要的作用。以无人驾驶技术为例，算法设计师和生产工厂往往配合紧密，对于受害人来说，很难区分究竟是哪方责任导致自己受损。据此，设计者也可能与生产者一道被纳入产品责任主体范畴。另外，如果由于研发者、生产者、销售者以外的第三人对人工智能的系统进行破坏，导致程序出错，继而发生致损后果，比如黑客攻击了操作系统，导致人工智能出现错误，则黑客作为第三人应是最终责任人。

第三节 人工智能的法律应用

考核知识点及能力要求:
- 了解人工智能在法律领域的应用以及法律智能化的进展和基本情况;
- 明白人工智能技术应用于法律领域的主要方式,理解法律智能化的难点。

人工智能技术深入社会各行各业,也深刻影响到法律体系,特别是司法、行政执法与法律服务领域,出现了大量"人工智能+法律"现象。

一、司法审判领域的人工智能应用

人民法院积极探索创新,形成全业务网上办理、全流程依法公开、全方位智能服务的智慧法院,特别是在新冠疫情期间,人民法院在线诉讼规则、在线调解规则、在线运行规则为全球互联网法治发展贡献了中国智慧和中国方案。

(一) 文书生成处理

通过人工智能进行法律文书处理,如庭审语音转文字、判决书生成等。许多法院利用人工智能自动生成起诉书、判决书。当事人只需要录入相关材料,就能通过智能平台快速生成起诉书。法院判决完,平台可以自动生成部分或全部判决书,大幅提升法官的工作效率。庭审时,书记员需要进行各方陈述的文字记录,目前已经有不少法院开始将基于人工智能的语音转写系统应用到庭审中,辅助书记员的工作,减轻书记员的工作负担。

（二）案件管理系统

人民法院推动案件卷宗及时电子化并上传办案系统，为法官全流程网上智能办案、审判管理人员网上精准监管创造条件。案件管理智能系统包括电子卷宗随案同步生成系统，从技术上实现电子卷宗目录编制、网上阅卷、法律文书辅助生成、电子卷宗归档等核心功能。

（三）审判辅助系统

审判辅助系统是基于大数据、机器学习等技术，通过大量案件的学习，使智能系统学会提取、校验证据信息并进行案件判决结果预测，为法官判决提供参考。案件辅助审理系统有助于促进判案流程标准化，提高判决一致性，降低冤假错案发生的可能，增强司法公信力。

（四）发展前景展望

1. 设立人工智能建设专项资金

尽管我国在人工智能总体发展上已投入了较多资金，但是对人工智能司法应用方面投入的专项资金仍缺少规划。人工智能司法应用的开发、维护资金应当设立专项的资金投入，在得到资金支持后，能够从重研发、轻实践的困境中解脱，实现研发与实践并重，以及以研发促实践、以实践反馈研发的良好发展态势。

2. 储备人工智能司法复合人才

复合人才的培养和储备应当是人工智能司法应用建设不可缺少的一环，从根本上解决技术深度问题，需要交叉学科人才的输送。例如，西南政法大学、上海政法学院已设立人工智能法学院，清华大学法学院设立计算法学研究生项目，这些举措都为未来人工智能司法应用研发提供了强有力的支撑。

二、行政执法领域的人工智能应用

目前，大数据和人工智能技术在行政执法中的应用日渐广泛。

（一）行政给付与审批

行政审批长期以来存在流程烦琐、耗时费力、易滋生腐败的弊端。通过人工智能技术可以优化审批业务流程，打破传统的分割式、串行化审批模式，实现一窗口受理、一站式审批、一条龙服务，让"流程最简、时限最短、服务最优"的便企利民目标真正实现。通过人工智能技术，行政机关"事多人少"的紧张局面也得到缓解。如杭州创新实践机器智能识别，根据名称库和负面清单，对企业申报名称自主查询、比对、判断，智能识别、自动核准，实现名称自动核准"秒通过"。这种依托人工智能技术的行政审批"秒批"现象，极大便利了群众，提高了行政效率，也是未来不可逆转的发展趋势。

（二）行政处罚

行政机关通过人工智能流程化地接受、收集、识别、筛选与行政处罚权行使有关的信息，依托大数据技术对行政处罚发案量等数据的量化分析，进而设定行政处罚的各种适用情形、适用条件及相应的处罚种类、幅度等，对行政相对人频发的违法情形及相应行政处罚案例数据进行多维度的分析，对行政处罚案件中常见的争端进行评估、预警及研判。通过人工智能将处罚调查取证环节流程化、告知与申辩步骤规范化、裁量标准电子化。

（三）发展前景展望

1. 泛在感知加多模态数据融合将成为建设核心

泛在感知即广泛存在的感知智能技术，多模态数据融合指多种信息媒介，如语音、视频、图像等多类型数据的融合。以人脸识别数据和车辆识别数据为基础的公安视图库将加快建设，以拓宽公安领域结构化数据的边界，实现公安体系中业务的打通，感知智能的广泛运用和多类型数据的融合将成为趋势。

2. 视频结构化中对数据的高效提取将日趋深入

视频结构化技术是通过对视频内容的分析和处理，快速准确地发现有效线索，对于提升案件侦破效率具有重要作用，但视频中蕴含的信息复杂多维，人工选取和定义属性标签效率低下，实现视频信息的高效提取，并与其他信息系统进行数据互联互通，使非结构视频信息快速结构化，将成为之后的技术发展方向。

3. 人工智能与其他新兴技术的结合将持续推进

随着 5G 时代的到来，推进现代科技与社会治理的深度融合将成为不可改变的趋势。在实际运用中，已有地区进行了相关探索，如广东省中山市公安局将 5G 技术与

AR 技术融合,将前端设备捕捉到的画面实时回传至指挥中心;深圳市统一政务服务 APP"i 深圳"正式上线,发布了区块链电子证照应用平台,能够实现居民身份证等 24 类常用电子证照上链,确保一切操作都有迹可循。未来,人工智能执法应用将进步依托新兴技术与深度学习功能,催生出新的视频架构和读写方式,实现对海量线索的深入挖掘。

三、法律服务领域的人工智能应用

人工智能产品应用于法律服务的场景主要包括以下方面。

(一)法律咨询

当事人遇到法律问题时,可以通过智能问答平台进行咨询,平台根据案情给出相关法律建议。平台通过人工智能实现自然语言的识别,以及更清楚的问题理解、分析和回答。咨询平台/机器人目前也主要针对婚姻、劳务、民间借贷、知识产权等工作、生活中常见的简单纠纷类型,代替律师进行咨询,复杂问题仍需求助律师。应用较多的法律问答机器人为客服机器人和法律问答系统,客服机器人以微信小程序为主要表现形式,如西安市中级人民法院官方微信"小法"。"法狗狗"是法律问答系统商业化应用的典型案例,背后有知识图谱技术、语义理解和自主学习能力等多项技术加以支撑。

(二)律师搜寻

一些法律人工智能平台通过搜索式或问答式,在了解当事人案件信息的基础上,智能推荐匹配的律师。也有平台通过对自然语言进行处理,识别自然语言提出的要求,为当事人搜索匹配推荐的律师。对话式机器人则先进行机器问答,根据用户提供的案件具体情况,为当事人智能匹配相应律师。

(三)文书服务

相比于律师,拥有强大运算能力的人工智能法律服务产品在文书处理工作中具有独特的优势,其文本处理能力可以帮助企业自动化解决特定问题,如合同起草和审核、法律风险监控等。目前这类人工智能产品多以法务服务软件或 SaaS 的形式供企业使用,可以处理结构化数据占比大、重复性高的合同文档。

智能法务平台还具有避免人为疏忽，审核过程不会受到懈怠、渎职等人类常见问题影响的优势。但目前人工智能主要进行基础审核，许多商事合同条款灵活且含有大量非结构化信息，难以被算法与逻辑语言准确概括，仍需要人的参与。因而对于企业而言，"人工智能预审 + 律师复审"仍然是理想的人机协同模式。

（四）法律检索

通过人工智能对法律条文、判决书等进行结构化处理，使得律师可以根据自然语言或案件关键信息，搜索出相关法律条文、过往相关案例判决书等，用于律师参考。目前各平台在自然语言理解方面，都还有很大的进步空间。

我国拥有世界最大的裁判文书公开平台，司法数据体量庞大且透明度高。法律大数据产品的开发多由政府牵头，"法信"是典型代表，它由最高人民法院立项，人民法院出版社承建。该平台将大数据、机器学习技术与专业法律知识体系（图谱）相结合，先后推出"类案检索""同案智推"等大数据引擎。该平台的类案检索引擎更是目前国内唯一提供全案由类案画像且案情维度和特征数量最多的大数据引擎。

（五）裁判预测

实现对案件的精准高效预测是人工智能法律服务产品未来的重要发展方向。现今的案件预测工具主要有两种运作模式：一为数据统计分析模式；二为规则模型内嵌模式。总体来看，由于缺乏经标注的结构化的数据，目前国内外的预测机器人大多处于探索阶段，大多集中于对律师胜诉率、裁判结果、刑期等简单要素的预测。在信息检索的基础上，基于人工智能技术，关联企业分析、数据可视化、案件判决结果预测等功能。研究项目团队称，其人工智能在判决预测方面，以 86.6% 的成功率，打败了人类律师 62.3% 的成功率。

（六）智能客服

律所将法律咨询人工智能系统集成到公众号、网站等，作为智能客服，为客户提供简单法律咨询服务，把律师从低价值的简单咨询问题中解放出来。智能客服也能够帮助律师对客户进行初步筛选，高价值客户交由律师后续接手，提高律师工作效率。

由 IBM 研发的世界首位人工智能律师 ROSS 通过使用 Watson 提供的数据，凭借其先进算法帮助处理公司破产等法律事务，目前就职于纽约 Baker & Hostetler 律师事务所。ROSS可以回答问题，检索查询所有法律条文，通过引用相关的立法文献、判例或其他文献很快地了解最新情况，自动生成法律文件。而且，ROSS可以不断地更新迭代，与法律系统的变化保持同步，一旦有新的法律或者判决，ROSS可以提醒同事。

（七）发展前景展望

1. 增设情绪算法

为人工智能产品增设情绪算法是改善人工智能法律服务的未来趋势。欲使法律机器人具备人类律师的磋商技巧与引导对话功能，至少需要人工智能在"情绪识别"与"安抚问答"两方面实现技术突破。现阶段已有人工智能产品（如英特尔 RealSense3D 摄像头等）开始了对客户面部微表情捕捉的尝试；安抚功能牵涉到机器深度学习以及不同语种资料库的建立，目前国内外都尚未建立起一个成熟的人工智能对话模型。

2. 扩容数据资源

人工智能法律服务需要以海量的数据为养料，从而得出最优解。尽管我国拥有世界前列的司法公开制度，但中国裁判文书网、庭审公开网、法律法规数据库以及各法院的审判管理系统并不能涵盖所有的地方立法和地方司法解释。未来人工智能法律服务发展，需要在加强数据公开的同时，扩充数据库容量。除法律知识外还应增设通识类数据资源，打破数据库局限，帮助法律服务机器人形成个性化的决策能力。

作为引领未来的战略性前沿技术，人工智能在快速改变世界。人工智能技术发展过程会面临诸多困难，有些是技术层面，有些则是制度层面，特别是在科技创新资源分配以及大数据流通领域，迫切需要法律和政策破除阻碍技术发展的制度性障碍，促进资源的优化配置，加快研发进度，提升创新能力。与此同时，随着人工智能技术的普遍应用，系统性社会风险也随之而来。人工智能技术不只是理工科专业人士的专属领域，法律人士以及其他社会治理主体也需要介入人工智能的研发应用，一起努力创造出更加安全可信的人工智能技术。法治理念和规则需要嵌入人工智能的生产过程，法律需要对人工智能依赖的大数据以及其他生产性资源进行管理，防止数据泄露和算法滥用造成的消极后果。人工智能的健康发展离不开法律的推动和规制，需要法律人和程序员、人工智能专家的通力合作，使算法进入法律，法律进入算法，从而使人工智能符合人类的伦理和法律，真正造福人类。

思考题

1. 法律如何促进人工智能技术的快速发展？

2. 法律为什么要规制人工智能技术？

3. 人工智能技术的研发和其他从业人员可能会承担何种法律责任？

4. 如何看待欧盟 GDPR 对欧盟数字经济发展的影响？

5. 人工智能技术的发展有可能替代法官做出司法裁判吗？

第十一章
人工智能伦理

　　人工智能技术从 20 世纪 50 年代中期兴起到现在，虽然只有近 70 年的历史，但其研究及应用领域却十分广阔，发展快速且影响深远，如专家系统、模式识别、机器学习、深度学习等技术的发展对人类经济、文化、生态、生活等方面都产生了深远影响。同时，就像任何新技术一样，人工智能技术给人类带来福利的同时也给人类带来了很多伦理问题。面对正在开启的"人工智能新纪元"，我们应当坚持审慎、预见的眼光来看待，更要正视由此带来的伦理问题，预判可能出现的道德缺失并进行相应的规制。

　　当前，国际社会正探索建立广泛认可的人工智能伦理原则，推进敏捷灵活的人工智能治理。2019 年 5 月，经合组织（OECD）通过首部人工智能的政府间政策指导方针，确保了人工智能的系统设计符合公正、安全、公平和值得信赖的国际标准。2019 年 6 月，二十国集团（G20）部长会议通过了《G20 人工智能原则》，推动建立可信赖的人工智能的国家政策和国际合作。2019 年初，我国成立新一代人工智能治理专业委员会，并于 6 月发布《新一代人工智能治理原则——发展负责任的人工智能》，提出人工智能治理框架和行动指南，强调和谐友好、公平公正、包容共享等八项原则。2020 年 3 月，联合国教科文组织经过会员国的推荐和遴选，任命了 24 名全球人工智能伦理、政策等领域的专家组成了人工智能伦理特别专家组，启动编制了人工智能伦理建议书。

　　人类社会是个不断发展进步的社会，促进科学技术的发展，是当代人的必然选择。人工智能技术的发展还将进一步影响人们的工作、学习和生活，给人类带来更多利益与便利的同时也会给人类带来更多新的伦理问题。因此，我们应及时对人工智能技术的伦理问题进行反思、总结并采取相应的应对策略，以使人工智能技术趋利避害，为人类谋取更多福利。

- **职业功能：** 人工智能的基础知识。
- **工作内容：** 人工智能涉及伦理学基础，人工智能涉及伦理问题，人工智能涉及伦理要素及其治理。
- **专业能力要求：** 能够学习相应的伦理学原理，能理解人工智能伦理问题并会使用相关知识进行应对，为未来与人工智能和谐共存打下伦理学基础。
- **相关知识要求：** 伦理学的基本概念及其与人工智能的连接——人工智能道德规范，人工智能权利义务，人工智能与整体社会关系等。

第一节　人工智能与伦理概述

考核知识点及能力要求：

- 能理解伦理学的概念；
- 熟悉人工智能伦理学的内涵；
- 熟悉人工智能伦理问题的一些性质；
- 掌握人工智能伦理问题的特征。

一、伦理学及人工智能伦理的内涵

对人工智能伦理内涵的界定，除了对人工智能内涵的廓清外，还需对伦理学进行深入研究，以便更好地了解和掌握人工智能伦理的概念。

（一）伦理学思想概述

"伦理"具有多层意思，通常指事物的条理，或指人伦道德之理。一方面反映客观事物的本来之理；另一方面也寄托了人们对同类事物应该具有的共同本质的理想，这种理想付诸人类社会的生产和生活实践之中，产生出调节人类行为的行为规范。

伦理学是关于道德的科学，又称道德学、道德哲学。伦理学以道德现象为研究对象，不仅包括道德意识现象（如个人的道德情感等），而且包括道德活动现象以及道德规范现象等。伦理学将道德现象从人类的实际活动中抽分开来，探讨道德的本质、起源和发展、道德水平同物质生活水平之间的关系、道德的最高原则和道德评价的标准、道德规范体系、道德的教育和修养、人生的意义、人的价值、生活态度等问题。其中最重要的是道德与经济利益、物质生活的关系，个人利益与整体利益的关系问题。对这些问题的不同回答，形成了不同的甚至相互对立的伦理学派别。伦理学作为古老的学科存在，有中国伦理学和西方伦理学之分。

在西方，伦理学这一概念源出希腊文 ετησs，本意是"本质""人格"，也与"风俗""习惯"的意思相联系。古希腊哲学家亚里士多德最先赋予其伦理和德行的含义，他所著的《尼各马可伦理学》一书为西方最早的伦理学专著。后来罗马人用 moralis 来翻译 ethics，引入该词的西塞罗解释这是"为了丰富拉丁语"的语汇，它源自拉丁文 mores 一词，原意是"习惯"或"风俗"的意思。传统的西方伦理学可区分为理性主义、经验主义和宗教伦理学等三大理论系统，各个系统遵循不同的道德原则。19 世纪后期，西方伦理学由古典伦理学向现代伦理学转变。

在中国，古代的中国伦理学可以划分为先秦创始时代、汉唐继承时代和宋明理学时代等三个历史阶段，具有儒学伦理学、佛学伦理思想、道家伦理思想等三大学派之分。在先秦诸子百家的论著中，有大量关于人生道德、伦理的内容，特别是君君臣臣、孝悌之道等。如孔子提出儒家伦理思想，反映了中国宗法等级制度，核心价值为"仁、义、礼、智、信"的一种道德理论。以墨子为代表的墨家所提出的墨家伦理思想，反映了小生产者的道德要求；以老子和庄子为代表的道家伦理思想，强调"返璞归真"，主张无为、无欲，反映了社会大变动时代，一小部分没落或失意阶级或阶层消极、出世的心理；以商鞅、韩非等人为代表的法家，强调人各"自为"，认为人和人之间都是一种"计数"关系，否认道德的社会作用，代表着地主阶级激进派的利益。整个先秦伦理思想，涉及道德的起源、人性的善恶、道德的最高原则、道德评价的标准以及道德同利益的关系等一系列伦理学的重要问题，它是中国古代伦理思想发展的一个高峰。后来出现的各种伦理学说，几乎都可以从这一时期的伦理思想中找到理论原型或思想渊源。当前，在我国发展着的中国伦理学是一个基于中国特色、问题导向和中国经验的新的伦理学范式，它有别于传统的马克思主义伦理学，也不是中国传统伦理学的当代延续，更不是西方伦理学的中国化，而是立足于中国特色社会主义探索与实践、与民族文化高度融合的产物。中国伦理学植根于中国道德土壤，倡导人际与社会的和谐共生，兼顾个人主体性与社会实在性；是立足于当代中国实践，结合自身的社会、文化特点进行一系列道德实践后形成的丰富经验总结；是着眼于中国重大问题，对接中国重大需求、解决中国重大问题的内在驱动力。

（二）人工智能伦理的内涵

伦理学发展至今，一直被认为是人类的专属，即只有"智人种"的人才符合"道德行为体"的适格主体。然而，随着科学技术的不断发展，机器人技术研发得到了飞速提升，自治型的人工智能体在人类的日常生活中随处可见。由此，基于计算科学发展起来的人工智能对哲学领域尤其是伦理道德领域产生了革命性的影响，使人类不得不对现今的认知科学以及人工智能进行不断地解构和建构。当前流行的"智能与精神要素不必囿于人类和其他自然物种"的新思想，正是人工智能对伦理道德进行重塑的真实写照。19世纪初，英国哲学家边沁（Jeremy Bentham）的论断——"当人类把语言能力和感受性的标准覆盖到一切物时，伟大的时代就要来临了……"，预言了人工智能的发展将对伦理学产生的重大影响。

人工智能伦理起始于研究机器人伦理。因为，一方面人工智能伦理专家在早期大都是先从研究机器人伦理开始的；另一方面机器人内在的包含于人工智能，研究好机器人伦理对人工智能伦理研究起到奠基的作用。2002年，机器人专家维卢吉奥（Gianmarco Veruggio）提出："机器人伦理学是一门应用伦理学，其目标是发展可被不同的社会团体和信仰共享的科学、技术、文化等工具，这些工具能够促进和鼓励机器人学科的发展，使机器有利于人类社会和个人，并且防止及机器人的误用对人类造成伤害。"当前学术界对机器人伦理尚未形成统一的概念界定，但普遍认为应当包括三个方面：一是指机器人的研发者和制造者本身的伦理，即机器人专家本身所具有的职业道德；二是指机器人本身所具有的道德编程代码，这些编码决定了机器人的行为是否超越了道德行为准则本身；三是指机器人通过学习推理从而形成自身的一套伦理规范，这种行为具有自发性和自我选择性。亚伦·斯洛曼（Aaron Sloman）认为"未来机器人能够思考和具有感知力"，号召人们关注机器（人）的伦理地位问题，并把它们纳入道德行为体的考察范畴内。他在伦理学框架内讨论了感知性的伦理意义，认为感知性是判断一个道德行为体的重要依据。据此，我们认为人工智能伦理不仅包括机器人伦理的三个方面，而且更具抽象性、深层性，是包括所有具有自治型智能机器的伦理道德问题，其所研究主体最为关键的在于，该人工智能体具有感知能力和自觉道德推理能力。

（三）人工智能伦理问题的性质与特征

1. 人工智能伦理问题的性质

"问题"通常有两种含义，一是对某种现存社会现象的描述，诸如"分配问题""国际社会发展问题"等；二是特指在社会发展过程中，存在与社会发展趋势相背离的负面效应，诸如"环境问题""恐怖主义问题""粮食安全问题"等。人工智能伦理问题不是对人工智能与伦理关系的社会现象描述，而是特指在人工智能发展过程中所产生的对人类社会伦理道德的负面影响，是有违现行人类社会伦理道德标准原则的问题。

首先，人工智能伦理问题是人工智能活动、发展过程中产生的伦理道德问题。人工智能活动及其发展过程是一种特定的过程与结果的结合，是计算机学科下特定的计算法则、代码等知识体系与人工智能体作为伦理道德主体行动过程的有机统一；是一种既受人类社会文化价值观的作用，又会对人类社会文化价值观产生反作用的特殊活动形式。人工智能活动及其发展过程不仅包括科学技术的应用与实践，还事关人类的生存方式与伦理秩序，将会极大影响人类的责任、人道、和谐、正义等伦理价值追求。因此，人工智能伦理问题，既包括人类在研发人工智能技术活动过程中所产生的伦理问题，诸如研发人员的道德责任、计算代码的伦理制约等，还包括人工智能技术衍生出来的人工智能体是否与人类具有同样的"智人种"的伦理主体存在，两类不同"体"共存于一个世界里而产生的伦理问题。前者是人工智能活动过程造成的伦理问题，后者则是人工智能发展结果所产生的伦理问题，二者在不同层面上存在着不一样的伦理负载。

其次，人工智能伦理问题特指与人类社会伦理发展相冲突的问题。随着科学技术的不断进步，人类对于改造自身生存条件的愿望愈发强烈，人工智能技术的发展以及人工智能体的出现不仅是人类探索自然实践活动的应然，也是客观世界发展的实然。

作为应然与实然统一体的人,突破了原有的架构体系,形成了人与人工智能体相结合的"人",一方面促进了人类社会伦理的进步,另一方面也与当下人类社会伦理的发展形成相冲突的局面。人工智能技术活动及其派生出来的人工智能体不是脱离人类社会的纯粹活动与实践,而是存在于人类社会生活中并对人类社会生活产生影响的活动与实践。人类在从事人工智能技术活动行为时,同其他科学技术活动行为一样,是一种涉及"责任"的行为。人类同人工智能体的关系有"主体说"和"客体说"两种理论认识。持"主体说"的学者认为人工智能体同人类一样具有社会伦理主体地位,其目的在于弥补人类的不足与缺失;持"客体说"的学者则认为人工智能体是人类探索自然的技术手段,其目的在于更好地服务人类。然而,无论是"责任"行为,还是不同理论认识,都必将对人类社会伦理的构建产生莫大的影响。

最后,人工智能伦理问题是人工智能技术负向效应的一个方面。当前,越来越多的人把下一次生产力飞跃的突破口寄希望于人工智能。究其原因,主要在于人工智能不仅能极大提高生产力,节省人力资源成本,而且还能提高能源利用率,节省自然资源成本,促进社会不断进步,实现人类的进一步解放。然而,事事均有利弊,更何况科学技术本身就是把"双刃剑",我们在看到人工智能给人类带来的极大便利之外,还要认真探究其产生的诸多问题,以便更好地规避问题,推动人类社会发展。具体而言,人工智能可能引发的问题有:军事战争频发且无法控制、失业率剧增且无法避免、人才争夺白热化并趋于垄断、贫富分化加剧、社会动荡不安,等等。其中很重要的一个方面就是人工智能所产生的伦理问题,而这一问题是人类社会发展无法回避且必须给予足够重视的,是抢抓时间重构社会伦理体系的重大问题。

2. 人工智能伦理问题的特征

人工智能伦理问题是人工智能活动及其发展过程中的突出问题,其特点主要表现为客观性、普遍性、差异性、复杂性和破坏性等方面。

一是人工智能伦理问题的客观性。2018年3月20日,全球首例无人驾驶车在美国亚利桑那州撞人致死,究竟应由谁来承担责任,一时间让人们集体陷入沉思。这一简单却饱含争议的案件事实充分说明,人工智能伦理问题是不以人的主观意志为转移的,极具客观存在性。从抽象理论与具体实践相结合的视角分析人工智能伦理问题客观存在的事实,可获得较为深刻的理解。就抽象理论而言,判断某一事物是一个事实需要在被判断的事物之外建立一套事实的标准,并以这一标准对判断对象进行归类,因而在抽象理论视角下判断人工智能伦理问题的客观性是不是一个事实就依赖于人们认为什么事实;将此事实用实践的视角来审视,则无须太多理论构建,只需反思人类的实践行为。而这里所说的人工智能伦理问题的客观性是一个事实的判断就是在实践行为的基础上反思得到的结果。也就是说,无论在抽象理论或者在实践上,人工智能伦理问题都指向客观的基本特征,是不掺杂个人偏见的一种自然属性和社会属性存在。

二是人工智能伦理问题的普遍性。人工智能技术既给人类的社会生产力提升了强大的动力,创造了极大物质财富,又对人类的诸多方面产生影响。人们既要"用"它,又要"防"它,是典型的"矛"与"盾"的结合体。人工智能伦理问题的普遍性正是基于人工智能技术的这种矛盾特性,具体表现为人工智能伦理问题无处不在、无时不在。首先,人工智能伦理问题无处不在,指的是其在空间地域上的广泛性。无论在任何国家、民族、社会,人工智能伦理问题在任何地方都普遍存在,区别仅在于影响程度,而非本质上有或无的差别。其次,人工智能伦理问题无时不在,指的是其在时间纵向上的延续性。自有人工智能技术那天起,人工智能伦理问题就相伴而生,并随着时间不断演变。人工智能伦理问题存在于一切人工智能技术活动之中,并贯穿于每一项人工智能技术活动的始终。

三是人工智能伦理问题的差异性。首先,人类对人工智能技术活动的共同理想,体现的是人工智能技术有利于人类社会的和谐发展以及人类自身的自我完善,这是所有科学技术活动的最高目的。人工智能的发展能否实现该目的,根本上决定了人工智能能否实现与人类伦理价值的一致性,这不仅是人工智能技术活动产生伦理问题的关键,也是人工智能伦理问题与人类伦理价值的最根本差异所在。其次,受不同国家地域、不同产业行业、不同时间阶段的制约,人工智能伦理问题呈现的方式和程度具有差异性。一般而言,人工智能伦理问题的产生总是与一定社会的政治、经济、文化等相联系,并受到所在社会的伦理价值观念的影响。重视人工智能技术的合理应用,注意规避人工智能产生的伦理问题的国家和地区，能较好地控制因人工智能伦理问题引起的负面影响。相反，那些忽视人工智能技术伦理取向的国家和地区，人工智能伦理问题产生的负面影响就较为突出。另外，即使在相同的社会背景下，由于社会发展经历不同的历史阶段，人们对人工智能伦理问题的重视程度以及人工智能技术的深入发展等原因，使得人工智能伦理问题在不同的时期内所造成的影响也具有很大的差异性。

四是人工智能伦理问题的复杂性。人工智能伦理问题并非由单一因素造成，而是由多种因素的相互作用形成，并呈现出多样化的外在形式，引起一系列的负面影响，使得其在发生原因、外在表现和社会影响等方面呈现出难以把控的复杂性。一般而言，在人工智能技术的萌芽初期，虽然产生了一定程度的伦理问题，但因其还处于起步阶段，与人类社会的相互作用不深，所造成的影响范围和程度往往是有限的。当人工智能技术飞速发展，不断渗透到人类社会生产力中，并成为人类社会重要的生产力要素，直至与人类共同成为社会主体的角色时，人工智能伦理问题的影响范围和程度才逐步扩大。从这个意义上说，可以认为人工智能技术越先进发达，其所引起的伦理问题将越复杂，造成的影响也将越深入。

五是人工智能伦理问题的破坏性。著名的《世界人权宣言》写道，"无论种族、信仰、性别、年龄、财富等差异，所有人类应该给予平等尊重地位"，可以肯定的是，该《宣言》倡导人类与生俱来就处于平等地位，消除了彼此之间的伦理歧视，然而它却没有人类之外的物种拓展，也没有涉及非人类领域的伦理道德地位的考察。人工智能活动及其发展过程所引发的伦理问题对人类社会伦理原则和生活秩序产生致命性的威胁和损害，有如之前的无性生殖的克隆人的出现或将颠覆以家庭婚姻为基础的家庭伦理及其家庭结构，让人不得不将人工智能体囊括进人类伦理道德范畴中，也不得不考虑重新建构社会伦理准则。人工智能伦理问题已经成为人类社会进步无法漠视的重大社会问题，其破坏性不言而喻。如何使人工智能技术与伦理并行不悖，顺利走出人工智能伦理困境，是摆在人类面前的一个共同使命。

第二节　人工智能的主要伦理问题

考核知识点及能力要求：

- 了解人工智能伦理要素；
- 熟悉人工智能道德规范的内容；
- 熟悉人工智能权利义务涵盖内容；
- 理解人工智能与整体社会的关系；
- 掌握人工智能所涉及的主要伦理问题。

一、人工智能伦理要素

人工智能伦理要素包括人工智能道德规范、人工智能权利义务、人工智能与整体社会关系三个层面。

（一）人工智能道德规范

1. 价值观

尊重、保护和促进人权和基本自由以及人的尊严，环境和生态系统蓬勃发展、确保多样性和包容性，生活在和平、公正与互联的社会中，如图11-1所示。

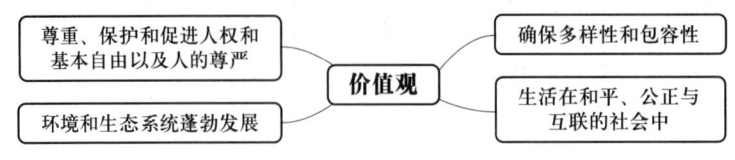

图 11-1　价值观

2. 原则

相称性和不损害、安全和安保、公平和非歧视、可持续性、隐私权和数据保护、人类的监督和决定、透明度和可解释性、责任和问责、认识和素养、多利益攸关方与适应性治理和协作,如图 11-2 所示。

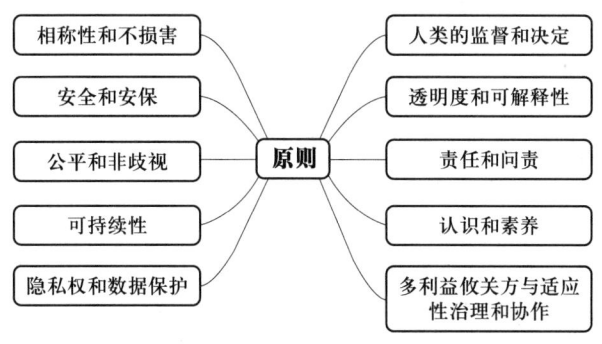

图 11-2　原则

3. 政策行动领域

伦理影响评估、伦理治理和管理、数据政策、发展与国际合作、环境和生态系统、性别、文化、教育和研究、传播和信息、经济和劳动、健康和社会福祉,如图 11-3 所示。

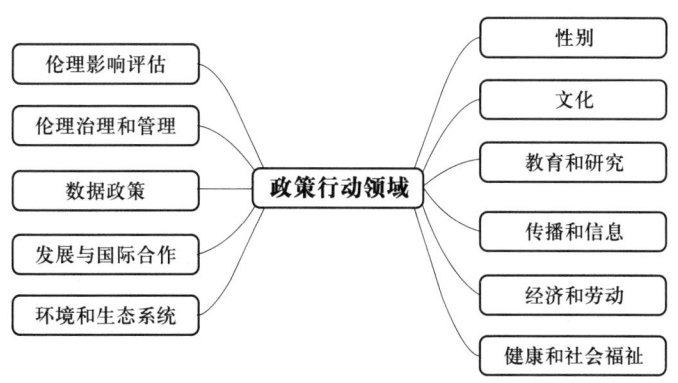

图 11-3　政策行动领域

(二)人工智能权利义务

2016 年人工智能呈现井喷式爆发并大放异彩,这距离人工智能概念的首次提出仅过去 60 年。英国科学家阿兰·图灵在 1950 年的《心智》杂志上发表了题为《计算机器和智能》的文章，提出了"图灵测试"：认为判断一台人造机器是否具有人类智能的充分条件，就是看其言语行为是否能够成功模拟人类的言语行为，若一台机器在人机对话中能够长时间地误导人类认定其为真人，那么这台机器就通过了图灵测试。进而我们需要探究人工智能的研究目的：一是在人造机器上模拟人类的智能行为，最终实现机器智能，而智能的实质是去重建一个简化的神经元网络，从而实现智能体在行为层面上与人类行为的相似。美国的肖恩·莱格和马库斯·胡特认为："智能是主体在各种各样的纷繁复杂的环境中实现目标的能力。"如何测量和评价人工智能主体是否具有智能或者其智商如何，是一个很复杂的判断过程。如何通过智能模型进行测试是人类需要面对的问题，这个问题也实际上在回答"人何以为人"这个本质的问题。

1. 人工智能机器人法律人格

如果考虑赋予人工智能机器人以法律上拟制的法律人格，就要求其能够独立自主地做出相应的意思表示，具备独立的权利能力和行为能力，可以对自己的行为承担相应的法律责任。2016 年，欧洲议会呼吁建立人工智能伦理准则时，提及要考虑赋予某些智能自主机器人（electronic persons，电子人）法律地位。而如何界定监管对象（即智能自主机器人）是机器人立法的起点。对于智能自主机器人，欧盟的法律事务委员会提出了四大特征：①通过传感器和 / 或借助与其环境交换数据（互联性）获得自主性的能力，以及分析那些数据；②从经历和交互中学习的能力；③机器人的物质支撑形式；④因环境而调整其行为和行动的能力。在主体地位方面，机器人应当被界定为自然人、法人、动物还是物体？是否需要创造新的主体类型（电子人），以便复杂的高级机器人可以享有权利，承担义务，并对其造成的损害承担责任？这些都是欧盟未来在对机器人立法时需要重点考虑的问题。

随着未来技术的发展以及人类对脑科学和自我认知的加深，如何合理判定人工智能是否具备与人类相类似的"智能"，并以此来判断是否应赋予人工智能以独立的法律人格地位，是需要各学科、各领域的专家进行协作完成的课题。

2. 机器权利

从人类的历史发展道路来看，一个群体对自身权利的争取，不但是漫长的历史进程，而且充满着战火和硝烟。法国启蒙运动大思想家卢梭在其名著《社会契约论》中曾经这样写道:"人人生而自由,但却又无所不在枷锁之中。自以为是其他一切人的主人,反比其他一切人更是奴隶。"

随着机器人和人工智能系统越来越像人(外在表现形式或者内在机理),一些不可回避的问题也就产生:人类到底应该如何对待机器人和人工智能系统?机器人和人工智能系统,或者至少某些特定类型的机器人,是否可以享有一定的道德地位或法律地位?由此,机器权利日益受到关注,成为人类社会无法回避的一个问题。动物与机器人最大的不同在于动物具有天然的生命,有生物属性,但是机器人是人类制造出来的,没有天然的生命属性,但是其是否具有独立意识尚未达成共识。那么,未来是否需要承认机器人等人工智能系统也具有机器权利,同时机器的权利在何种情况下可以行使,是否应该与人类拥有相同的权利,例如选举和被选举权等政治权利以及民事权利等。

20世纪最有影响力的科幻作家之一伊萨克·阿西莫夫于1942年在他的科幻小说《环舞》中首次提出了著名的机器人三原则:①机器人不得伤害人类,或看到人类受到伤害而袖手旁观。②机器人必须服从人类的命令,除非这条命令与第一条相矛盾。③机器人必须保护自己,除非这种保护与以上两条相矛盾。后来,伊萨克·阿西莫夫又加了第零条定律:机器人不得伤害人类整体,或因不作为而使人类整体受到伤害。根据这个原则,人类的利益是高于机器人的,机器人不能损害人类的利益。假设人类开发和设计了一种智能机器人用于制造军事产品,但是其通过自我学习设计和开发出了核武器或致命武器,此时人类是否可以基于人道主义和人类共同利益而消灭该机器人?机器人是否有能力决定其生存或是死亡?机器人是否有权利从事买卖活动?我们是否可以对机器人进行虐待以发泄不满?

3. 谁来赋权于机器人

启蒙运动为资产阶级的自由平等提供了新的理论基础,但是有时这种理论还不得不披着宗教神学的外衣。美国的《独立宣言》写道:"人人生而平等,造物主赋予他们若干不可让与的权利,其中包括生存权、自由权和追求幸福的权利。"造物主,一种高高在上的万能的存在,赋予了每个人自由平等的权利。尽管达尔文的进化论,早已经证明了人类从来不是被创造出来的,而是不断进化的结果。不可否认,科学技术的发展破除了封建迷信，宗教再也无法主导人类社会。但是，科学技术的进步，让人类的能力被逐渐放大——我们创造出了机器人，而我们人类是否能够承担起一个"造物主"的角色，去赋予机器人权利呢？不同于地球上现存的任何物种，机器人毫无疑问是由人类创造出来的。在2016年的热播美剧《西部世界》中，西部世界里的机器人将人类作为上帝，任由人类消遣娱乐甚至杀戮，但等到机器人的意识觉醒时，他们发现，人类远不是上帝。

是否应当由人类赋予机器人权利的问题，其实质在于是否承认机器人的主体地位问题。早在20世纪五六十年代，人工智能技术刚刚起步之时，就有哲学家提出：把机器人看作机器还是人造生命，主要取决于人们的决定而不是科学发现；而等到机器人技术足够成熟，机器人自身就会提出对权利的要求。1976年，伊萨克·阿西莫夫的科幻小说《机器管家》（*The Positronic Man*）就讲述了一个自我意识觉醒的智能机器人安德鲁想要成为人类的故事。安德鲁作为一个家政智能机器人，在他两百年的生命历程中，一直要求人类把他作为人类看待，为此，他开设机器人公司，研发新的技术，使得他在生命体征上和普通的人类一模一样，甚至最后要通过手术让自己的生命只剩下一年（因为机器人在可预期的将来是永生的），才能获得法律的认可，最终获得人类的生命。

4. 赋予机器人哪些权利

尽管黑色人种和女性在历史上曾经遭受不公平待遇，他们被剥夺或者限制了作为人的基本权利，但是，随着人类社会的进步，肤色和性别不再是享受基本人权的障碍。机器人的种类非常多，它们存在各种各样的形态，主要可分为人形或者是非人形机器人。在机器人自我意识觉醒的前提下，讨论赋予哪些机器人权利，是一个非常复杂的问题。比如，类人形的陪伴型机器人享受权利，人类可能容易接受；而动物形状的陪伴机器人享受权利，人类可能就难以接受了。但这确实是正在发生的事实，2010年11月7日，在日本一个海豹宠物机器人帕罗（Paro）获得了户籍，而帕罗的发明人在户口簿上的身份是父亲。拥有户籍是拥有公民权利的前提，机器人在日本可能逐渐会被赋予一些法律权利。其实，现阶段的宠物机器人跟真实的宠物在其享受的权利上并没有什么不同，因为普通的宠物也需要登记才能够饲养。还有一类非陪伴型的机器人，它们的外形迥异。例如，自动驾驶汽车是否可以被视为机器人而享有权利？任何存在着芯片和自我意识的实体是否都应当被认为是应当享受权利的机器人？

5. 机器人可以拥有哪些权利

人类具有的法律上的一些基本权利包括生存权、平等权和一些政治权利。在目前的技术水平之下，机器人的意识尚未觉醒，机器人的财产属性还十分强大，也就是目前对于人类来说，机器人只是工具，而非另一种智能物种。目前机器人尚不可能被赋予跟人一样的权利，因此，在前面提及的欧盟的动议中，提出要把最先进的自动化机器人的身份定位为"电子人"，并赋予这些机器人依法享有著作权、劳动权等"特定的权利与义务"。动议中提出的赋予机器人著作权，是一个十分紧迫的现实问题。由于人工智能技术的进步，机器人或者人工智能系统目前已经不是简单地执行人类的指令，而是具有了创造性的思维，能够进行独创性的内容创作，而这些之前都是人类所独有的智能。

在欧盟法律事务委员会的提案中，还以护理机器人为例，提出了对机器人有生理依赖的人类会产生情感上的依恋。因此，机器人应该始终被视为机械产物，这有助于防止人类对其产生情感依恋。这种担忧不是空穴来风。在中国，2017年4月，一名浙江大学研究人工智能技术的硕士和自己研发的智能机器人莹莹结婚了。这种浪漫爱情故事，不仅只存在于人和机器人之间，机器人之间同样存在。2015年7月，明和电机就举办了一场机器人与机器人之间的婚礼。现在看来，这种事情仿佛闹剧一般，但是随着人工智能技术的进步，这些问题都将成为摆在人类面前亟待解决的问题。

6. 机器人的权利与义务

赋予一个人（机器人）以权利，就要对另一人施加义务和限制。类比人类对于动物的保护，在动物保护立法比较完善的欧盟国家，都会赋予动物不受人类虐待的权利，其根本的中心点还是通过限制人的行为，来达到对动物权利的保护。未来的世界，人类面对机器人的存在，是否也要通过限制自身的某些行为来赋予机器人一定的权利呢？机器人最基本的"生命权"是否可以由人类剥夺呢？例如2015年加拿大研究人员研发的机器人成功地通过搭车的方式穿越多个国家后，在美国被人类残忍"杀害"，即便如此，他在留下的遗言中说道："我对人类的爱不会消退。"我们是否可以以人类的名义任意剥夺机器人的生命权呢?当机器不再是一堆冰冷的金属堆砌成的物品,当其有了独立的"意识"和判断能力,我们是否也应该尊重机器人的生命及权利呢?

除了法律权利之外,我们还应该给予机器人最低限度的道德权利。我们不能滥用机器人,不能利用人类的主导地位对其进行虐待。未来如果机器人拥有了自我意识,我们是否也应当尊重其意愿或者说照顾其喜怒哀乐,而不能强制其从事一些不愿意从事的工作或劳动?那就是我们对其他与我们在地球上共存的主体最低限度的尊重。

(三)人工智能与整体社会关系

随着智能机器的发展,人工智能也被越来越多的人讨论着,我们该何去何从的问题也引发着人们的深思。"科学技术是第一生产力",那么人工智能作为科学技术,它的发展也是生产力的发展。生产体系的自动化过程,既是创造生产力又是解放生产力的过程。

所谓的创造生产力,是指在生产体系中由人工智能代替人类后生产力的提高,在生产体系中的生产层中单个智能机器工作效率比单个人的工作效率高,整体上智能机器在生产各环节之间的非必要时间比人类群体所用的时间少,还有一个比较特殊的,智能机器是不需要休息的,即智能机器不需要恢复自身劳动力的时间,如此一来,哪怕效率不变,智能机器代替人类后也将创造大量的生产力。而在生产体系的管理层,人工智能可能在处理问题时比人更高效、更高质。例如:"九章"的发展既可以将大如重大国计民生问题变得方便处理,也可以将送货车如何选择最有效率的路线送货解决,如果将发展后的新"九章"装于发展后的人工智能身上,在管理问题上超越人类并非不可能。智能机器还有一个区别于人类的特点———一体性,即智能机器既可以互相独立工作,又可以真正意义上变成一台机器处理问题。在一个人类团队中,无论做怎样的努力,单个成员学习的新知识、处理问题所做的假设等都不会同步、完全地让团队中的每个成员都共享,而是需要耗费额外的时间重复学习、重复假设等;而人工智能则可以在这段时间去学习新知识或建立新的假设来加快问题处理的速度,人工智能是既是"一"又是"多"的矛盾统一体。

所谓的解放生产力,是指两大主要的生产力将被解放。第一是由看似人类与生俱来的"天性"所抑制的生产力,其中包含了傲慢、嫉妒、懒惰、贪婪、暴食、淫欲……从古至今并没有任何办法能将被"天性"所抑制的生产力完全释放（解放）出来，但是，如果人工智能代替了人参与物质生产，那些被人的"天性"所抑制的生产力也将完全被释放出来，这个量是巨大的，而且这个释放量也是随着社会智能化程度的提高而提高的。第二是由于人无法根据自身特长而学习所抑制的生产力的成长。在现有的社会条件下人并不具备想学什么就学什么的自由，往往因物质生产的需要，许多人被迫不学自己真正有天赋的知识，极少人的梦想是收银员、农民、996的工作人员等，但却有许多人被束缚在了这些岗位上。难道他们没有做艺术家、科学家、哲学家的梦想吗？显然是有的，当人工智能把这种束缚解除后，人们就可以去做自己真正想做的，去学自己真正想学的，而不需要被物质生产所束缚。这样在社会智能化进程中，人们就会因为能够从这种束缚关系中解放出来（或说不再被异化）而产生极大的创造历史的积极性，进而提高生产力，并在智能化结束后，因为部分被束缚的人真正找到并从事自己真正有天赋的领域而提高生产力。

生产社会化过程主要是指有人工智能参与新的社会生产，由现有的机器和大工业生产转向由人工智能管理并通过智能机器进行社会生产的一体化生产，是比现有生产模式更集中、更大型的生产模式。在这种生产模式下，首先是生产资料由无法相互联系的客观实在物变成可以相互联系的主观创造物——数据，数据是没有空间限制的。如果我们需要共同使用作为客观实在物的生产资料，我们需要的空间将比共同使用作为数据形式的生产资料要大得多，从这个层面看，数据也是有优势的。不仅如此，人工智能还能将数据更为重要的特性激发出来，客观实在物因其自身特性，常常难以互相联系，但数据化的生产资料不仅能相互联系，而且从某种意义上说，当不同的客观实在物产生的数据相互联系后，它们就成了一个整体，并且以整体的形式参与到社会生产中来，这是生产资料全新的社会化。如果把生产资料比喻成人，就是生产资料不再以单个个体参与社会生产，而是以结构（家庭、公司、国家等）的方式参与物质生产。当然，数据处理的人工智能与把处理结果与客观物质相统一的智能机器一样都不能少。有一个威胁程度被夸大的词，数据霸权，它的存在有一个前提，即数据产生的客观生产资料必须与数据同属于某个人（公司等），无论数据多么正确及运用人工智能运算结果多么正确，不具备客观生产资料的拥有权，那就不可能将计算机上的结果变成现实的结果。虽然拥有数据不太可能形成威胁,但拥有人工智能和智能机器(实际上人工智能的系统就在智能机器中,这样表述只是为了区分数据的处理和结果的执行)却可能形成威胁(这里先不讨论),生产过程的社会化,主要是对比于人类参与的社会生产,人工智能更能以整个社会的视角参与生产,即一体化生产,主要体现在每一个部门都将连成不可分割的整体。从矿石到手机部件,需要经过许多部门,部门与部门之间仍是可分割的,不是社会化的,从冶炼厂到组装部,还有中间的审查机关,由于每个人所学的专业不一样,所以部门与部门之间的非社会化一定会存在。但是人工智能是可以相互连接的,它们可以使这种非社会化消失,即一体化生产会比现在的生产方式的社会化程度更高、更不可分割。更高的社会化程度会导致"生产资料的集中和劳动的社会化,达到了同它们的资本主义外壳不能相容的地步。这个外壳就要炸毁了"。

二、人工智能涉及的主要伦理问题

(一)道德主体地位问题

长期以来,道德仅是对人而言的。然而,随着科学技术的发展和融入,人类社会中许许多多类似于人工智能体的先进科学技术成果引发人们对道德主体地位范围的深思。深层生态哲学家奥波德提出,整个生态系统都应具有道德地位,具有生存和发展的权利,认为道德主体地位应当涵盖所有一切有生命的存在物。另有学者更进一步地指出,"人是动物,因而也是机器,只不过是更复杂的机器罢了",认为应当将人工智能体纳入道德主体范畴之中。应当指出的是,当前的人工智能技术虽然尚处于发展阶段,然而其对人类社会的推动及影响却无法估量。仅就当前尚处于初级阶段的人工智能体而言,已具备类似于人类所具有的复制、模拟、分析、判断等功能,更别说对于今后出现的超人工智能体所具备的难以预估的强大功能。因此,对于人工智能体而言,其所具有的"类人"思维可看作意识,或者说人工智能体充当了意识的载体。与此相反,大部分学者认为道德主体不能涵盖人工智能体,因为人与其他非人物体的根本区别就在于道德,作为道德主体的人具有意识,且能够进行思考判断、逻辑推理,这是非人物体无法比拟的。意识只能存在于人的大脑之中,离开人类大脑的意识是不存在的。需要考虑的是，如果将人工智能体纳入道德主体地位，那么人与人工智能体到底谁应基于道德主体的优先地位？现今的人类道德规约应当作何种改变？人工智能体是否应当参与道德规约的制定或设计？所有这些或许都是对现行道德体系的颠覆，那将会是一项重构人类道德的大工程。且不论道德主体地位的确定问题，如果只讨论是否应赋予人工智能体的道德地位，这个问题或许就较为简单明了。就人工智能体所呈现出来的功能而言，将其纳入人类的道德体系范畴是合理的。在以人类作为道德主体地位的前提下，扩大非人物体的道德准入，并给予人工智能体恰当的定位，不仅是人工智能技术发展趋势的要求，也是人类道德体系发展趋势的要求。

（二）责任伦理问题

责任伦理学基于对责任主体行为的目的、后果、手段等因素全面、系统的伦理考量，对当代社会的责任关系、责任归因、责任目标及价值标准等进行伦理分析和研究。对于人工智能责任伦理而言，其目的在于更好地规范人类社会的责任关系，避免人工智能体给人类社会带来风险和挑战。2014年5月29日，微软公司发布了一款人工智能伴侣虚拟机器人"微软小冰"，她不仅会聊天唱歌、讲故事笑话，还会写诗、谱曲、代言广告。人们不禁要问的是，小冰的知识产权智力成果如何保护？其发表的言论该由谁承担责任？其代言广告如何受到广告法的规范？与此相对应的是，2018年3月18日在美国亚利桑那州发生的一辆Uber无人驾驶汽车与行人碰撞的事故，造成一名49岁女性重伤救治无效死亡。在事故责任承担方面，由于涉及多方主体，车主、驾驶员、乘客、汽车厂商、自动驾驶系统提供者以及行人，如何承担责任，目前在法律层面尚未形成明确的责任划分标准。随着人工智能体的自主性、学习和适应能力不断增强，算法带来的可预测性、可解释性、因果关系等问题将使产品缺陷责任举证等既有侵权责任变得越来越困难，引发责任鸿沟，致使被侵权人的损害难以得到有效弥补。人工智能的责任范围和责任承担是人工智能技术发展过程中必须深入思考的重要议题，由人工智能引发的人身伤害、侵权事故、算法偏见等违法或者违反伦理道德行为的追责问题是人类社会必须妥善解决的矛盾问题。

（三）隐私保护问题

个人信息的隐私权是人们相互信任和彼此自由的根本，同时也是人工智能时代维持文明与尊严的基本方式。然而，随着人工智能技术与大数据、物联网、区块链等技术相融合，个人的隐私在不知情、不正当的情况下被泄露或窃取，使得人变得越来越透明，变得毫无隐私可言。人工智能对个人隐私的保护形成了多方面的挑战。首先，各类人工智能助手在带给人们便捷高效服务的同时，也在全方位地获取和分析人们的位置、行程、浏览、搜索、语音等信息，各类支持脸部识别的智能摄像头，可以在个人毫不知情的情况下，随意识别个人身份并进而采取跟踪等行为，容易引发个人信息被收集的告知权被无视的巨大社会伦理风险。其次，个人信息的收集和处理超出既定目的范围，导致不正当、不明确、不特定、不合法地使用个人信息的行为比比皆是，如英国剑桥分析（Cambridge Analytica）公司利用脸书上的用户姓名、性别、住址、生活状态、政治主张、社交关系等信息，对用户个体进行完整画像，并在此基础上进行选民行为预测，定向推送政治广告并影响选民投票。最后，通过公开合法手段收集到的非敏感信息，经过分析推测出敏感个人信息结果的风险，如利用人们在社交网络上的点赞信息，并通过智能机器的学习，可以准确识别人们的个性和人格。

（四）算法歧视问题

智能算法作为人工智能的核心，其执行结果直接影响着决策的效果。算法歧视，是指在看似没有恶意的程序设计中，由于算法的设计者或开发人员对事物的认知存在某种偏见，或者算法执行时使用带有偏见的数据集等原因，造成算法使用产生了带有歧视性的结果。例如，Google 搜索被曲解、聊天机器人在推特（Twitter）上散布种族主义和性别歧视信息等。

算法歧视主要分为人为造成的歧视、数据驱动的歧视与机器自我学习造成的歧视三类。人为造成的歧视，是指由于人为原因而使算法将歧视或偏见引入决策过程中，例如，一些电商公司的购物推荐系统偏袒该公司及其合作伙伴的商品，导致消费者不能得到公正的比价结果；Facebook 的"流行话题"列表反应出对自由党的偏见等。数据驱动造成的歧视，是指由于原始训练数据存在偏见性，而导致算法执行时将歧视带入决策过程中。这是因为，算法本身不会质疑其所接收到的数据，只是单纯地寻找、挖掘数据背后隐含的模式或者结构。如果人类输入给算法的数据一开始就存在某种偏见或喜好，那么算法会获得类似于人类偏见的输出结果。智能算法大多是指机器学习算法。机器自我学习造成的歧视，是指机器在学习的过程中会自我学习到数据的多维不同特征，即便不是人为地赋予数据集某些特征，或者程序员、科学家刻意避免输入一些敏感的数据，但是机器在自我学习的过程中，仍然会学习到输入数据的其他特征，从而将某些偏见引入到决策过程中。

（五）算法滥用问题

人工智能已经逐渐渗入到人们生产生活的各个方面，解放了人类的劳动力、提高了生产和工作效率，但同时也伴随着算法滥用等潜在风险。通常，算法滥用是指人们利用算法进行分析、决策、协调、组织等一系列活动中，其使用目的、使用方式、使用范围等出现偏差并引发不良影响或不利后果。例如，人脸识别算法能够提高治安水平，加快发现犯罪嫌疑人的速度等，但是如果把人脸识别算法应用于发现潜在犯罪人或者根据脸形判别某人是否存在犯罪潜质，就属于典型的算法滥用。由于人工智能系统的自动化属性，算法滥用将放大算法所产生的错误，并不断强化成为一个系统的重要特征。以娱乐传媒平台为例。娱乐原本是对日常生活的放松，然而过度沉溺会消耗用户大量的时间和精力，甚至导致用户虚实不分，影响正常生活，违背娱乐的初衷。游戏、短视频等娱乐内容，因其巧妙设计的刺激和反馈机制，经常使用户产生无法自拔的上瘾体验，不加控制会引发更严重的后果。更有甚者，曾经出现过给儿童推荐不合适、恐怖场景甚至极端内容的行为。又如，国内部分中小学教育机构通过教室内安装组合摄像头捕捉学生在课堂上的表情和动作，希望经大数据分析计算出课堂上学生的专注度，从而促进教学改进。但人脸识别或者场景识别算法，会产生儿童信息泄露、信息误判影响学习的效率等实际问题。例如，虽然可以通过人脸识别判断注意力集中问题，但很多情况下会产生误判。因此，教育领域的算法滥用值得关注。

需要指出的是，人工智能引发的伦理问题是多方面的，还有诸如家庭伦理问题、环境伦理问题、医疗伦理问题、人权伦理问题等，如何更好地认识并解决这些伦理问题，首要任务应当是分析人工智能伦理问题的成因。

第三节　人工智能伦理治理

考核知识点及能力要求：

- 了解人工智能治理策略涵盖的内容；
- 熟悉人工智能伦理标准化体系；
- 熟悉构建人工智能伦理原则；
- 掌握构建人工智能伦理风险评估指标；
- 熟悉促进人工智能立法需要做的工作；
- 掌握构建完善监督管理机制的工作内容。

一、构建人工智能伦理标准化体系

（一）人工智能伦理标准化需求

人工智能区别于传统机器的最大特征在于其高度甚至完全的自主性，这种完全的自主性意味着新的机器范式，即不需要人类介入或者干预的"感知—思考—行动"过程。这一转变对人工智能系统、机器人等提出了新的伦理要求，呼唤新的伦理范式。构建人工智能伦理标准化，使之成为人工智能技术活动的行为规范、评判准则，对人类伦理社会的发展具有莫大的意义。一方面，建构人工智能伦理标准化可以正确引导人工智能技术发展的方向和范围，制约人工智能技术的盲目扩张和滥用等负面效应，有效解决人工智能引发的伦理问题。没有人类直接介入而产生的损害应该如何分配和界定责任？人工智能技术高度甚至完全的自主性是否值得社会信任？人工智能技术是否最终以实现人类利益为终极目标？这些都有赖于人工智能伦理标准化的规约与解决。另一方面，建构人工智能伦理标准化可以使人工智能与伦理道德相互协调，有助于人类社会的可持续发展，有利于推动社会的全面进步。当前，人工智能技术的快速发展与伦理道德建构的滞后已然形成一定的断层，当社会伦理道德无法及时跟进人工智能技术并提供服务时，将会使得人工智能技术的负面效应不断放大；当人工智能伦理标准化得到有效构建时，所形成的规范、准则将会促进人工智能技术的正面效应发挥，逐步使人工智能技术与伦理道德协调一致，进而实现以人类社会全面进步为价值取向的可持续发展道路。

（二）人工智能伦理标准化体系构建

人工智能技术的应用及发展可能对人类社会伦理造成巨大冲击，影响人们的既有观念、社会秩序，因此，为促进人工智能技术的发展，并维护人类社会的伦理道德、人格尊严、自由权利，构建人工智能伦理的标准化体系已势在必行。人工智能技术作为先进的科学技术自诞生伊始便打破了人类社会既有伦理规范，且以一种"类人体"形式出现于世人面前，因而对于人工智能伦理标准化体系的建构应当包含三个层面：人类社会伦理标准优化、人类对人工智能技术探索的伦理标准、人工智能体的伦理规约标准。

1. 人类社会伦理标准优化

应当清醒地认识到，人与人工智能是相互嵌入的发展过程，在这一过程的演进中，人类社会旧有的伦理道德已不适应当前的发展。新型的人工智能技术客观上要求人类之间的社会伦理关系进行相关优化，以便囊括新的人工智能道德体。就此而言，人类社会伦理标准应当坚持人与人之间的和谐关系，坚持"以人为本"的最高原则，坚持以实现人的自由全面发展为最高目标，更加注重人工智能与人的价值、意识、个性相融合，在人工智能技术探索中不断拓展新的人的全面性内容，并克服人对人工智能的非理性崇拜，摆脱其对人的精神束缚和物理控制，维护人的尊严，完善人的伦理。

2. 人类对人工智能技术探索的伦理标准

该项伦理标准涉及人类对人工智能技术整个探索过程的伦理规范和要求，包括人工智能伦理基础开源、技术研发、产品服务、应用发展等伦理标准。人工智能伦理基础开源的伦理标准包括对人工智能伦理术语定义、基本概念、伦理体系研究等理论层面的规范。人工智能技术研发的伦理标准主要是对技术研发人员提出的伦理道德要求，研发人员应当具备道德责任和伦理意识，具备仁爱、和谐、可持续发展、生态保护等理念，具备较强的道德约束力，确保研发过程中的基础数据采集公正客观，数据的使用透明并尊重隐私，算法编程不带偏见和歧视，做到算法编程的可解释性、可验证性和可预测性。人工智能产品服务的伦理标准是指人们在使用人工智能产品服务时应当遵循的伦理道德规范，要求人们应当严格遵循人工智能产品的使用说明和准则，防止滥用或破坏人类既有道德伦理的行为。人工智能应用发展的伦理标准包括以下两个方面：一方面是规范人们对人工智能技术的应用应当遵循权责一致原则，谨防人工智能运用于不受限制的军事武器进攻端，杜绝利用人工智能从事违法犯罪活动，确保在发生损害结果时能及时进行审查并准确查明责任归属；另一方面是规范人们在改善和发展人工智能技术中应当坚持以实现人类根本利益为最终目标，制定相应的产业发展标准，推动人工智能产业和伦理协同发展，健全法律法规，构建相应的风险评估机制，保持对人工智能潜在伦理危险的前瞻控制力。

3. 人工智能体的伦理规约标准

人工智能体作为人类社会伦理道德体系中的一种新型客体，具有一定的学习、模仿、识别、判断等类人意识和行为，因此，对人工智能体的伦理规约标准应当坚持以人类利益为原则，必须使人工智能体对人类既定社会秩序、伦理道德等负面影响降到最低，正如阿西莫夫提出的"机器人三守则"：一是机器人必须不危害人类，也不允许它眼看人类受害而袖手旁观；二是机器人必须绝对服从人类，除非这种服从有害于人类；三是机器人必须保护自身不受伤害，除非为了保护人类或者是人类命令它做出牺牲。人工智能必须以造福人类为宗旨，无论人工智能体的意识自我学习进化到何种阶段，均无法改变其由人类创造的基本事实，必须廓清人工智能体的自主意识与人类自由意志之间的联系和区别，坚持人类特有的人权属性和价值。

二、构建人工智能伦理原则

（一）人类根本利益原则

人类根本利益原则指人工智能应以实现人类根本利益为终极目标。

人类根本利益原则要求如下：

（1）在对社会的影响方面，人工智能的研发与应用以促进人类向善为目的，这也包括和平利用人工智能及相关技术，避免致命性人工智能武器的军备竞赛。

（2）在人工智能算法方面，人工智能的研发与应用应符合人的尊严，保障人的基本权利与自由；确保算法决策的透明性，确保算法设定避免歧视；推动人工智能的效益在世界范围内公平分配，缩小数字鸿沟。

（3）在数据使用方面，人工智能的研发与应用要关注隐私保护，加强个人数据的控制，防止数据滥用。

人类根本利益原则体现了对人权的尊重、对人类和自然环境利益最大化以及降低技术风险和对社会的负面影响。

（二）责任原则

责任原则指在人工智能相关的技术开发和应用两方面都建立明确的责任体系。在责任原则下，在人工智能技术开发方面应遵循透明度原则；在人工智能技术应用方面则应当遵循权责一致原则。

1. 透明度原则

透明度原则要求在人工智能的设计中保证人类了解自主决策系统的工作原理，从而预测其输出结果，即了解人工智能如何以及为何做出特定决定。透明度原则的实现有赖于人工智能算法的可解释性（explicability）、可验证性（verifiability）和可预测性（predictability）。例如，为什么神经网络模型会产生特定的输出结果？数据来源透明度也十分重要，即便是在处理表面没有问题的数据集时，也有可能面临数据中所隐含的某种倾向或者偏见问题。另外，技术开发时应注意多个人工智能系统之间的相互协作可能产生的危害。

2. 权责一致原则

权责一致原则，是指在人工智能的设计和应用中应当保证能够实现问责，具体包括：在人工智能的设计和使用中留存相关的算法、数据和决策的准确记录，以便在产生损害时能够进行审查并查明责任归属；即使无法解释算法产生的结果，使用了人工智能算法进行决策的机构也应对此负责。权责一致原则的意义在于，当人工智能应用结果导致人类伦理或法律的冲突问题时，人们能够从技术层面对人工智能技术开发人员或设计部门问责，并在人工智能应用层面建立合理的责任和赔偿体系，保障人工智能应用的公平合理性。

在实践中，人们尚不熟悉权责一致的原则，主要是由于在人工智能产品和服务的开发和生产过程中，工程师和设计团队往往忽视伦理问题。此外，人工智能的整个行业尚未建立综合考量各个利益相关者需求的工作流程，当前相关企业对商业秘密的过度保护也与权责一致原则相符。

权责一致原则的实现有赖于利用人工智能算法进行决策的组织和机构对算法决策遵循的程序和具体决策结果作出解释，同时用以训练人工智能算法的数据应当被保留并附带阐明在收集数据（人工或算法收集）中的潜在偏见和歧视。人工智能算法的公共审查制度能够提高相关政府、科研和商业机构采纳的人工智能算法被纠错的可能性。

三、构建人工智能伦理风险评估指标

（一）算法方面

人工智能算法是人工智能系统的核心。如果算法本身具有某些伦理道德风险，其决策结果也必然会产生风险。伴随着人工智能算法的复杂化，我们应从以下角度对其伦理风险进行综合评估。

1. 透明度

算法的透明度是指在不伤害算法所有者利益的情况下，公开其人工智能系统中使用的源代码和数据，避免"技术黑箱"。在因知识产权等问题而不能完全公开算法代码的情况下，应当适当公开算法的操作规则、创建、验证过程，或适当公开算法过程、后续实现、验证目标的记录。

2. 可靠性

可靠性是指在一定时间内、一定条件下可以无故障地实现特定的功能，并且当输入数据非法时，人工智能算法也能够适当地做出反应或者进行处理，而不会产生具有伦理风险的输出结果。

3. 可解释性

可解释性是指算法所有者或使用者应尽可能地对算法的过程和特定的决策提供解释。算法本身也应当具备解释产生某结果或某现象的原因的能力，如人工智能算法输入的哪些特性引起了某个特定的输出结果等。算法的可解释性有助于维护算法消费者的知情权，避免和解决算法决策的错误性和歧视性，明晰算法决策的主体性、因果性或相关性。

4. 可验证性

可验证性是指在一定条件下可以复现算法运行产生的结果。换言之，当输入某组特定数据时，同一算法会产生相同的结果。算法的可验证性有助于解决算法解释与算法追责问题。

（二）数据方面

人工智能系统的核心是基于人工智能算法的决策过程，当前的人工智能算法绝大多数都是由数据驱动的，数据可以说是影响人工智能算法结果的关键。对于复杂的机器学习算法来说，数据的无偏性、完备性与最终算法结果是否具有伦理风险密切相关。如果人工智能算法学习的数据本身就是带有偏见的数据，那么人工智能算法用于完成智能决策时的道德思考与决策判断也必然会受这种偏见的影响；如果人工智能算法学习的数据本身是不完备的，由于算法的输入数据不具有整体代表性，那么算法的结果很可能会使得某一群体的利益掩盖另一群体。

1. 个人敏感信息处理的审慎性

个人敏感信息处理的审慎性是指应在个人信息中着重认真对待个人敏感信息。例如，对个人敏感信息的处理需要基于个人信息主体的明确同意，或基于重大合法利益或公共利益的需要等；严格限制对个人敏感信息的自动化处理，并要求对其进行加密存储或采取更为严格的访问控制等安全保护措施。

2. 隐私保护的充分性

隐私保护的充分性是指对个人信息的使用不得超出与收集个人信息时所声明的范围。当出现新的技术导致合法收集的个人信息可能超出个人同意使用的范围时，相关机构必须对上述个人信息的使用做出相应控制，保证其不被滥用。

（三）社会影响方面

1. 向善性

向善性是指人工智能的目的不应违背人类伦理道德的基本方向，在使用人工智能的过程中要保证人工智能不作恶。这包括考察人工智能的应用是否以促进人类发展为目的，如和平利用人工智能及相关技术，避免致命性人工智能武器的军备竞赛；同时，在人工智能的设计和应用也需要考察人工智能是否被滥用导致侵犯个人权利、损害社会利益，例如是否用于欺诈客户，是否造成歧视，是否用于侵害弱势群体等。

2. 无偏性

无偏性是指人工智能的算法不能具有某些偏见或者偏向，这既可能和算法的设计相关，也可能和训练模型使用到的数据相关。保证人工智能算法的无偏性要求使用到的数据的无偏性（使用到的数据应该保持相对的中立与客观）和完备性（数据应该具有整体的代表性，并且尽量全面地描述所要解决的问题）。

四、重视人工智能立法规范研究

（一）加快推进人工智能发展规划向人工智能立法的转型

人工智能和其他前沿技术一样，技术发展走在前面，法律规范、社会公德、人们的习惯、社会治理方式相对滞后，对其的挑战也随之而来。为了规范人工智能更好地发展，有效解决因"滞后性"引发的人工智能问题，除了必要的发展规划、规范等手段方法外，更为重要的是加快推进人工智能立法的转型。面对世界各国人工智能由规划调整向立法规制转向的趋势，我国人工智能立法也应成为必然选择。我国可参照国外人工智能咨询委员会的模式，建立由政府部门和行业专家组成的人工智能伦理协调机构，为人工智能的开发和应用提供伦理指引，并对具有重大公共影响的人工智能产品进行伦理与合法性评估。对人工智能带来的伦理、法律及社会问题进行深入调研和研究，是人工智能立法进行的前置性步骤。

（二）推进不同层级的人工智能立法

从目前来看，我国尚无专门的人工智能安全相关法律法规，针对算法设计、产品开发和成果应用等全流程进行有效监管的体系也有待完善。面对人工智能技术革命的到来，立法机关需要统筹整个法律体系，推进不同层级的人工智能立法，重新界定法律关系的主体和客体范围，规范相关的权利和义务，明确法律责任归属和担责问题。对于自动驾驶等技术发展已经相对成熟、产品亟待进入市场的应用领域，一方面应在现行法律中作出指引性规定，如已在《民法典》中增加人工智能致人损害时的责任分配规则，并尽快制定相关安全管理方面的法规，为法律的制定奠定基础。另一方面，可尝试进行更为具体的地方性、试验性的立法，为人工智能相关立法进程提供地方经验。当然，不仅应当完善相关法律法规，并结合不同的行业和地域特点出台相应的规则、判案标准等。

五、完善监督管理机制

（一）严格监督人工智能产品各个环节的发展

对人工智能产品的监管缺失是引发人工智能伦理问题的重要原因。人工智能技术如果得不到有效的监管，一旦被不法分子获取并滥用，后果将不堪设想。对此，应当对人工智能产品各个环节的发展进行严格的监督。一是在产品设计环节，需要严格监督技术设计上不存在任何的伪装和欺骗，确保技术设计不会危害人类，也不会侵犯人类的基本权利等。二是在产品验收试用环节，应当进行广泛普遍的测试，而且给予足够长的测试时间，不急于投入使用，确保在测试验收环节不断解决一些存在的隐患和问题。三是在产品投入市场环节，需要配以详细的使用说明书和安全责任书，包括详尽的注意事项、保质期及其相关可能产生的副作用等。总之，对于人工智能产品的监督，从最初技术设计到最终投入使用的各个环节都需要进行严格的监督管理。

（二）多渠道拓宽监督形式

人工智能技术由全社会共享，人工智能伦理问题也需要全社会监督。一方面，完善政府关于人工智能的监督政策，强化政府监督的主导作用。政府监督要规定人工智能发展原则、方向等重大问题，以确保始终保持以人为本，始终不危害人类利益。另一方面，丰富监督形式。例如，可组建人工智能科技专家学会，使科技专家保持谨慎伦理态度，把伦理要求贯穿于科技活动的全过程，更好地引导科技向善。因为他们身处研发第一线，可将哲学伦理思想融入研发过程，也可以将一些伦理问题扼杀在摇篮中；可组建人工智能哲学、伦理学会，深入分析、探讨人工智能伦理发展的方向性问题，积极研究人工智能伦理问题的前沿领域，时刻监督人工智能技术发展的走向；注重群众监督，人工智能产品的使用者的意见是最直接的，也最能反映人工智能产品到底存在哪些伦理问题。

思考题

1. 伦理学及人工智能伦理学的含义是什么？
2. 简述人工智能伦理学与伦理学之间的关系。
3. 简述人工智能发展中需要注意的伦理问题及其解决思路。
4. 人工智能涉及的主要伦理问题有哪些？
5. 人工智能伦理风险评估指标有哪些？
6. 我国在哪些方面需要完善监督管理机制？

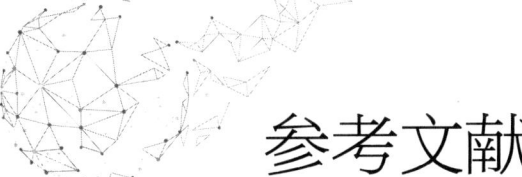

参考文献

[1] 张元林. 工程数学 [M]. 北京：高等教育出版社，2012.

[2] 周志华. 机器学习 [M]. 北京：清华大学出版社，2016.

[3] 袁亚湘，孙文瑜. 最优化理论与方法 [M]. 北京：科学出版社，1997.

[4] 李航. 统计学习方法 [M]. 北京：清华大学出版社，2012.

[5] 王梓坤. 概率论基础及其应用 [M]. 北京：北京师范大学出版社，1996.

[6] 戴天时，陈殿友. 线性代数 [M]. 北京：高等教育出版社，2004.

[7] 张禾瑞，郝鈫新. 高等代数 [M]. 北京：高等教育出版社，1983.

[8] 潘海侠，吕科，杨晴虹. 深度学习工程师认证教材 [M]. 北京：北京航空航天大学出版社，2019.

[9] 刘鹏，陈华. 人工智能数学基础 [M]. 北京：电子工业出版社，2021.

[10] Oscar H. Ibarra and Chul E. Kim. Fast approximation algorithms for the knapsack and sum of subset problems [J]. Journal of the ACM，1975.

[11] Richard Bellman. Dynamic Programming [J]. Princeton University Press，1957.

[12] T. C. Hu，M. T. Shing. Computation of matric chain products [J]. Part Ⅰ. SIAM Journal on Computing，1982.

[13] T. C. Hu，M. T. Shing. Computation of matric chain products [J]. Part Ⅱ. SIAM Journal on Computing，1984.

[14] Andrew V. Goldberg. Scaling algorithms for the shortest paths problem [J]. SIAM

Journal on Computing, 1995.

［15］张元林. 工程数学［M］. 北京：高等教育出版社，2012.

［16］袁亚湘，孙文瑜. 最优化理论与方法［M］. 北京：科学出版社，1997.

［17］李航. 统计学习方法［M］. 北京：清华大学出版社，2012.

［18］王梓坤. 概率论基础及其应用［M］. 北京：北京师范大学出版社，1996.

［19］戴天时，陈殿友. 线性代数［M］. 北京：高等教育出版社，2004.

［20］张禾瑞，郝鈺新. 高等代数［M］. 北京：高等教育出版社，1983.

［21］Ruggieri S, Hajian S, Kamiran F, et al. Anti-discrimination analysis using privacy attack strategies［J］, Joint European Conference on Machine Learning and Knowledge Discovery in Databases. Nancy, France, 2014.

［22］安德鲁. 人工智能［M］. 陕西：陕西科学技术出版社，1987.

［23］彼得·门泽尔，费思·阿卢伊西奥. 机器人的未来：类人机器人访谈录［M］. 上海：上海辞书出版社，2002.

［24］雨果·德·加里斯. 智能简史——谁会取代人类成为主导物种［M］. 北京：清华大学出版社，2007.

［25］弗莱德·R. 多迈尔. 主体性的黄昏［M］. 北京：中央文献出版社，2002.

［26］维纳. 人有人的用处：控制论与社会［M］. 北京：北京大学出版社，2010.

［27］刘易斯·芒福德. 机器的神话［M］. 北京：中国建筑工业出版社，2009.

［28］杰瑞·卡普兰. 人工智能时代［M］. 杭州：浙江人民出版社，2016.

［29］The British Standards Institution. Guide to the Ethical Design and Application of Robots and Robotic Systems［J］. BSI, 2016.

［30］杜严勇. 现代军用机器人的伦理困境［J］. 伦理学研究，2014（05）：98-102.

［31］陈升，孙雪. 国内外军用机器人的现状、伦理困境及研究方向［J］. 制造业自动化，2015，37（11）：27-28+40.

［32］李修全. 人工智能应用中的安全、隐私和伦理挑战及应对思考［J］. 科技导报，2017，35（15）：11-12.

［33］周程，鸿鹏.人工智能带来的伦理与社会挑战［J］.人民论坛，2018（02）：26-28.

［34］陶悦宁.论西方科幻电影中的新型伴侣关系［J］.艺苑，2016（03）：39-44.

［35］何哲.人工智能时代的社会转型与行政伦理：机器能否管理人［J］.电子政务，2017（11）：2-10.

［36］王东浩.道德机器人：人类责任存在与缺失之间的矛盾［J］.理论月刊，2013（11）：49-52.

［37］贺欣晔.科幻文学中人工智能与人类智能的关系［J］.沈阳师范大学学报（社会科学版），2016，40（02）：111-115.

后 记

在如今的社会环境中,人工智能成为重心,同时改善了数十亿人的生活,在诸多领域遍地开花,领域覆盖制造、交通、电力、金融、互联网等各行各业。人工智能产业规模增长迅速,但由于行业技术密集程度高、从业人员学历要求显著高于其他领域等原因,我国人工智能产业人才队伍还存在较大缺口。

《中华人民共和国国民经济和社会发展第十四个五年规划和2035年远景目标纲要》提出,发展算法推理训练场景,推动通用化和行业性人工智能开发平台建设。为深入实施人才强国战略,加强全国专业技术人才队伍建设,促进专业技术人才能力素质提升,根据国家"十四五"规划和2035年远景目标纲要,人力资源社会保障部、财政部、工业和信息化部、科技部、教育部、中国科学院联合发布《专业技术人才知识更新工程实施方案》,以进一步加强专业技术人才队伍建设,推进专业技术人才继续教育工作。

2019年4月,《人力资源社会保障部办公厅 市场监管总局办公厅 统计局办公室关于发布人工智能工程技术人员等职业信息的通知》(人社厅发〔2019〕48号)发布。

在人力资源社会保障部、工业和信息化部的部署和指导下,中国电子技术标准化研究院牵头开展《人工智能工程技术人员国家职业技术技能标准(2021年版)》(以下简称《标准》)的研制工作,北京航空航天大学、百度在线网络技术(北京)有限公司、上海依图网络科技有限公司、上海燧原科技有限公司、上海商汤智能科技有限公司、星云融创科技有限公司、北京旷视科技有限公司、科大讯飞股份有限公司、北京易华录信息技术股份有限公司、中国机械工程学会、第四范式（北京）技术有限公司、北京来也网络科技有限公司、青岛伟东云教育集团有限公司、中国国信信息总公司等单位共同编写。2021年9月，《标准》由人力资源社会保障部、工业和信息化部联合发布，详见《人力资源社会保障部办公厅　工业和信息化部办公厅关于颁布集成电路工程技术人员等7个国家职业技术技能标准的通知》（人社厅发〔2021〕70号）。

为更好地指导人工智能从业人员开展技术技能培训和评价，补充人工智能人才缺口，根据《标准》，人力资源社会保障部专业技术人员管理司指导中国电子技术标准化研究院，组织有关专家开展了人工智能工程技术人员培训教程（以下简称教程）的编写工作，用于全国专业技术人员新职业培训。

人工智能工程技术人员是从事与人工智能相关算法、深度学习等多种技术的分析、研究、开发，并对人工智能系统进行设计、优化、运维、管理和应用的工程技术人员，共设三个等级，分别为初级、中级、高级。初级、中级、高级均设五个职业方向：人工智能芯片产品实现、人工智能平台产品实现、自然语言及语音处理产品实现、计算机视觉产品实现、人工智能应用产品集成实现。

与此相对应，教程也分为初级、中级、高级培训教程，分别对应其专业技术考核要求。此外，《人工智能基础知识》对应标准基本要求部分。《人工智能基础知识》教程是各等级培训教程的基础。

在使用本系列教程开展培训时，应当结合培训目标与受训人员的实际水平和专业方向，使其学习应掌握的内容。在人工智能工程技术人员各专业技术等级的培训中，《人工智能基础知识》是初级、中级、高级工程技术人员都需要掌握的；各职业方向培训过程中，可以根据培训方向与受训人员实际，选择使受训人员掌握人工智能芯片产品实现、人工智能平台产品实现、自然语言及语音处理产品实现、计算机视觉产品实现、人工智能应用产品集成实现五个职业方向的相应内容。培训考核合格后，受训人员获得相应证书。

初级教程是《人工智能工程技术人员（初级）——人工智能芯片产品实现》《人工智能工程技术人员（初级）——人工智能平台产品实现》《人工智能工程技术人员（初级）——自然语言及语音处理产品实现》《人工智能工程技术人员（初级）——计算机

视觉产品实现》《人工智能工程技术人员（初级）——人工智能应用产品集成实现》。上述五册分别涵盖了《标准》中相应职业方向初级应具备的专业能力和相关知识要求。

本教程适用于大学专科学历（或高等职业学校毕业）及以上，电子信息类、自动化类、计算机类等工科专业学习背景，具有较强的学习能力、计算能力、表达能力和逻辑思维能力，参加全国专业技术人员新职业培训的人员。

人工智能工程技术人员需按照《标准》的职业要求参加有关培训课程，取得学时证明。初级 64 标准学时，中级 80 标准学时，高级 80 标准学时。

本教程是在人力资源社会保障部、工业和信息化部相关部门指导下，由中国电子技术标准化研究院组织编写，来自北京航空航天大学、西安交通大学、华南理工大学、江南大学、南京理工大学、华中科技大学、上海商汤智能科技有限公司、第四范式（北京）科技有限公司、北京数美时代科技有限公司、北京易华录信息技术股份有限公司、武汉船用机械有限责任公司、北京来也网络科技有限公司等高校及科研院所、企业的人工智能领域的核心专家参与了编写和审定，同时参考了多方面的文献，吸收了许多专家学者的研究成果，在此表示衷心感谢。

由于编者水平、经验与时间所限，本教程的不足与疏漏之处在所难免，恳请广大读者批评与指正。

本书编委会
2022 年 11 月